云南石榴害虫的综合防治

Integrated Pest Management for Pomegranate in Yunnan

李正跃　主编

U0310273

科学出版社

北　京

内 容 简 介

石榴是云南省重要的特色水果之一，在云南省水果产业经济发展中具有重要作用。害虫是影响石榴产业发展的重要因素，有效控制害虫的危害是石榴产业健康发展的重要保障。本书系统、全面地介绍了云南石榴害虫种类及主要种类的综合防治研究。全书共五章，在简要介绍云南石榴害虫种类组成的基础上，重点介绍了云南危害石榴的实蝇、蓟马、蚱蜢类害虫的种类、主要害虫的生物学生态学特性及综合防治技术与方法，最后介绍了石榴害虫的综合防治体系。

本书可供植物保护、果树栽培、石榴产业开发等相关领域的科研人员、大专院校师生，以及从事石榴种植的相关科研人员、行政管理人员参考。

图书在版编目（CIP）数据

云南石榴害虫的综合防治/李正跃主编. —北京：科学出版社，2017.1
ISBN 978-7-03-051480-6

Ⅰ.①云… Ⅱ.①李… Ⅲ. ①石榴–病虫害防治 Ⅳ.①S436.65

中国版本图书馆 CIP 数据核字(2016)第 322336 号

责任编辑：王海光　岳漫宇 / 责任校对：李　影
责任印制：张　伟 / 封面设计：北京铭轩堂广告设计有限公司

科 学 出 版 社 出版
北京东黄城根北街 16 号
邮政编码：100717
http://www.sciencep.com

北京东华虎彩印刷有限公司 印刷
科学出版社发行　　各地新华书店经销

*

2017 年 1 月第 一 版　　开本：787×1092　1/16
2017 年 1 月第一次印刷　　印张：13 1/2
字数：320 000

定价：98.00 元

（如有印装质量问题，我社负责调换）

《云南石榴害虫的综合防治》
编委会名单

主　编　李正跃

副主编　陈　斌　桂富荣　张宏瑞

编　委（按姓氏汉语拼音排序）

白玲玲	陈　斌	陈国华	董文霞	杜广祖
桂富荣	韩伟君	和淑琪	李正跃	刘　凌
刘莹静	陆　进	秦　卓	邵淑霞	孙　文
文建斌	吴海波	肖　春	严乃胜	闫振华
杨仕生	袁盛勇	昝庆安	张宏瑞	张立敏
张永科	张祖兵	郑亚强	朱文禄	

前　言

石榴是我国重要的水果之一，也是云南省重要的特色水果。石榴害虫种类丰富、发生危害严重，而且其发生危害随着石榴品种及生态环境的不同而异。此外，我们在云南省红河哈尼族彝族自治州（红河州）发现了一种危害石榴的新记录种——井上蛀果斑螟（*Assara inouei* Yamanaka），该害虫对石榴产量和品质影响较大。有效控制石榴害虫已成为石榴产业健康发展的重要保障之一。

本书是作者根据多年的研究基础，系统总结石榴害虫防治方面的成果撰写而成的，具体包括害虫种类调查、主要种类的生物学生态学特性及防治等。当然，石榴害虫种类丰富，发生危害规律还会随着种植结构、气候环境等条件的变化而变化，完全阐明不同种类的发生危害规律、弄清不同种类的综合防治技术和方法，需要更多学者或科技工作者的共同努力。因此，为了便于同行间的交流及石榴害虫的有效控制，我们把现阶段主要研究成果和所涉及的研究资料进行整理后撰写成书，希望本书能为有效控制石榴害虫的危害、保障石榴产业发展服务。

在研究过程中，得到了科技部、国家自然科学基金委员会、农业部、教育部、云南省科技厅、云南省农业厅、云南省教育厅、云南省建水县植检植保站、云南省蒙自市植检植保站等单位的大力支持和帮助；云南农业大学博士研究生刘凌，硕士研究生袁盛勇、张祖兵、白玲玲、韩伟君、邵淑霞、刘莹静、秦卓、吴海波和张永科，植物保护学院2001~2012级本科实习生参与了石榴害虫种类调查与生物生态学及防治研究等工作，中国科学院动物研究所武春生研究员、沈阳农业大学孙雨敏教授、北京农学院植物科学技术学院杜艳丽教授在井上蛀果斑螟的种类鉴定及种名确定等工作中给予了大力支持，Talekar N.S.教授悉心指导研究生对井上蛀果斑螟生物学生态学特性进行了系统研究，在种类调查及防治研究中还得到了许多专家学者的悉心指导和大力支持，在此一并予以感谢。

限于编者的学识和水平，加之该研究立足于云南石榴产区，书中难免存在不足之处，敬望同行专家和读者批评指正。此外，书中还参考和引用了许多相关文献，但由于篇幅所限，对许多引用文献的作者未能逐一列出，在此向众多被引用文献而未标注的文献作者致以崇高的谢意！

编　者

2015 年 12 月 30 日于昆明

目　　录

1 石榴害虫及其综合防治研究现状

1.1 石榴害虫种类研究概况

石榴（*Punica granatum* L.），隶属石榴科（Punicaceae）石榴属（*Punica*），是重要的热带和亚热带水果，具有较高的食用、药用和观赏价值。石榴果实因营养丰富、维生素 C 含量高而深受人们的喜爱。石榴原产于伊朗、阿富汗、中亚一带，后随航海、经商、战争、传教等活动的不断扩大，逐渐被传播开（周光洁等，1995）。石榴树适应性强、好栽培、易管理，因此石榴在世界各地的栽培范围较广。我国石榴栽培历史悠久，最早记录可上溯至汉代（夏如兵和徐暄淇，2014）。我国石榴的栽培，已形成了南北两大主产区。首先是北方温带产区，主要分布在黄河中游和淮河流域，包括新疆、甘肃、陕西、河南、山西、山东、安徽和江苏等省（区）；其中以安徽、江苏、河南等地的种植面积较大，尤其是安徽省怀远县素有中国石榴之乡的美誉，"怀远石榴"已成为我国地理标志保护产品。其次为南方亚热带石榴产区，包括我国长江以南的许多省（区），主要集中在四川省、重庆市、云南省的金沙江干热河谷区。

云南省是我国石榴的重要产区，在红河州蒙自市和建水县、曲靖市会泽县、楚雄彝族自治州（楚雄州）禄丰县、昭通市巧家县、玉溪市通海县和永平县、昆明市宜良县、大理白族自治州（大理州）祥云县和宾川等地都有种植，其中以红河州蒙自市、建水县的种植面积为多。云南省石榴的品种主要有'甜沙籽'、'甜绿籽'、'花红花'、'红袍'、'绿皮'、'青皮'和'薄皮大籽'等。酸石榴是建水优良的地方特色品种，栽培历史悠久，已是建水县第二大优势果树，主要品种有'红玛瑙'和'红珍珠'，深受人们的喜爱。蒙自石榴皮薄、粒大、核软、可食率高、汁多、香甜、爽口、成熟早，是云南省蒙自市的特色果品。云南省常年石榴的栽培面积近 40 万亩①，石榴是建水县种植面积第二大的果树，占全县水果种植面积的 24%（蓝洁，2012），2014 年建水县酸甜石榴的种植面积达 7.0 万亩（匿名，2016），蒙自市甜石榴的种植面积达 12 万亩，2015 年蒙自市甜石榴的种植面积达 30 万亩左右，种植甜石榴已成为当地经济的重要来源和农民增收的重要途径。

1.1.1 我国石榴害虫种类

石榴害虫种类很多，常见害虫如�象、粉虱、棉蚜、蚧壳虫、卷叶蛾、刺蛾、桃蛀螟、茎窗蛾等。在石榴害虫中，对桃蛀螟、井上蛀果斑螟、蓟马、实蝇类害虫的发生危害等特点已有相关的研究报道（张玲，2002；马建列和白海燕，2004；封光伟，2006；刘凌等，2010；曹磊等，2015）。其中以桃蛀螟危害最严重，常造成"十果九蛀，烂榴满树"，损失极大。此外，其种类随着地理位置的不同而有差异。我国不同石榴种植地

---

① 1 亩≈666.7m²

区石榴园害虫种类都有一些研究报道，如安徽省石榴园害虫有 38 科 42 种（李磊等，2004）、河南省石榴园害虫有 34 科 52 种（赵海燕等，2010）、山东省枣庄石榴园害虫有 7 科 7 种（李磊等，2003）、云南省石榴园害虫有 75 科 375 种（吴海波等，2009）。

1.1.1.1　昆虫纲

根据国内相关石榴害虫种类和防治专著及相关文献资料报道（刘联仁，1993；许渭根，2007；郑晓慧和何平，2013；郑晓慧等，2005；冯玉增等，2009），石榴上的害虫有 3 纲 10 目 46 科 95 属 120 种，其中昆虫纲共有 8 目 43 科 90 属 115 种。不同种类的害虫发生危害的特点不同。

（1）鳞翅目 Lepidoptera

危害石榴的鳞翅目害虫共有 17 科 39 属 49 种，其中夜蛾科 Noctuidae 7 属 7 种，螟蛾科 Pyralidae 3 属 3 种，果蛀蛾科 Carposinidae 1 属 1 种，网蛾科 Thyrididae 1 属 1 种，木蠹蛾科 Cossidae 2 属 5 种，拟木蠹蛾科 Metarbelidae 1 属 2 种，蓑蛾科 Psychidae 3 属 5 种，刺蛾科 Eucleidae 7 属 10 种，卷叶蛾科 Tortricidae 2 属 2 种，带蛾科 Thaumetopoeidae 1 属 1 种，天蚕蛾科 Saturniidae 1 属 1 种，枯叶蛾科 Lasiocampidae 2 属 2 种，毒蛾科 Lymantridae 4 属 4 种，大蚕蛾科 Saturniidae 1 属 1 种，瘤蛾科 Nolidae 1 属 1 种，小卷叶蛾科 Olethreutidae 1 属 1 种，舟蛾科 Notodontidae 1 属 2 种。

夜蛾科：棉铃虫 *Helicoverpa armigera* Hubner、玫瑰巾夜蛾 *Parallelia arctotaenia* Guenée、石榴巾夜蛾 *Prarlleila stuposa* Fabricius、枇杷黄毛虫 *Melanographia flexilineata* Hampson、小地老虎 *Agrotis ypsilon* Rottemberg、青安钮夜蛾 *Ophiusa tirhaca* Cramer、中带三角夜蛾 *Chalciope geometrica* Fabricius。

螟蛾科：桃蛀螟 *Conogethes punctiferalis*（Guenée）、高粱穗隐斑螟 *Cryptoplabes gnidiella*（Milliere）、井上蛀果斑螟 *Assara inouei* Yamanaka。

果蛀蛾科：桃小食心虫 *Carposina niponensis* Walsingham。

网蛾科：石榴茎窗蛾 *Herdonia osacesalis* Walker。

木蠹蛾科：小木蠹蛾 *Holcocerus insularis* Staudinger、豹纹木蠹蛾 *Zeuzera leuconolum* Butler、咖啡木蠹蛾 *Zeuzera coffeae* Nietner、六星黑点蠹蛾 *Zeuzera leuconotum* Butler、石榴茎木蠹蛾 *Zeuzera pyrina*（Linnaeus）。

拟木蠹蛾科：荔枝拟木蠹蛾 *Arbela dea* Swinhoe、相思拟木蠹蛾 *Arbela baibarana* Matsumura。

蓑蛾科：油桐蓑蛾 *Chalia larminati* Heylearts、大蓑蛾 *Clania variegata* Snellen、大避债蛾 *Clania preyeri* Leech、白囊蓑蛾 *Chalioides kondonis* Matsumura、小蓑蛾 *Cryptothelea minuscula* Butler。

刺蛾科：黄刺蛾 *Cnidocampa flavescens*（Walker）、白眉刺蛾 *Narosa edoensis* Kawada、梨刺蛾 *Narosoideus flavidorsalis* Staudinger、丽绿刺蛾 *Latoia lepida* Cramer、青刺蛾 *Parasa consocia* Walker、双齿绿刺蛾 *Parasa hilarata* Staudinger、中国绿刺蛾 *Parasa sinica* Moore、桑褐刺蛾 *Thosea postornata* Hampson、扁刺蛾 *Thosea sinensis* Walker、茶锈刺蛾 *Phrixolepia sericea* Butler。

卷叶蛾科：后黄卷叶蛾 *Cacoecia asiatica* Walsingham、茶长卷叶蛾 *Homona coffearia* Diakonoff。

带蛾科：中华金带蛾 *Eupterote chinensis* Leech。

天蚕蛾科：樗蚕蛾 *Philosamia cynthia* Walker et Felder。

枯叶蛾科：桉树大毛虫 *Suana divisa* Moore、栎黄枯叶蛾 *Trabala vishnou* Lefebure。

毒蛾科：折带黄毒蛾 *Euproctis flava*（Bremer）、木麻黄毒蛾 *Lymantria xylina* Swinhoe、金毛虫 *Prothesia similes* Xanthocampa、茸毒蛾 *Calliteara pudibunda* Linnaeus.。

大蚕蛾科：绿尾大蚕蛾 *Actias selene ningpoana* Felder。

瘤蛾科：核桃瘤蛾 *Nola distributa* Walker。

小卷叶蛾科：苹果蠹蛾 *Cydia pomonella* Linnaeus。

舟蛾科：舟形毛虫 *Phalera flavescens*（Bremer et Grey）、栎黄掌舟蛾 *Phalera assimilis* Bremer et Grey。

（2）鞘翅目 Coleoptera

共有 5 科 11 属 11 种，其中天牛科 Cerambycidae 4 属 4 种，象甲科 Curculionidae 1 属 1 种，露尾甲科 Nitidulidae 1 属 1 种，肖叶甲科 Eumolpidae 1 属 1 种，金龟甲科 Scarabaeidae 4 属 4 种。

天牛科：梨眼天牛 *Bacchisa fortunei* Thomson、咖啡旋皮天牛 *Dihammus cervinus* Hope、咖啡灭字虎天牛 *Xylotrechus quadripes* Chevrolat、斑胸蜡天牛 *Ceresium sinicum ornalicolle* Pic。

象甲科：尖齿尖象 *Phytoscaphus dentirostris* Voss。

露尾甲科：黄斑露尾甲 *Carpophilus hemipterus*（L.）。

肖叶甲科：李叶甲 *Cleoporus uariabilis*（Baly）。

金龟甲科：铜绿丽金龟 *Anomala corpulenta* Motschulsky、花潜金龟子 *Oxycetonia jucunda* Falderman、黑绒鳃金龟 *Serica orientalis* Motschulsky、白星花金龟 *Liocola brevitarsis* Lewis。

（3）双翅目 Diptera

共有 1 科 2 属 2 种。

实蝇科 Tephritidae：橘小实蝇 *Bactrocera*（*Bactrocera*）*dorsalis* Hendel、番石榴果实蝇 *Bactrocera*（*Bactrocera*）*correcta*（Bezzi）。

（4）同翅目 Homoptera

共有 12 科 24 属 32 种；其中蝉科 Cicadidae 2 属 2 种，粉虱科 Aleyrodidae 3 属 3 种，蚜科 Aphididae 2 属 3 种，粉蚧科 Pseudococcidae 4 属 5 种，蜡蚧科 Coccidae 3 属 7 种，盾蚧科 Diaspididae 4 属 5 种，硕蚧科 Margarodidae 1 属 2 种，绵蚧科 Monophlebidae 1 属 1 种，毡蚧科 Eriococcidae 1 属 1 种，蜡蝉科 Fulgoridae 1 属 1 种，蛾蜡蝉科 Flatidae 1 属 1 种，广翅蜡蝉科 Ricaniidae 1 属 1 种。

蝉科：红娘子 *Huechys sanguine* De Geer、黑蝉 *Cryptotympana atrata* Fabricius。

粉虱科：白粉虱 *Trialeurodes vaporariorum* Westwood、柑橘粉虱 *Dialeurodes citri*

Ashm、柑橘刺粉虱 *Aleurocanthus woglumi* Ashby。

蚜科：棉蚜 *Aphis gossypii* Glover、桃蚜 *Myzus persicae* Sulzer、紫堇瘤蚜 *Myzus certus*（Walker）。

粉蚧科：榴绒粉蚧 *Eriococcus lagerstroemiae* Kuwana、康氏粉蚧 *Pseudococcus comstocki* Kuwana、柑橘棘粉蚧 *Pseudococcus citriculus* Green、橘腺刺粉蚧 *Ferrisiana virgata* Cockerell、橘臀纹粉蚧 *Planococcus citri* Risso。

蜡蚧科：日本龟蜡蚧 *Ceroplastes japonicas* Green、红帽蜡蚧 *Ceroplastes centroroseus* Chen、角蜡蚧 *Ceroplastes ceriferus* Fabricius、伪角蜡蚧 *Ceroplastes pseudoceriferus* Green、红蜡蚧 *Ceroplastes rubens* Maskell、咖啡绿软蜡蚧 *Coccus viride* Green、砂皮球蚧 *Saissetia oleae* Bernard。

盾蚧科：常春藤圆盾蚧 *Aspidiotus nerii* Vallot、桑盾蚧 *Howardia biclavis* Comstock、黄杨并盾蚧 *Pinnaspis buxi* Bouche、茶并盾蚧 *Pinnaspis theae* Maskell、杨白片盾蚧 *Lophoeucaspis japonica* Cockerell。

硕蚧科：吹绵蚧 *Icerya purchase* Maskell、银毛吹绵蚧 *Icerya seychellarum* Westwood。

绵蚧科：草履蚧 *Drosicha contrahens*（Kuwana）。

毡蚧科：石榴棉蚧 *Acanthococcus* sp. Kuwana。

蜡蝉科：斑衣蜡蝉 *Lycorma delicatula* White。

蛾蜡蝉科：白蛾蜡蝉 *Lawana imitate*（Melichar）。

广翅蜡蝉科：八点广翅蜡蝉 *Ricania speculum* Walker。

（5）半翅目 Hemiptera

共有 2 科 4 属 4 种，其中盲蝽科 Miridae 1 属 1 种，蝽科 Pentatomidae 3 属 3 种。

盲蝽科：绿盲蝽 *Apolygus lucorum* Meyer-Dür。

蝽科：斑须蝽 *Dolycoris baccaram* Linnaeus、麻皮蝽 *Erthesina fullo*（Thunberg）、茶翅蝽 *Halyomorpha picus* Fabricius。

（6）缨翅目 Thysanoptera

共有 2 科 6 属 11 种。

蓟马科 Thripidae 蓟马属 *Thrips*：黄蓟马 *T. flavus*、棕榈蓟马 *T. palmi*、烟蓟马 *T. tabaci*、黄胸蓟马 *T. hawaiiensis* 和蓟马属 1 种 *Thrips* sp.。

蓟马科花蓟马属 *Frankliniella*：西花蓟马 *F. occidentalis* 和花蓟马 *F. intonsa*。

蓟马科硬蓟马属 *Scirtothrips*：茶黄硬蓟马 *S. dorsalis*。

蓟马科大蓟马属 *Megalurothrips*：端大蓟马 *M. distalis*。

蓟马科纹蓟马属 *Aeolothrips*：白腰纹蓟马 *A. albicinctus*。

管蓟马科 Phlaeothripidae 简管蓟马属 *Haplothrips*：华简管蓟马 *H. chinensis*。

（7）直翅目 Orthoptera

共有 2 科 2 属 3 种，其中锥头蝗科 Pyrgomorphidae 1 属 1 种，蝼蛄科 Gryllotalpidae1 属 2 种。

锥头蝗科：短额负蝗 *Atractomorpha sinensis* Bolivar。

蝼蛄科：短腹蝼蛄 *Gryllotalpa breviabdominis* Ma & Zhang、单刺蝼蛄 *Gryllotalpa unispina* Saussure。

（8）膜翅目 Hymenoptera

有 2 科 2 属 2 种，其中胡蜂科 Vespidae 1 属 1 种，异腹胡蜂科 Polybiidae 1 属 1 种。

胡蜂科：黑尾胡蜂 *Vespa ducalis* Smith。

异腹胡蜂科：东方牛舌蜂 *Parapolybia orientalis* Smith。

1.1.1.2　蛛形纲

据报道，危害石榴的蛛形纲动物有 1 目（蜱螨目 Acarina）2 科 4 属 4 种，主要为细须螨科 Tenuipalpidae 和叶螨科 Tetranychidae，其中细须螨科 1 属 1 种，叶螨科 3 属 3 种。

1）细须螨科：卵形短须螨 *Brevipalpus obovatus* Donnadieu。

2）叶螨科：西安贞叶螨 *Eutetranychus xianensis* Ma et Yuan、石榴小爪螨 *Oligonychus punicae* Hirst、山楂叶螨 *Tetranychus viennensis* Zacher。

1.1.1.3　腹足纲 Gastropoda

共有 1 目 1 科 1 属 1 种。

柄眼目 Stylommatophora 巴蜗牛科 Bradybaenidae：同型巴蜗牛 *Bradybaena similaris* Ferussac。

1.1.2　云南石榴害虫种类

云南独特的地理气候环境条件，孕育了丰富的生物多样性，也使云南成为昆虫种类最为丰富的地区之一。云南省作为我国石榴重要的种植区域，石榴园昆虫群落物种多样，石榴害虫种类丰富，而且具有独特的害虫种类及组成，如自 2002 年起，云南省红河州建水县多个石榴园中发现井上蛀果斑螟的危害，该虫作为云南建水县石榴的一种新记录害虫，发生时会导致虫果率、落果率锐增，其中虫果率可高达 60% 以上，落果率达 30% 以上，使石榴品质下降，产量锐减，造成较大的经济损失。经过多年来以红河州石榴种植区为核心，在对石榴园昆虫群落及石榴害虫进行调查、标本采集和昆虫种类分类鉴定的基础上（袁盛勇等，2003；朱家颖等，2003；白玲玲等，2005；张祖兵，2006；吴海波，2009），查阅了有关云南省石榴害虫种类研究文献（张玲，2002），并与国内相关石榴害虫种类及防治专著（刘联仁，1993；许渭根，2007；郑晓慧和何平，2013；郑晓慧等，2005；冯玉增和张存立，2009）资料进行比较，初步明确了云南省石榴害虫种类组成。

1.1.2.1　鳞翅目 Lepidoptera

（1）夜蛾科 Noctuidae

有 53 属 64 种，分别为藏委夜蛾 *Caradrina himaleyica* Kollar、石委夜蛾 *Athetis lapidea* Wileman、超桥夜蛾 *Anomis fulvida* Fabricius、烦夜蛾 *Anophia leucomelas* Linnaeus、钝夜蛾 *Acantholipes regularis* Hubner、横带钝夜蛾 *Acantholipes trajecta* Walker、灰褐夜蛾 *Agrotis ignara* Staudinger、小地老虎 *Agrotis ypsilon* Rottemberg、两色绮夜蛾 *Acontia* bicolora Leech、桃剑纹夜蛾 *Acronicta incretata* Hampson、人心果阿夜蛾 *Achaea serva* Fabricius、卫翅夜蛾 *Amyna punctum* Fabricius、满卜夜蛾 *Bomolocha mandarina* Leech、卷绮夜蛾 *Cretonia vegeta* Swinhoe、美冬夜蛾 *Cirrhia fulvago* Linnaeus、曲带双衲夜蛾 *Dinumma deponens* Walker、中金弧夜蛾 *Diachrysia intermixta* Warren、姊两色夜蛾 *Dichromia quadralis* Walker、月牙巾夜蛾 *Dysgonia analis* Gucenee、石榴巾夜蛾 *Prarlleila stuposa* Fabricius、渗井夜蛾 *Dysmilichia calamistrata* Moore、鼎点钻夜蛾 *Earias cupreovridis* Walker、粉缘钻夜蛾 *Earias pudicana* Staudinger、二红猎夜蛾 *Eublemma dimidialis* Fabvicius、涡猎夜蛾 *Eublemma cochylioides*、谷粘夜蛾 *Leucania insecuta* Walker、褐肾锦夜蛾 *Euplexia semifascia* Walker、庸切夜蛾 *Euxoa centralis* Staudinger、黄地老虎 *Euxoa Segetum* Schiffermuller、线夜蛾 *Elydna lineosa* Walker、霜夜蛾 *Gelastocera exusta* Butler、贯雅夜蛾 *Iambia transversa*（Moore）、祝粘夜蛾 *Leucania prgeri* Leech、桃潜蛾 *Lyouetia clerkella* Linnaeus、甜菜夜蛾 *Laphygma exigua* Hubner、肖长须夜蛾 *Hypena iconicalis* Walker、拉犇须夜蛾 *Hypena labatalis* Walker、斜脊蕊夜蛾 *Lophoptera illucida* Walker、烟凸夜蛾 *Helicoverpa assulta* Guenée、赤后甘夜蛾 *Hypobarathra repetita* Butler、白束展夜蛾 *Hyperstrotia albicincta* Hampson、弓须亥夜蛾 *Hydrillodes morosa* Butler、德粘夜蛾 *Leucania dharma* Moore、甘蓝夜蛾 *Mamestra brassicae* Linnaeus、棉铃实夜蛾 *Helicoverpa armigera* Hubner、戟夜蛾 *Lacera alope* Cramer、橘肖毛翅夜蛾 *Lagoptera dotata* Fabricius、柔粘夜蛾 *Leucania placida* Butler、昏色幻夜蛾 *Magusa tenebrosa* Moore、毛胫夜蛾 *Mocis undata* Fabricius、实毛胫夜蛾 *Mocis frugalis* Fabricius、双衲夜蛾 *Noctuidae pilipectus* Walker、丝亮冬夜蛾 *Jodia sericea* Butler、黑缘紫脬夜蛾 *Toxocampa nigricostata* Graeser、淡银纹夜蛾 *Puriplusia purissima* Butler、疆夜蛾 *Peridroma saucia* Hubner、肾星夜蛾 *Perigea leucospila* Walker、卫星夜蛾 *Perigae stellate* Moore、斜纹夜蛾 *Prodenia litura* Fabricius、隐巾夜蛾 *Parallelia joviana* Stoll、旋目夜蛾 *Speiredonia retorta* L.、丑齿口夜蛾 *Rhynchina plusioides* Butler、暗后剑纹夜蛾 *Anacronicta caliginea* Butler、短带三角夜蛾 *Trigonodes hyppasia* Cramer。

（2）螟蛾科 Pyralidae

有 28 属 28 种，分别为井上蛀果斑螟 *Assara inounei* Yamanaka、地中海斑螟 *Ephestia kuehniella* Zeller、褐纹翅野螟 *Diasemia accalis* Walker、虎纹蛀野螟 *Dichocrocis tigrina* Moore、条纹绢野螟 *Diaphania strialis* Wang、脂斑翅野螟 *Diastictis adipalis* Lederer、玫歧角螟 *Endotricha portialis* Walker、双斑薄翅野螟 *Evergestis iunctali* Warren、双白带野螟 *Hymenia perspectalis* Hubner、果荚斑螟 *Etiella hollandella* Ragonot、褐巢螟 *Hypsopygia regina* Butler、黄尾巢螟 *Hypsopygia postilava* Hampson、尖锥额野螟 *Sitochroa verticalis* Linnaeus、梨云翅斑螟 *Nephopteryx pirivorella* Matsumura、赤双纹螟 *Herculia pelasgalis* Walker、甜菜白带野螟 *Hymenia recurvalis* Fabricius、花生蚀叶野螟 *Lamprosema diemenalis* Guenée、麦牧野螟 *Nomophila noctuella* Schiffermuller et Denis、红云翅斑螟 *Nephopteryx semirubella* Scopoli、荸荠白禾螟 *Scirpophaga praelata* Scopoli、大豆网丛螟 *Teliphasa elegans* Butler、豆荚野螟 *Maruca testulalis* Geyer、豆卷叶野螟 *Sylepta ruralis* Scopoli、褐切叶野螟 *Herptogramma rudis* Walker、黑环尖须野螟 *Pagyda savalis* Walker、黄斑紫翅野

螟 *Rehimena phrynealis* Walker、锈黄缨突野螟 *Udea ferrugalis* Hubner、紫苏野螟 *Pyrausta phoenicealis* Hubner。

（3）卷蛾科 Tortricidae

有 6 属 7 种，分别为柑橘褐带卷蛾 *Adoxophyes cyrtosema* Meyrick、棉褐带卷叶蛾 *Adoxophyes orana* Fischer von Roslerstamm、灰叶小卷蛾 *Epinotia cinereana* Haworth、莎草尖翅小卷蛾 *Bactra phaeopis* Meyrick、松针小卷蛾 *Epinotia rubiginosana* Herrich-Schaffer、亚麻细卷蛾 *Phalonia epilinana* Linne、榆白长翅卷蛾 *Acleris ulmicola* Meyrick。

（4）木蠹蛾科 Cossidae

有 1 属 1 种，为咖啡木蠹蛾 *Zeuzera coffeae* Nietner，又名豹纹木蠹蛾。

（5）尺蛾科 Geometridae

有 4 属 4 种，分别为槐尺蛾 *Semiothisa cinerearia* Bremer et Grey、云尺蛾 *Buzura thibetaria* Oberthür、栓皮栎薄尺蛾 *Inurois fletcheri* Lnoue、小造桥虫 *Anomis flava* Fabricius。

（6）刺蛾科 Limacodidae

有 4 属 6 种，分别为丽绿刺蛾 *Latoia lepida* Cramer、漫绿刺蛾 *Latoia ostia* Swinhoe、青刺蛾 *Parasa consocia* Walker、绒刺蛾 *Phocoderma velutina* Kollar、暗扁刺蛾 *Thosea loesa* Moore、线银纹刺蛾 *Miresa urga* Hering。

（7）弄蝶科 Hesperiidae

有 4 属 4 种，分别为籼弄蝶 *Borbo cinnara* Wallace、姜弄蝶 *Udaspes folus* Cramer、南亚谷弄蝶 *Pelopidas agna* Moore、曲纹稻弄碟 *Parnara ganga* Evans。

（8）大蚕蛾科 Saturniidae

有 2 属 2 种，分别为长尾大蚕蛾 *Actias dubernardi* Oberthur、明目大蚕蛾 *Antheraea frithi javanensis* Bouvier。

（9）带蛾科 Eupterotidae

有 1 属 2 种，分别为赤条黄带蛾 *Eupterote lativittata* Moore、中华金带蛾 *Eupterota chinensis* Leech。

（10）灯蛾科 Arctiidae

有 5 属 5 种，分别为八点灰灯蛾 *Asota caricae* Fabricius、黑条灰灯蛾 *Creatonotus gangis* Linnaeus、红线污灯蛾 *Spilarctia rubilinea* Moore、微拟灯蛾 *Digama hearseyana* Moore、脉黄毒蛾 *Euproctis albovenosa* Semper。

（11）毒蛾科 Lymantriidae

有 3 属 4 种，分别为丝白黄毒蛾 *Euproctis hypoenops* Collenette、隐带黄毒蛾 *Euproctis inconspicua* Leech、莹白毒蛾 *Actornis xanthochila* Collenette、舞毒蛾 *Lymantria dispar*

Linnaeus。

（12）粉蝶科 Pieridae

有 5 属 6 种，分别为菜粉蝶 *Pieris rapae* Linnaeus、橙黄豆粉蝶 *Colias fieldii* Ménétriés、梨花迁粉蝶 *Catopsilia pyrancethe* Linnaeus、欧洲粉蝶 *Pieris brassicae* Linnaeus、无标黄粉蝶 *Eurema brigitta* Stoll、云粉蝶 *Pontia daplidice* Linnaeus。

（13）华蛾科 Whalleyanidae

有 1 属 1 种，为梨瘿华蛾 *Sinitinea pyrigolla* Yang。

（14）蓑蛾科 Psychidae

有 1 属 1 种，为大蓑蛾 *Clania variegata* Snellen。

（15）枯叶蛾科 Lasicampidae

有 1 属 1 种，为栎黄枯叶蛾 *Trabala vishnou* Lefebure。

（16）灰蝶科 Lycaenidae

有 10 属 10 种，分别为尖角灰蝶 *Anthene emolus* Godart、克豆灰蝶 *Plebejus christophi* Staudinger、毛眼灰蝶 *Polyommatus labradus* Godart、细灰蝶 *Leptotes plinius* Fabricius、波蛱蝶 *Ariadne ariadne* Linnaeus、翠蓝眼蛱蝶 *Junonia orithya* Linnaeus、红锯蛱蝶 *Cethosia biblis* Drury、亮灰蝶 *Lampides boeticus* Linnaeus、酢浆灰蝶 *Pseudozizeeria maha* Kollar、吉灰蝶 *Zizeeria karsandra* Moore。

（17）蛱蝶科 Nymphalidae

有 4 属 5 种，分别为黄裳眼蛱蝶 *Junonia hierta* Fabricius、美眼蛱蝶 *Junonia abmana* Linnaeus、斐豹蛱蝶 *Argyreus hyperbius* Linnaeus、玄珠带蛱蝶 *Athyma perius* Linnaeus、窄斑凤尾蛱蝶 *Polyura athamas*（Drury）。

（18）瘤蛾科 Nolidae

有 1 属 2 种，分别为双线点瘤蛾 *Celama duplicdinea* Walker、脏点瘤蛾 *Celama squalida* Staudinger。

（19）鹿蛾科 Ctenuchidae

有 2 属 2 种，分别为滇鹿蛾 *Amata atkinsoni* Moore、伊贝鹿蛾 *Ceryx imaon* Cramer。

（20）苔蛾科 Lithosiidae

有 1 属 1 种，为黄雪苔蛾 *Cyana dohertyi* Elwes。

（21）天蛾科 Sphingidae

有 4 属 4 种，分别为白薯天蛾 *Herse convolvuli* Linnaeus、斜绿天蛾 *Rhyncholaba acteus* Cramer、银纹天蛾 *Nephele didyma* Fabricius、咖啡透翅天蛾 *Cephonodes hylas* Linnaeus。

（22）网蛾科 Thyrididae

有 1 属 1 种，为直线网蛾 *Rhodoneura erecta* Leech。

1.1.2.2 鞘翅目 Coleoptera

（1）步甲科 Carabidae

有 1 属 1 种，为斜沟金须步甲 *Bembidion nilotiocum* Dejean。

（2）叩甲科 Elateridae

有 1 属 1 种，为微铜珠叩甲 *Paracardiophorus subaeneus* Fleutiaux。

（3）丽金龟科 Rutelidae

有 2 属 3 种，分别为脊纹异丽金龟 *Anomala viridicostata* Nonfried、施彩丽金龟 *Mimela schneideri* Ohaus、铜绿丽金龟 *Anomala corpulenta* Motschulsky。

（4）鳃金龟科 Melolonthidae

有 4 属 7 种，分别为黑绒金龟 *Maladera orientalis* Motsch、码绢金龟 *Maladera verticalis* Fairmaire、小阔胫绒金龟 *Maladera ovatula* Fairmaire、二色希鳃金龟 *Hilyotrogus bicoloreus* Heyden、华脊鳃金龟 *Holotrichia*（*Pledina*）*sinensis* Hope、小黄鳃金龟 *Metabolus flavescens* Brenske、棕色鳃金龟 *Holotrichia titanis* Reitter。

（5）拟步甲科 Tenebrionidae

有 3 属 3 种，分别为蒙古沙潜 *Gonocephalum reticulatum* Motsch、沙潜 *Opatrum subaratum* Fald、云南垫甲 *Lyprops yunnancus* Mars。

（6）天牛科 Cerambycidae

有 3 属 3 种，分别为裂纹虎天牛 *Chlorophorus separatus* Gressitt、瘤胸天牛 *Aristobia hispida* Saunders、斑胸蜡天牛 *Ceresium sinicum ornaticolle* Pic。

（7）犀金龟科 Dynastidae

有 1 属 1 种，为双齿禾犀金龟 *Allomyrina dichotoma* L.。

（8）象甲科 Curculionidae

有 2 属 2 种，分别为淡灰瘤象 *Dermatoxenus caesicollis*（Gyllenhyl）Dermatoxenus、宽肩象 *Ectatorrhinus adamsi* Pascoe。

（9）叶甲科 Chrysomelidae

有 2 属 2 种，分别为菜豆树肿爪跳甲 *Philopona mouhoti* Baly、赭喙红萤 *Lycostomus placidus* Waterh。

（10）隐翅虫科 Staphilinidae

有 3 属 3 种，分别为黑缝攸萤叶甲 *Euliroetis suturalis* Laboissiere、烁凸顶跳甲

Euphitrea micans Bally、异色九节跳甲 *Nonarthra variabilis* Baly。

1.1.2.3 半翅目 Hemiptera

该目有 6 科 11 属 12 种。

（1）蝽科 Pentatomidae

有 3 属 4 种，分别为巴楚菜蝽 *Eurydema wilkinsi* Distant、菜蝽 *Eurgdema dominulus* Scopoli、锚纹二星蝽 *Stollia montivagus* Distant 和稻绿蝽 *Nezara viridula*（Linnaeus）。

（2）龟蝽科 Plataspidae

有 1 属 1 种，为豆圆龟蝽 *Coptosoma punctissimum* Montandon。

（3）红蝽科 Pyrrhocoridae

有 1 属 1 种，突背斑红蝽 *Physopelta gutta* Burmeister。

（4）盲蝽科 Miridae

有 1 属 1 种，绿盲蝽 *Apolygus lucorum* Meyer-Dür。

（5）土蝽科 Cydnidae

有 2 属 2 种，分别为青革土蝽 *Macroscytus subaeneus* Dallas、侏地土蝽 *Geotomus pygmaeus* Fabricius。

（6）缘蝽科 Coreidae

有 3 属 3 种，分别为边稻缘蝽 *Leptocrisa costalis* Herrich-Schaeffer、次小黑缘蝽 *Hygia*（*C.*）*simulans* Hsiao、稻棘缘蝽 *Cletus punctiger* Dallas。

1.1.2.4 同翅目 Homoptera

同翅目昆虫有 8 科 15 属 22 种。

（1）粉虱科 Aleyrodidae

有 3 属 3 种，分别为白粉虱 *Trialeurodes vaporariorum* Westwood、柑橘粉虱 *Dialeurodes citri* Ashm、柑橘刺粉虱 *Aleurocanthus woglumi* Ashby。

（2）蚜科 Aphididae

有 2 属 3 种，分别为棉蚜 *Aphis gossypii* Glover、桃蚜 *Myzus persicae* Sulzer、紫堇瘤蚜 *Myzus certus*（Walker）。

（3）叶蝉科 Cicadellidae

有 2 属 2 种，分别为黑尾叶蝉 *Nephotettix bipunctatus* Fabricius、大青叶蝉 *Cicadella viridis* Linnaeus。

（4）粉蚧科 Pseudococcidae

有 1 属 2 种，分别为康氏粉蚧 *Pseudococcus comstocki* Kuwana、柑橘棘粉蚧 *Pseudococcus citriculus* Green。

（5）蜡蚧科 Coccidae

有 2 属 5 种，分别为日本蜡蚧 *Ceroplastes japonicas* Green、角蜡蚧 *Ceroplastes ceriferus* Fabricius、伪角蜡蚧 *Ceroplastes pseudoceriferus* Green、红蜡蚧 *Ceroplastes rubens* Maskell、咖啡绿软蜡蚧 *Coccus viride* Green。

（6）盾蚧科 Diaspididae

有 3 属 4 种，分别为桑盾蚧 *Howardia biclavis* Comstock、黄杨并盾蚧 *Pinnaspis buxi* Bouche、茶并盾蚧 *Pinnaspis theae* Maskell、杨白片盾蚧 *Lophoeucaspis japonica* Cockerell。

（7）硕蚧科 Margarodidae

有 1 属 2 种，分别为吹绵蚧 *Icerya purchase* Maskell、银毛吹绵蚧 *Icerya seychellarum* Westwood。

（8）绵蚧科 Margarodidae

有 1 属 1 种，为草履蚧 *Drosicha contrahens*（Kuwana）。

1.1.2.5　双翅目 Diptera

双翅目昆虫共有 1 科 2 属 2 种。

实蝇科 Tephritidae：有 2 属 2 种，分别为橘小实蝇 *Bactrocera*（*Bactrocera*）*dorsalis* Hendel、番石榴果实蝇 *Bactrocera*（*Bactrocera*）*correcta*（Bezzi）。

1.1.2.6　缨翅目

蓟马科 Thrips：有 6 属 11 种，分别为西花蓟马 *Frankliniella occidentalis*、花蓟马 *F. intonsa*、黄蓟马 *Thrips flavus*、棕榈蓟马 *T. palmi*、烟蓟马 *T. tabaci*、黄胸蓟马 *T. hawaiiensis*、蓟马 *Thrips* sp.、茶黄硬蓟马 *Scirtothrips dorsalis*、端大蓟马 *Megalurothrips distalis*、白腰纹蓟马 *Aeolothrips albicinctus* 和华简管蓟马 *Haplothrips chinensis*。

1.1.2.7　直翅目 Orthoptera

（1）斑翅蝗科 Oedipodidae

有 1 属 1 种，为疣蝗 *Trilophidia annulata* Thunberg。

（2）蟋蟀科 Gryllidae

有 3 属 3 种，分别为云南茨尾蟋 *Zvenella yunnana* Gorochov、迷卡斗蟋 *Velarifictorus micado*（Saussure）、油葫芦 *Cryllus testaceus* wallker。

1.1.2.8　膜翅目 Hymenoptera

叶蜂科 Tenthredinidae：2 属 2 种，分别为锯隆齿菜叶蜂 *Athalia tannaserrula* 和丘切叶蜂 *Megachil monticola*。

1.2 石榴园昆虫群落组成、结构与影响因素研究

昆虫群落结构及组成是昆虫群落的重要特征之一，它反映着昆虫群落随时间的变化及植物群落和昆虫群落互相作用的效果，是深入研究群落的性质与功能、种间关系、发展与演替，以及多样性与稳定性等的基础（丁岩钦，1993）。研究群落动态是进一步探讨群落及其组分在时间序列上发生、发展的变化过程，为充分合理地利用自然资源、进行有害生物综合治理（IPM）和提高生态系统生产力提供依据。根据昆虫群落中物种的营养和取食关系可以将昆虫总群落划分为害虫亚群落、中性昆虫亚群落和天敌亚群落 3 种，中性昆虫亚群落在总群落中起到调节作用，在害虫数量降低时，可为园内捕食性天敌昆虫提供一定的营养物质，这对调节群落结构、控制害虫具有积极意义。

群落组成和结构分析常用的多样性指标有相对丰度、优势集中性（dominant concentration）、香农-维纳多样性指数（Shannon-Wiener diversity index）、均匀度（evenness）、物种丰富度（species richness）、优势度（dominance）等。邹运鼎等（2004a）对安徽省怀远石榴园昆虫群落的各相关指数值测定后，发现石榴园昆虫总群落中均匀度 J 与多样性指数 H' 关系密切，天敌亚群落中优势集中性 C 对多样性作用较大，非天敌亚群落中均匀度 J、优势集中性 C 等均会对该亚群落多样性产生影响。张祖兵（2006）对云南省不同管理模式石榴园昆虫群落多样性研究发现，群落中的均匀度 J 和物种数 S 对群落多样性的影响较大。通过对石榴园的多样性指数和其他特征指标进行通径分析表明：群落的物种数 S 和均匀度指数 J 与总群落的多样性有较大的相关性，且为正相关；物种丰富度 R 与多样性也有较强的正相关，但直接作用不大，是通过均匀度 J 和物种数 S 对多样性起作用。群落的优势度 d 和优势集中性 C 与多样性有较强的负相关，也是通过均匀度 J 和物种数 S 对多样性起作用。吴海波等（2009）采用群落研究方法，分别对 Malaise 网诱捕和黑光灯诱捕法诱捕调查到的云南建水县与稻田邻作种植的酸石榴园昆虫群落进行了研究，发现 Malaise 网中诱捕到的石榴园中害虫亚群落物种丰富度高于天敌亚群落与中性昆虫亚群落，天敌亚群落物种多样性指数高于害虫亚群落与中性昆虫亚群落，中性昆虫亚群落物种丰富度与多样性指数最低。而根据黑光灯下诱捕到的昆虫种类组成及其食性，也将群落的物种按功能作用分为害虫亚群落、天敌昆虫亚群落、中性昆虫亚群落，发现害虫亚群落物种丰富度高于天敌亚群落与中性昆虫亚群落，天敌亚群落物种丰富度最低；天敌亚群落物种多样性指数高于害虫亚群落与中性昆虫亚群落，中性昆虫亚群落多样性指数最低。从各亚群落的优势集中性指数来看，中性昆虫亚群落的优势集中性和优势度均为最高，而天敌亚群落优势集中性指数和优势度均为最低，表明群落中各物种分布较为均匀。

此外，石榴生长发育的不同时期昆虫群落的组成和结构存在着差异。例如，河南新乡地区春末夏初，处于优势地位的害虫为刺吸类的龟蜡蚧和棉蚜；6～7 月上旬棉蚜为优势种，6 月下旬至 9 月下旬日本龟蜡蚧为优势种（赵海燕等，2010）；云南建水地区从石榴花期到收获，主要害虫为绿盲蝽 Apolygus lucorum Meyer-Dür，且 8 月各昆虫群落数量均最高，害虫亚群落物种丰度与物种多样性指数均高于天敌亚群落与中性昆虫亚群落（吴海波等，2009）；因此，通过对石榴园的昆虫群落组成和结构的调查，可以弄清园内不同亚群落的种类及数量，以及各亚群落在石榴的不同生育期优势种的种类和数量，为

害虫的预测预报及天敌昆虫的保护利用提供理论依据。

1.2.1　石榴园昆虫群落组成及结构研究

目前，我国石榴的主产区分布在陕西临潼、山东枣庄、安徽怀远、四川会理和仁和、云南蒙自和建水，以及河南开封等地（李磊等，2004）。各地石榴害虫种类及主要种类的发生危害也不尽相同，除对石榴主要害虫的发生危害进行了大量研究外，对于石榴园昆虫群落物种多样性的研究也已成为石榴害虫综合防治研究的重要内容，截至目前，我国安徽、山东、云南、河南等石榴产区，已开展了石榴及石榴园昆虫群落相关的研究，反映了不同产区的石榴园昆虫群落物种多样性的特点。

1.2.1.1　安徽省石榴园昆虫群落组成及结构

安徽省石榴园昆虫群落的研究主要为怀远石榴园昆虫群落，该区石榴园昆虫群落中的物种丰富，据报道该区石榴园昆虫总群落由 8 目 38 科 42 种昆虫组成；其中以同翅目、脉翅目、鳞翅目、膜翅目昆虫的相对丰度最高，分别为 0.8699、0.0281、0.0186、0.0087。天敌亚群落结构共包含 4 目 17 科 17 种天敌昆虫，以大草蛉 *Chrysopa pallens*（Rambur）、中华草蛉 *Chrysopa sinica* 和龟纹瓢虫 *Propylaea japonica* 为优势种，相对丰度分别为 0.1632、0.1036 和 0.0363；非天敌亚群落共包含 5 目 21 科 26 种害虫和中性昆虫 3275 头，主要害虫为同翅目昆虫，如棉蚜 *Aphis gossypii* 为 2181 头，相对丰度为 0.6660；其次为石榴绒蚧 *Eriococcus lagerostroemiae*，相对丰度为 0.1398。鳞翅目害虫发生量次之，总体相对丰度为 0.0186。中性昆虫物种数和个体数较少，在群落中起调节作用（李磊等，2004）。其中，天敌亚群落中的中华草蛉、异色瓢虫 *Harmonia axyridis* 和大草蛉与害虫亚群落中的主要害虫棉蚜关联度较高，且大草蛉在时间和空间上均与棉蚜有较高的重叠度（邹运鼎等，2004b）；此外，不同月份间的总群落多样性指数存在着差异；4 月和 7 月蚜虫数量较多，10 月日本龟蜡蚧 *Ceroplastes japonicus* 的数量占绝对优势（李磊等，2003）；11 月石榴绒蚧的个体数较高，使得这 3 个月份的群落多样性指数较低（刘学平，2007）。通过采用通径分析方法对怀远石榴园总群落及各亚群落中多样性与其他生态学指标之间的关系进行分析，得出总群落中均匀度 *J* 与多样性指数 *H'* 关系密切；天敌亚群落中优势集中性 *C* 对多样性作用较大，非天敌亚群落均匀度 *J*、优势集中性 *C* 等均会对该亚群落多样性产生影响（邹运鼎等，2004a）。而在安徽农业大学农业科技示范园石榴园害虫亚群落中数量较多的主要有同翅目的棉蚜、小绿叶蝉 *Empoasca vitis* Gothe 及鳞翅目的黄刺蛾 *Cnidocampa flavescens*、扁刺蛾 *Thosea sinensis* 和小袋蛾 *Clania minuscula*；天敌昆虫亚群落中数量较多的有异色瓢虫、龟纹瓢虫、中华草蛉和黑带食蚜蝇 *Epistrophe balteata* De Geer.；其中异色瓢虫、中华草蛉与棉蚜关联度和时间生态位重叠指数均较大；中华草蛉与小绿叶蝉关联度和时间生态位重叠指数也均较大（禹坤等，2010）。棉蚜种群聚集是其自身原因引起的，而小绿叶蝉、黄刺蛾、扁刺蛾和小袋蛾的聚集是环境中某些因子引起的（禹坤，2010）。

1.2.1.2　山东省石榴园昆虫群落组成及结构

山东枣庄石榴园内害虫亚群落中害虫有 7 种，其中日本龟蜡蚧、温室白粉虱 *Trialeurodes vaporariorum*、紫薇绒蚧 *Eriococcus lagerstroemiae*、大青绿叶蝉 *Cicadella viridis* 的数量和相对丰度较高，10 月日本龟蜡蚧是优势种，且发生量大于怀远石榴园；其余 3 种是次要害虫（李磊等，2003）。天敌昆虫亚群落种类繁多，有 8 种，分别为大草蛉、食蚜蝇 *Scaeva pyrastri*、龟纹瓢虫、异色瓢虫、中华大刀螳 *Paratenodera sinensis*、花蝽、甲腹茧蜂和赤眼蜂（李帅，2014a）。与安徽怀远石榴园一样，该地区石榴园主要害虫日本龟蜡蚧同其主要天敌昆虫大草蛉在空间分布上呈现追随关系（李磊等，2003）。

1.2.1.3 云南省石榴园昆虫群落组成及结构

云南省建水酸、甜石榴园内昆虫群落物种丰富，通过马氏网共捕获到 12 目 75 科 375 种昆虫，其中害虫亚群落有 193 种，主要为绿盲蝽 *Apolygus lucorum* Meyer-Dür，其相对丰度为 0.0073；中性昆虫亚群落有 57 种，主要有中华蜜蜂 *Apis cerana cerana* Fabricius、肥躯金蝇 *Chrysomya pinguis* Walker 等；天敌昆虫亚群落有 125 种（寄生性天敌 79 种，捕食性天敌 46 种），数量较多的种类为斜纹切夜蛾盾脸姬蜂 *Metopius rufus browni* Ashmead、食蚜蝇姬蜂 *Diplazon laetatorius*（Fabricius）、六斑月瓢虫 *Menochilus sexmaculatus* Fabricius、短刺刺腿食蚜蝇 *Ischiodon scutellaris* Fabricius、七星瓢虫 *Coccinella septempunctata* Linnaeus、其相对丰度分别为 0.0570、0.0443、0.0359、0.0401、0.0190；在害虫数量降低时，园内中性昆虫可为园内捕食性天敌昆虫提供一定的营养物质，以调节群落结构、控制害虫（吴海波等，2009）；而通过马氏网和黑光灯同时诱捕，与水稻田相邻的石榴园中共诱捕到 12 目 90 科 430 种 3215 头昆虫，其中寄生性天敌昆虫亚群落有 69 种 291 头昆虫，捕食性天敌昆虫亚群落有 69 种 266 头昆虫，害虫亚群落有 227 种 2291 头昆虫，中性昆虫亚群落有 65 种 367 头昆虫；各群落昆虫种类数量均明显高于单一马氏网诱捕的数量（吴海波，2009）。在云南元谋石榴林中具有最丰富的象甲类群，共有 7 种，分别为 *Eugnamptus* sp.、扁平长翅象 *Arhines hirtus* Faust、2 种卵象 *Calomycterus* sp.、眼叶象 *Cyphicerus* sp.、蓝绿象 *Hypomeces squamosus*、二结光洼象 *Gasteroclisus binodulus*；狭栖种较多，优势种为生活于农田草本植物上的卵象。Margalef 指数和 Shannon-Wiener 多样性指数均以云南松-栎林最高，石榴林次之，且均高于其他任何自然和人工生态系统（李巧等，2006a）。此外，元谋石榴林中总共有 15 种直翅目昆虫，其物种丰富度和香农-维纳多样性指数也均最高；石榴林的直翅目群落多样性高于除杧果 *Mangifera indica* 林以外的任何群落；优势种为农田草本植物上的短额负蝗 *Atractomor sinensis* Bolivar；Jaccard 指数表明印楝-久树和石榴林的相似性最大（李巧等，2006b）。

1.2.1.4 河南省石榴园昆虫群落组成及结构

河南省石榴园中昆虫的群落结构也比较复杂。赵海燕等（2010）对河南新乡市人民公园观赏石榴园昆虫群落结构及动态进行了研究，发现河南观赏石榴园昆虫群落由 9 目 34 科 52 种昆虫组成，其中主要类群依次为同翅目（Homoptera）、鳞翅目（Lepidoptera）、脉翅目（Neuroptera）和膜翅目（Hymenoptera）昆虫。同时，昆虫群落中 r 对策害虫在数量上一直处于该石榴园昆虫群落的优势地位，且在不同季节，优势害虫不尽相同，6～9 月石榴园内的主要害虫为棉蚜 *Aphis gossypii* 和日本龟蜡蚧 *Ceroplastes japonicus* Guaind，不同时间内优势种不同，6～7 月上旬棉蚜为优势种，6 月下旬至 9 月下旬为日本龟蜡蚧。天敌的主要种类是龟纹瓢虫 *Propylaea japonica*、中华草蛉 *Chrysopa sinica* 和茧蜂等，且天敌对害虫具有一定的跟随现象；此外，当地的气候变化和主要昆虫的发生动态均会影响石榴园昆虫群落多样性、均匀性、物种丰富度和个体总数（赵海燕等，2010）。在河南科技学院校内石榴园昆虫的群落结构及多样性比公园内稍差，共发现了7目14科22种昆虫；同翅目、鞘翅目（Coleoptera）、鳞翅目、脉翅目、膜翅目是群落的主要成分，春末夏初昆虫种群的优势种主要是蚜虫和蚧壳虫，且优势种也随着季节的变化而变化，4月害虫的优势种为日本龟蜡蚧，此时的种群主要以越冬后的雌成虫为主；5月的优势种为棉蚜，相对丰度为0.9284；天敌昆虫的优势种为瓢虫和草蛉类（张育平等，2006）。

1.2.2　石榴园主要害虫及其天敌

李磊等（2004）调查研究发现，安徽怀远县石榴园以蚜虫为优势种；其中天敌亚群落包括昆虫天敌386头，分属于昆虫纲4目17科16种，且以大草蛉、中华草蛉和龟纹瓢虫为优势种群。山东省枣庄秋季石榴园害虫7种、天敌11种，而怀远秋季石榴园害虫7种、天敌10种，两个地方的害虫和天敌种类相近（李磊等，2003）。张育平等（2006）通过对新乡市郊区河南科技学院院内石榴园进行扫网调查，春末夏初昆虫群落的优势种主要是棉蚜和蚧壳虫，优势种随着季节的变化会有所改变。4月优势种为龟蜡蚧 *Ceroplastes floridensis* Comstock，主要是以越冬后的雌成虫为主。此外，温度和湿度是制约昆虫种类及数量的限制因子。5月随着温度的上升和降水量的增加，棉蚜的数量逐渐增多，棉蚜为该期的优势种，直到调查结束，棉蚜的发生量一直处于优势地位。吴梅香等（2011）在惠安番石榴园树冠中共采集到害虫116种、天敌61种、中性昆虫41种；其中橘小实蝇 *Bactrocera*（*Bactrocera*）*dorsalis* Hendel 和棉蚜 *Aphis gossypii* Glover 是害虫优势种，细纹猫蛛 *Oxyopes macilentus* L. Koch 和大草蛉 *Chrysopa pallens*（Rambur）是天敌优势种。吴海波等（2009）通过马氏网诱捕法和黑光灯对云南省建水县酸、甜石榴园内昆虫群落结构进行调查，共诱捕到昆虫纲12目75科375种1708头；其中有193种害虫，79种寄生性天敌，46种捕食性天敌，57种中性昆虫。而黑光灯诱捕结果表明，从石榴花期到成熟收获，共诱捕获得昆虫纲11目55科109种1385头，其中寄生性天敌有4种13头，捕食性天敌有19种55头，害虫有62种1064头，中性昆虫有24种253头。

另外，不同害虫的天敌昆虫种类间也存在着一定的差异，在安徽农业大学科技示范石榴园中，棉蚜的主要天敌为异色瓢虫、中华草蛉和八斑球腹蛛；小绿叶蝉的主要天敌为粽管巢蛛、三突花蟹蛛和草间小黑蛛；黄刺蛾和扁刺蛾的主要天敌均为粽管巢蛛、锥腹肖蛸和八斑球腹蛛；小袋蛾的主要天敌为三突花蟹蛛、粽管巢蛛和异色瓢虫（禹坤，2010）。

1.2.3　影响石榴园昆虫群落变化组成及结构的因素

1.2.3.1　耕作制度对昆虫群落组成及结构的影响

果园合理种植覆盖植物为天敌提供替代寄主，提供天敌昆虫所需的食物如花蜜、花粉等，提供天敌越冬、筑巢需要的场所；同时还可在田间保持适当数量的害虫，为天敌提供寄主（Altieri et al.，2002；李正跃，2009；Bugg and Waddington，1994），从而有效地保护天敌，降低病虫害发生及危害（Smith et al.，1996）。桃园内有豚草 *Ambrosia* sp.、蓼属 *Polygonum* 植物、藜 *Chenopodium album*、一枝黄花 *Solidago* sp. 等植物，能有效控制梨小食心虫，还为橘小实蝇的重要寄生性天敌——小绒茧蜂 *Macrocentrus ancylivorus*

提供了丰富的猎物（Bobb，1939）。在柑橘园种植藿香蓟（胜红蓟）*Ageratum conyzoides*、一年蓬 *Erigeron annuus*、紫菀 *Aster tataricus* 等覆盖植物可以显著促进果园天敌种群的增殖，其中对植绥螨 *Amblyseius* spp.的控制效果尤其显著。果园植绥螨数量的增加有效地抑制了柑橘全爪螨 *Panonychus citri* 在果园的发生（Liang et al.，1994）。苹果园种植紫花苜蓿 *Medicago sativa*、夏至草 *Lagopsis supina*、泥胡菜 *Hemistepta lyrata* 可大大增加东亚小花蝽 *Orius minutes*、拟长毛钝绥螨 *Amblyseius pseudolongispinosus* 和中华草蛉 *Chrysopa sinica* 的数量，有效控制苹果害螨和苹果金纹细蛾的发生危害（严毓骅和段建军，1985；于毅等，1998；于毅和孟宪水，1997；孔建等，2001）。刘凌（2011）研究发现，石榴园内保持三叶草等覆盖植物有利于保护和蓄积蓟马类的天敌，同时在三叶草的花期，还可诱集大量的蓟马类害虫向三叶草转移，从而有效降低石榴上蓟马的种群数量。

1.2.3.2 防治措施对昆虫群落组成及结构的影响

化学防治是影响系统中昆虫群落结构功能的重要因子，对昆虫群落的丰富度、多样性、均匀度等指数的影响最大，化学防治往往使昆虫种类减少，但物种个体数分布不均匀，而综合治理技术可使果园昆虫群落物种丰富度增加，多样性、均匀性指数提高，害虫个体数减少，天敌数与害虫数量比例提高，导致昆虫群落结构的稳定性增强（石万成等，1990a，1990b；李建荣等，1995；刘长仲和冯宏胜，1999）。杨本立和徐中志（1997）研究表明，化学防治能使果园中捕食性天敌和寄生性天敌种类和数量减少，而且寄生性天敌寄生率低，未施药的自然园中捕食性天敌和寄生性天敌种类多，寄生性天敌寄生率高。此外，不合理地使用农药进行化学防治，在大量杀伤天敌的同时，也容易使一些生活周期短、繁殖力强的害虫如蚜虫类产生抗性。

1.2.3.3 环境因素对昆虫群落组成及结构的影响

环境因素是影响昆虫发生危害的重要因素，除环境温度和湿度等气象因素影响昆虫发生危害外，空气污染对害虫发生危害也具有一定的影响（吕仲贤等，1994；张静，2008），能对害虫的发生危害起到一定的促进作用。周霞等（2001）研究了空气污染环境中银杏树和白蜡树上康氏粉蚧的种群密度，发现空气污染程度与康氏粉蚧虫口密度呈正相关，即康氏粉蚧在空气污染严重的环境中暴发。吕仲贤等（1994）研究发现 SO_2 污染能促进黏虫、黄地老虎、小菜蛾、桃蚜、萝卜蚜和豆蚜的生长和/或繁殖，这些昆虫对适度 SO_2 污染的反映因种类而异，3 种鳞翅目昆虫表现为幼虫的平均相对生长速率明显加快，成虫繁殖力变化不大，3 种蚜虫主要表现为成蚜的繁殖力大幅度提高。而对于石榴园污染对昆虫群落及主要害虫发生危害的影响尚未见研究报道。

1.2.3.4 管理方式对石榴园昆虫群落组成及结构的影响

许多研究表明，受人为干扰较多的果园内昆虫物种数量少于受人为干扰较少的果园（Risch et al.，1983；Altieri and Nicholls，2002；李正跃，2009）。在人为干扰因素中，尤其是在使用杀虫剂的果园中，由于杀虫剂除能直接杀死害虫外，还能直接杀死一些天敌昆虫，或通过天敌的数量来间接影响害虫的数量，因而对昆虫群落组成的影响较大。在未使用杀虫剂的果园，天敌能较好地控制害虫的发生，受杀虫剂影响较大的果园，此类天敌数量减少致使相应害虫数量大增。张祖兵（2006）研究发现，常年利用除草剂进行除草、采用化学防治方法进行病虫害防治的化学防治石榴园，种植比较单一，甚至连田间杂草都清除得比较干净，从而减少了昆虫栖息的场所，同时生境减少会影响昆虫群落多样性。未采取任何田间管理和害虫防治的石榴园，生境较复杂，且园内还种植有梨、桃、柑橘等果树，园内杂草生长，昆虫群落多样性较大。此外，张祖兵（2006）研究还发现，一些害虫在化学防治石榴园中是优势害虫，如狭肋鳃金龟、暗黑鳃金龟，而在未采取任何田间管理和害虫防治的石榴园中只有少量发生；在未采取任何田间管理和害虫防治的石榴园中普遍存在的种类，在化学防治园中却没有调查到或数量很少，如明目大蚕蛾、石榴茎窗蛾等。

1.3　石榴主要害虫的综合防治研究

石榴 *Punica granatum* L.生长发育的过程中会受到多种害虫的危害，如危害石榴根部的蛴螬、小地老虎 *Agrotis ypsilon* Rottemberg 等地下害虫；危害枝干的梨眼天牛 *Bacchisa fortunei* Thomson、咖啡旋皮天牛 *Dihammus cervinus* Hope 等；危害叶片的棉蚜 *Aphis gossypii* Glover、桃蚜 *Myzus persicae* Sulzer 等；危害果实的桃蛀螟 *Conogethes punctiferalis*（Guenée）、橘小实蝇 *Bactrocera*（*Bactracera*）*darsalis* Hendel 等。许多害虫可以混合发生危害，有些害虫可能会对石榴生产造成毁灭性的损失。例如，桃蛀螟对石榴的蛀果率高达 90%，咖啡木蠹蛾 *Zeuzera coffeae* Niether 会在短时间内造成成片的石榴全部枯死。因此，在石榴生产过程中，对害虫进行综合防治显得至关重要。

长期以来，国内外均十分重视石榴害虫的发生和防治的研究工作，并积极地探索石榴害虫的综合防治措施，我国在石榴害虫综合防治研究中也取得了不少成果。然而随着石榴栽培面积的扩大、栽培模式的改变及化学农药的大量使用，害虫猖獗，发生危害日益严重。同时，人类对无公害食品的认知和需求日益强烈。因此，石榴害虫综合防治的研究，特别是可持续性发展的防治方法的探究是目前研究的热点之一。目前对石榴害虫常见的防治方法如下。

1.3.1　加强对害虫的检验和检疫

各种作物的病、虫和杂草种子都有一定的地理分布范围，但也通过种子、苗木、农产品等调运和交流而远距离传播蔓延。国家为了防止危险性病、虫和杂草的传播蔓延，保护农业生产的安全，颁布法令、法规，对某些调入和调出的植物及其产品进行检疫检验，并采取相应的限制和防治措施，称为植物检疫。

在苗木接穗调运时，凡是从外地引进或调出的石榴苗木、种子、接穗等，均应加强植物检疫，防止危险性害虫传入和扩散（谢建华，2012），如吹绵蚧 *Icerya purchase* Maskell、大蓑蛾 *Cryptothelea variegata* Snellen、咖啡木蠹蛾 *Zeuzera coffeae* Nietner 等；一旦发现，应对苗木和接穗进行消毒处理。由于溴甲烷熏蒸不会影响苗木的生活力，因此，溴甲烷是目前较常用的消毒剂。在 17～21℃时，使用 $35g/m^3$ 溴甲烷熏蒸处理 5h。

石榴螟 *Ectomyelois ceratoniae*（Zeller）是危害石榴的重要害虫，主要发生在亚洲、非洲、欧洲、美洲和澳大利亚等石榴产区（Heinrich，1956），我国尚未有分布记录（陈乃中，2009；章柱等，2015），是我国禁止进境的植物检疫性有害生物（徐淼锋等，2015）。此外，全国检疫口岸截获旅客携带的石榴中也多次发现地中海实蝇 *Ceratitis capitata* Wiedemann（刘瑞祥和张剑英，1998）。

同时，一些尚未发现危害石榴的检疫性害虫，如红火蚁 *Solenopsis invicta* Buren（黄可辉和郭琼霞，2009）、橘小实蝇 *Bactrocera*（*Bactocera*）*dorsalis* Hendel（张木新等，2006）、瓜实蝇 *Bactrocera*（*Zeugodacus*）*cucurbitae* Copullett（黄振和黄可辉，2013）、番石榴实蝇 *Bactrocera correcta* Bezzi（管维等，2008）、具条实蝇 *Bactrocera*（*Zeugodacus*）*scutellata* Hendel（晋燕，2014）等，目前在我国还未发现这类害虫重要的自然天敌，因而这类害虫一旦发生，则缺乏有效的自然控制因子，就会暴发成灾，造成重大的产量和品质损失。因此，应加强对这些害虫的检验和检疫，防止该类害虫发展成为石榴的主要害虫。

1.3.2 农业防治

1.3.2.1 选育和栽植优良品种

抗虫优良品种的选育及高产抗病虫优良品种的引进和推广是石榴害虫有效防控的重要途径。然而，对于异地引种要慎重，应当先引入少量树种，在引入地进行试种或高接观察，成功后再慢慢发展。此外，每个地方的石榴园，都会存在某些花多、坐果率低、果实产量低、品质差的退化植株，也会有抗病虫能力差但产量高、品质好的植株。可以通过高接换种的方法，在2～3年使这些植株成为优质高产和抗性强的单株（许明宪，2003）。

1.3.2.2 消灭越冬代，减少虫口基数

以卵、幼虫或若虫越冬的害虫，可在初春时，将树干老翘皮刮除10cm宽1周，涂上胶、石灰水或者废机油，每隔10～15d涂一次，共涂2或3次，并及时清除环下的幼虫或若虫。可有效阻止初龄幼虫或若虫上树。

以蛹越冬的害虫，冬春进行修剪时，及时剪除越冬茧也能消灭其中的越冬蛹，如桉树大毛虫 *Suana divisav* Moore。将树根茎基部土壤挖开13～16cm，刮除贴附在表皮上的越冬茧；集中处理越冬寄主，消灭越冬虫源。有些害虫具有转寄主越冬的习性。例如，在长江流域一带，桃蛀螟 *Conogethes punctiferalis*（Guenée）多在向日葵 *Helianthus annuus* L.、高粱 *Sorghum bicolor*（L.）Moench、玉米 *Zea mays* L.、蓖麻 *Ricinus communis* L.等植物上越冬，因此，在早春越冬幼虫化蛹前，收集越冬寄主的茎秆等，并刮净石榴的老翘皮，用作燃料或沤肥，可有效降低翌年桃蛀螟的虫品基数。

石榴收获后，清理果园落果、劣果，集中深埋，可有效降低蛀果害虫，如井上蛀果斑螟、桃蛀螟及实蝇类害虫种群数量，从而达到良好的控制作用。

对于蛴螬、蝼蛄和金针虫等地下害虫，应在冬前石榴树施肥时，人工清理石榴树根际土壤中的越冬虫，以降低越冬虫源。

刘凌等（2010）研究发现，石榴园内鬼针草 *Bidens pilosa* L.的颜色和花朵提取物对西花蓟马成虫均有显著吸引作用，因此可通过保护石榴园内三叶鬼针草、紫花苕 *Vicia Sativa* L.等绿肥植物，让其先于保护植物开花前开放，用于吸引蓟马，之后将其连同植株一同杀灭，这将大大减少化学农药的施用和对环境的污染。

1.3.2.3　加强果园管理

对果园的土肥和树体进行精心管理，石榴园最好是建在坡地，每棵石榴树行距以 (2.0～2.5)m×(3.0～3.5)m 为佳，使果园保持合理的密度，且不能与桃、李、葡萄或苹果等果树混栽，不宜与棉花、大豆、麻类、烟草、绿叶蔬菜（李贵利和先开泽，2004）等作物间作，避免害虫从其他树上传播到石榴树；研究发现石榴园内外若有桃、葡萄等其他果树时绿盲蝽危害加重，受害株率和新梢被害率均为 100%（赵亚利等，2008）。通过修筑梯田、种植绿肥、深耕改土等方法对土质差的石榴园进行土壤改良；注意修剪近地面枝条，风光通透，保持树体健壮；对周围杂草及枯枝落叶及时清除，破坏害虫发生的环境条件，预防和抑制害虫暴发。

1.3.2.4　人工捕杀

在石榴生长过程中，经常检查枝条，一旦发现被害新梢，及时从最后 1 个排粪孔的下端将枝条剪除，消灭枝条中的幼虫；有些昆虫具有成片产卵且初孵幼虫群集生活的习性，可以在产卵盛期和幼虫孵化期，及时摘除带卵有虫的叶片，成虫大量出现期间，在果园及时捕杀成虫，发现幼虫时，马上用竹竿或木棒杀死等；对于可以形成护囊或袋囊的害虫，如茶袋蛾、大袋蛾等，发现时应及时摘除烧毁；在挂果期间，发现带有新鲜虫粪的虫果时及时摘除，集中用药处理，深埋、烧毁或沤肥。最好每 10d 摘 1 次虫果；对地上落果应及时拾起深埋或沤肥，或者在果园里放鸡，让其啄食脱果或地上的幼虫，该方法不仅可以消灭果实内的幼虫，而且使得幼虫找不到合适的化蛹场所，可有效控制害虫的发生量。一般应在每年 5～7 月底前完成该项工作。有些害虫具有假死习性，可以在傍晚振落捕杀，如铜绿丽金龟 *Anomala corpulenta* Motschulsky、麻皮蝽 *Erthesina fullo* (Thunberg) 等。

1.3.2.5　套袋保护

在成虫产卵前即石榴果实长到 1～2cm 时，果实进入第二次自然落果后给果实套袋，在套袋前应喷药一次消灭早期卵块，多采用牛皮纸、废报纸、单层蜡质纸袋或塑料袋做罩，袋口用细绳扎紧或用回形针夹压，防止橘小实蝇、桃蛀螟在石榴上产卵，阻止幼虫为害。一般在 6 月上中旬进行果实的套袋比较合适，防治效果较好，且应避开高温天气进行套袋（倪同良和谭嗣宏，2006）。

1.3.2.6　覆盖地膜

在春季将树干周围半径 1m 以内的地面用地膜覆盖，并把树干周围的地膜扎紧，控制幼虫出土、化蛹和成虫羽化。

1.3.3　物理防治

（1）灯光诱杀

多数昆虫具有一定的趋光性，因此利用不同波长光源可进行昆虫的诱捕与诱杀，广泛用于害虫诱集和诱杀的光源是 20W 黑光灯，波长为 365nm 的灯光诱集和诱杀方法，国内外已广泛用于水稻、小麦、玉米、高粱、棉花、甘蔗、茶、果和林业害虫的诱杀实践，同时，灯光诱捕除具有良好的诱杀作用外，还是趋光性昆虫种群动态研究的重要方法之一。对于具有趋光性的成虫，可于成虫的盛发期在石榴园中安装频振式杀虫灯或黑光灯诱杀成虫，如豹纹木蠹蛾 *Zeuzera leuconolum* Butler、咖啡木蠹蛾 *Zeuzera coffeae* Niether、桃蛀螟 *Conogethes punctiferalis*（Guenée）（白海燕和马建列，1998）、桃小食心虫 *Carposina niponensis* Walsingham、铜绿丽金龟 *Anomala corpulenta* Motschulsky、大蓑蛾 *Clania variegata* Snellen（韩建伟，1996）、小地老虎 *Agrotis ypsilon* Rottemberg、华北蝼蛄 *Gryllotalpa unispina* Saussure 等。研究发现在西昌市多个石榴园使用频振式杀虫灯对石榴主要害虫特别是鳞翅目害虫的防治效果极佳（吉牛拉惹等，2004）。

卿贵华等（2006）研究了佳多牌频振式杀虫灯防治西昌石榴害虫种类，发现佳多牌频振式杀虫灯诱杀的石榴害虫中，鳞翅目害虫有舟形毛虫、荔枝拟木蠹蛾、大蓑蛾、黄刺蛾、龟形小刺蛾、桃蛀螟、栎黄枯叶蛾、桉树大毛虫、樗蚕蛾、石榴夜蛾、柿黄毒蛾、咖啡木蠹蛾；同翅目害虫有棉蚜、桃蚜、红蜡蚧、吹蜡蚧、日本龟蜡蚧；半翅目害虫有茶翅蝽、绿盲蝽；鞘翅目害虫有斑胸蜡天牛、李叶甲、铜绿丽金龟。

杀虫灯诱杀不但可以诱杀石榴害虫，同时还可诱杀水稻、玉米作物害虫，如玉米螟、二化螟、三化螟、黏虫、斜纹夜蛾和棉铃虫等，由此表明频振式杀虫灯在有效控制石榴害虫的同时，还能兼治其他作物害虫。

然而，频振式杀虫灯本身并不能选择害虫或益虫，一些天敌如虎甲、步甲和草蛉等也被诱杀，因此，在使用频振式杀虫灯时，可考虑根据不同昆虫活动时间段科学使用杀虫灯。

（2）粘虫板诱杀法

粘虫板是利用一种颜色配以特殊黏胶，有些还添加特定的昆虫信息素，制作而成的不同颜色的粘虫板，用来诱捕对不同颜色敏感的昆虫，如蚜虫、白粉虱、斑潜蝇等多种害虫成虫对黄色具有很强的趋性，因此在田间可利用黄色粘虫板诱捕和诱杀。粘虫板的颜色、大小、形状、黏着剂、设置高度、设置方式、设置方向、设置间距、设置时段和设置密度均会影响对蓟马的诱捕效果（Ekrem，2004；Chang et al.，2006；吴青君等，2007；肖长坤等，2007；任智斌和王森山，2007；李江涛等，2008）。对于具有趋黄性的害虫，如蚜虫、蓟马等，可以采用在石榴园外悬挂黄板的方法来诱杀有翅蚜或蓟马成虫等害虫（蒋月丽，2007；李江涛等，2008；刘凌等，2010）；刘凌等（2010）研究发现，酸石榴园中蓝色粘虫板对西花蓟马成虫具有良好的诱捕效果，而甜石榴园中黄色粘虫板诱捕效果较好。1.0m、1.5m 和 2.0m 3 个高度的粘虫板对西花蓟马的诱捕效果差异不显著，但从一天中诱捕效果来看，8:00～10:00 诱捕数量最多，而在 20:00～次日 8:00 数量最少。

（3）性诱剂诱杀

昆虫性诱剂模拟自然界昆虫性信息素，其原理是通过人工合成雌蛾在性成熟后释放出一些称为性信息素的化学成分，吸引田间同种寻求交配的雄蛾，将其诱杀在诱捕器中，使雌虫失去交配的机会，不能有效地繁殖后代，降低后代种群数量而达到防治的目的。该技术诱杀害虫不接触植物和农产品，它具有安全无毒、节能高效、使用方便、绿色环保等特点，不会产生农药残留，是近年国家倡导的绿色防控技术。对保护农业生产安全、农产品质量安全、农业生态安全、农业贸易安全和实现农业可持续发展具有重要意义。

（4）引诱剂和诱捕器诱杀

引诱剂和诱捕器是实蝇类害虫监测、调查和防治中最重要的手段之一，被广泛采用。国际上普遍认可的实蝇诱剂主要包括蛋白质诱剂（PA）、甲基丁香酚（ME）、诱蝇酮（CUE）、乙酸铵诱剂（AA）、乙酸铵盐诱剂（AS）、Trimedlure（TML）诱剂、己酸丁酯诱剂（BuH）、吡嗪诱剂（MVP）等（Heath et al.，2004；Holler et al.，2006；王艳平等，2009；William et al.，2015），在果树实蝇类害虫的防治和监测中发挥着重要作用（William et al.，2015；徐洁莲等，2004；温炳杰，2005；王少清等，2007；梁家尧和李凯声，2007；何衍彪等，2006；李云明等，2008）。我国也研发了大量植物型和食物型诱剂（庄剑隆等，2006；张淑颖等，2006；段科平等，2015；易继平等，2015）。

（5）食饵诱杀

使用害虫如蝼蛄、地老虎等有害生物喜食的饵料与药剂按一定比例混匀制成毒饵，进行诱杀。一般在傍晚时把配制好的毒饵撒布在树盘土表或石榴园内草中，撒后的当天晚上药效最高，一般可维持 2～3d。当毒饵中的水分蒸发后，药效就会随之降低，也可根据需要继续撒布。

对于具有特殊气味喜好的成虫，配制糖醋酒液药剂或酸菜汤药剂进行诱杀，如小地老虎 Agrotis ypsilon Rottemberg、铜绿丽金龟 Anomala corpulenta Motschulsky、桃蛀螟 Conogethes punctiferalis（Guenée）等。棉铃虫 Helicoverpa armigera Hubner 成虫对萎蔫的杨树枝气味有趋向性，可以利用这一特点对棉铃虫成虫进行诱杀（白丽芝，2010）；也可以在黑光灯下设置糖醋酒液盆，诱杀成虫的效果更好（陈志林，1991；周又生等，2000；赵勇，2007）；或在果实的生长期将旧麻袋片或草绳捆扎在石榴树的主枝、主干上，并且注意勤扎勤换，诱集幼虫结茧化蛹。

韩伟君（2008）研究发现，井上蛀果斑螟雌虫对糖醋酒液反应不明显，而雄虫对糖醋酒液反应效果较雌虫明显。当糖醋酒液浓度为 2.5%糖+12.5%醋+25.0%酒时，引诱雄虫的数量较多。因此，在石榴园可利用该糖醋酒液对井上蛀果斑螟进行田间诱杀防治。

此外，有些昆虫产卵对向日葵花盘有较强的趋性，如桃蛀螟、茶翅蝽 Halyomorpha picus Fabricius 和白星花金龟 Potosia（Liocola）brevitarsis（Lewis）等，可以根据这一特点在石榴园内种植一些向日葵，引诱成虫在花盘上产卵，并定期集中消灭花盘上的卵块，控制害虫种群大暴发。

1.3.4 化学防治

1.3.4.1 取食叶片或刺吸汁液类害虫的防治

该类害虫喷药时期应掌握在幼（若）虫孵化盛期和幼（若）虫初龄阶段，防治效果较好。发生危害期，即卵孵化期和若虫期，棉蚜可用 35%赛丹乳油 1500 倍液或 20%灭多威乳油、吡虫啉 3000 倍液、啶虫脒 1000～1500 倍液、44%丙溴磷乳油 1500 倍液、40%灭抗铃乳油 1200 倍液、43%辛·氟氯氰乳油 1500 倍液、90%快灵可溶性粉剂 3500 倍液防治；伏蚜可以用 20%好年冬（丁硫克百威）乳油 1000 倍液防治，且对石榴园中的天敌昆虫杀伤力较小（付文峰等，2007）；锉吸式口器的蓟马防治可以用 25%吡虫啉 2500～4500 倍液、20%多杀霉素水剂或 20%灭扫利乳剂 2500～3000 倍液喷雾（白丽芝，2010）。

有些能产生蜡壳的害虫，如日本龟蜡蚧 *Ceroplastes japonicus* Green、红帽蜡蚧 *Ceroplastes centroroseus* Chen、咖啡绿软蜡蚧 *Coccus viridis* Green 等，用药的最佳时期是在若虫孵化后至蜡壳形成前（若虫孵化期），或者雌虫越冬期。可在此时期用 25%亚胺硫磷 800～1000 倍液、50%马拉硫磷 1000～1500 倍液、噻嗪酮 1000 倍液、40%毒死蜱（乐斯本）1000 倍液、50%西维因可湿性粉剂 400～500 倍液、50%杀螟硫磷乳油 1000～1500 倍液、80%敌敌畏乳油 1000～1500 倍液或 50%敌敌畏乳油 800～1000 倍液，每隔 7～10d 喷一次，持续喷施 2 或 3 次即可；在 6 月末 7 月初，喷洒 50%可湿性西维因 400～500 倍液或 50%敌敌畏乳油 1000 倍液等来防治；虫口密度大时，需要在孵化盛期和末期各喷一次。有研究表明采用 40%氧化乐果和 50%久效磷乳油涂枝处理对日本龟蜡蚧成虫和若虫的防治效果均能达到 90%以上，且在若虫孵化高峰期施药效果最好，对长盾金小蜂 *Anysis* sp.、软蚧蚜小蜂 *Cocophagus yoshidae* Nakayama 和蜜蜂 honey bee 等天敌昆虫无影响（韩勇和蒋绍明，2000）。

有些能够产生虫囊的害虫，如大蓑蛾 *Clania variegata* Snellen、茶袋蛾 *Clania minuscula* Butler 等，在初龄幼虫期（虫囊长度<1cm）喷布 90%敌百虫乳油或 50%敌敌畏乳油 1000 倍液效果最好。

1.3.4.2 蛀干类害虫的防治

蛀干类害虫由于其危害比较隐蔽，常规喷雾防治效果不佳，因此，主要可以通过控制两个阶段的害虫数量来进行防治。

在幼虫蛀入前，用 50%辛硫磷 1000～1500 倍液局部喷雾。例如，桃蛀螟 *Conogethes punctiferalis*（Guenée）在 6 月中旬、7 月下旬为 1 代、2 代幼虫的盛发期，可喷洒 90%晶体敌百虫 800～1000 倍液，每隔 10～15d 喷雾 1 次，连续 2 或 3 次；或者用 90%晶体敌百虫 500～600 倍液与黄土配制成药泥或用浸过药的药棉在果实"坐稳"后逐个堵塞萼筒（王龙，2013）。

幼虫蛀入后，若见有新鲜虫粪排出，可以用废注射器等工具将久效磷 3 倍液（胡美姣等，2003）或敌敌畏乳油 10 倍液或 20%吡虫啉可溶性粉剂 100 倍液注入孔内，或将 1/4 片磷化铝片塞入排粪孔内，或用棉球蘸敌敌畏乳油 400～500 倍液注入虫道，然后用黄泥将孔堵死，熏杀防治石榴茎窗蛾 *Herdonia osacesalis* Walker、豹纹木蠹蛾 *Zeuzera leuconolum* Butler 等蛀干类害虫的幼虫（薛照文，2011a）。

1.3.4.3 地下害虫的防治

石榴园内常见的地下害虫主要有金龟子类、小地老虎和华北蝼蛄 *Gryllotalpa unispina* Saussure 等。在施用肥料时，将 75%或 50%辛硫磷乳油 1000～1500 倍液与肥料充分混匀，触杀幼虫或在成虫发生危害期喷施 50% 敌敌畏或 90% 敌百虫 800～1000 倍液防治成虫；也可以在炒焙后的麦麸皮（碾细磨碎的棉籽饼）或切碎的鲜嫩多汁水草（菜叶）上均匀地喷洒 50% 敌敌畏或 90% 敌百虫 800～1000 倍液，制成毒饵，傍晚撒入园地，诱杀幼虫。幼虫出土前，在树冠下用 50% 辛硫磷乳油，或 25% 对硫磷微胶囊剂，或 25% 辛硫磷微胶囊剂 800～1000g，加水 5000 倍喷施地面，然后浅锄树盘，使药土充分混匀（叶如意等，2009），对金龟子类、小地老虎和华北蝼蛄幼虫的防治效果较好。

此外，在施用化学农药时，要有针对性地用药，即根据害虫危害的部位进行重点施药，从而达到事半功倍的目的。例如，绿盲蝽 *Apolygus lucorum* Meyer-Dür 主要危害新梢，在喷药的时候应重点喷布新梢（赵亚利等，2008），为了减小害虫抗药性的产生，应选择两种或两种以上农药进行交替使用，避免单一使用一种农药。

1.3.5 生物防治

1.3.5.1 天敌昆虫的保护和利用

（1）天敌昆虫资源

害虫的天敌昆虫分为寄生性天敌和捕食性天敌 2 种。

寄生性天敌昆虫是将卵产在害虫寄主的体内或体表，其幼虫在寄主体内取食并发育，从而引起害虫的死亡。例如，寄生石榴棉蚜的蚜茧蜂、跳小蜂科 Encyrtidae 等寄生蜂类，寄生桉树大毛虫 *Suana divisa* Moore 幼虫的梳胫饰腹寄蝇 *Blepharipa schineri* Walker，寄生桃小食心虫 *Carposina niponensis* Walsingham、绿尾大蚕蛾 *Actias selene ningpoana* Felder、茶长卷叶蛾 *Homona coffearia* 的赤眼蜂 *Trichogramma* sp.，寄生桃蛀螟的广大腿小蜂 *Brachymeria lasus* Walker、抱缘姬蜂 *Temezucha philippinensis* (Ashmead) 等，寄生日本龟蜡蚧的有体外寄生的长盾金小蜂、体内寄生的姬小蜂等（王磊，2010；白海燕和马建列，1998），寄生樗蚕蛾 *Philosamia cynthia* Walker et Felder 幼虫的喜马拉雅聚瘤姬蜂 *Cregopimpla himalayensis* Cameron、稻苞虫黑瘤姬蜂 *Coccygomimus aethiops*、樗蚕黑点瘤姬蜂 *Xanthopimpla konowi* Krieger 等，寄生黄刺蛾 *Cnidocampa flavescens* (Walker)、潜叶蛾科 Phyllocnisidae 的刺蛾紫姬蜂 *Chlorocryptus purpuratus* Smith、潜叶蛾姬小蜂 *Elacherries* sp.、上海青蜂 *Chrysis shanghalensis* Smith 等（谢建华，2012）。

捕食性天敌昆虫直接取食猎物或刺吸猎物体液杀死害虫，致死速度比寄生性天敌快得多。例如，捕食棉蚜 *Aphis gossypii* Glover 的七星瓢虫 *Coccinella septempunctata*、龟纹瓢虫 *Propylaea japonica* Thunberg、异色瓢虫 *Harmonia axyridis* Pallas、大草蛉 *Chrysopa pallens* (Rambur)、小花蝽 *Orius similis* Zheng、斜斑鼓额食蚜蝇 *Scaeva pyrastri* Linnaeus、中华大刀螂 *Paratenodera sinensis* Saussure、蜘蛛目 Araneida、草间小黑蛛 *Hylyphantes graminicola* Sundevall 等，捕食桃蛀螟幼虫的红点唇瓢虫 *Chilocorus kuwanae* Silvestri、丽草蛉 *Chrysopa formosa* Brauer 等，捕食吹绵蚧的澳洲瓢虫 *Rodolia cardinalis* Mulsant、大红瓢虫 *Rodolia rufopilosa* Muls、小红瓢虫 *Rodolia pumila* Weise、红环瓢虫 *Rodolia limbata* Motschulsky 等，捕食石榴小爪螨 *Oligonychus punicae* Hirst 的食螨瓢虫和捕食螨，捕食蓟马、螨类和各种虫卵的小花蝽 *Orius similis* Zheng（李帅，2014b），捕食叶螨类的

深点食螨瓢虫 Stethorus (Stethorus) punctillum Weise、大草蛉、中华通草蛉 Chrysoperla sinica Tjeder、食蚜瘿蚊等；捕食蚧壳虫的黑缘红瓢虫 Chilocorus rubidus Hope、红点唇瓢虫 Chilocorus kuwanae Silverstri 等。此外，还有螳螂目 Mantodea、食蚜蝇 syrphid flies、胡蜂科 Vespidae、蜘蛛等多种捕食性天敌。

（2）天敌昆虫的保护和利用措施

1）果田生态系统的保护和改善。在果园周围种植防护林，国内种植油菜、芝麻、紫花苜蓿等蜜源植物，为天敌提供猎物和活动繁殖场所，增强天敌对石榴上的棉蚜、螨类、蚧壳虫等害虫的自然控制能力。有研究发现当石榴树害螨达到每叶平均有 2 头以下时，每株释放 200～400 头捕食性的钝绥满 45d 后可控制其危害；当捕食螨与害螨虫口达到 1：25 左右时，若无喷药伤害则有半年以上的有效控制期（曹磊等，2015）。当瓢蚜比为 1：(100～200)，或蝇蚜比（食蚜蝇）为 1：(100～150)时，或天敌总数与棉蚜数的比例为 1：40 时，可以有效地自然控制棉蚜的发生。

2）天敌昆虫的人工繁殖和引进。自然条件下，对于某些常发性的害虫，特别是暴食性的害虫，如黏虫、斜纹夜蛾、棉铃虫等夜蛾科的害虫，如果在害虫发生前，根据预报预测的数据，提前释放一定数量的天敌，就能有效控制害虫的发生。目前在人工繁殖天敌中，应用比较成熟的有烟蚜茧蜂 Aphidius gifuensis Ashmead、松毛虫赤眼蜂 Trichogramma dendrolimi Matsumura、捕食螨等，特别是赤眼蜂的人工繁殖技术已经处于世界领先地位（刘志诚和刘建峰，1995，1996；杨怀文，2015a，2015b）。此外，可以引进天敌昆虫来防治当地的害虫，比较成功的例子就是我国引进澳洲瓢虫 Rodolia cardinalis Mulsant 和孟氏隐唇瓢虫 Cryptolaemus montrouzieri Mulsant 防治果树上的吹绵蚧，引进花角蚜小蜂 Coccobius azumai Tachikawa 防治松突圆蚧 Hemiberlesia pitysophila Takagi，引进大唼蜡甲 Rhizophagus grandis Gyllenhal 防治红脂大小蠹 Dendroctonus valens Le Conte 取得了很好的效果（任伊森，1987；蒲蛰龙和邓德蔼，1957；潘务耀等，1993；杨忠岐，2004）。

3）药剂的选择与施用。当害虫数量增长到一定虫口密度时，目前来讲使用化学农药进行防治是最有效的防治方法，但是对天敌将会存在轻重不一的伤害。因此，应选用高效、低毒、低残留且对天敌昆虫杀伤作用小的昆虫农药品种并对施药技术进行改进。例如，选用云菊、鱼藤酮等植物源杀虫剂，性诱剂、真菌、细菌、病毒类生物园杀虫剂等，尽可能地减小对天敌昆虫的杀伤力。

4）人工营造适宜天敌栖息越冬繁殖的环境。例如，在果园内悬挂巢箱，为鸟类提供栖息和繁殖的场所，园内益鸟的数量可明显增多；同时可在树干的基部捆草把或种植越冬作物，园内堆草或挖坑堆草等，人为创造有利于天敌栖息和安全越冬的场所，保护果园内的蜘蛛、小花蝽、食螨瓢虫等天敌昆虫。

5）捕杀害虫保护天敌。在人工捕杀的过程中，要注意害虫与天敌的不同习性。例如，害虫的天敌喜欢选择在树干基部（小花蝽、瓢虫等）、树干基部的土、石缝（捕食螨、草蛉、蜘蛛、黑缘红瓢虫等）和主干基部翘皮缝里越冬；而大部分害虫喜欢在树体三主枝以上翘皮缝里越冬。因此，在刮除老翘皮时，应分为 2 次，即冬季只刮三主枝以上的翘皮，春季刮主干，不刮主干基部，从而保护天敌。此外，在人工捕杀的过程中，需要留意被寄生性天敌寄生的害虫，如僵蚜、被寄生的蛹或幼虫，一旦发现可将被寄生的越冬茧挑出，集中放置于饲养纱笼中加以保护利用；春天挂于果园内，待寄生蜂羽化后从纱笼中飞出继续繁殖（白海燕和马建列，1998）。

此外，关于天敌防治石榴害虫的研究报道也很多。例如，安徽怀远县在天幕毛虫发生较重的园内放置黑卵蜂 *Telenomus* sp.的卵环，以及将被上海青蜂 *Praestochrysis shanghaiensis* Smith、黑小蜂等寄生的黄刺蛾越冬茧放回石榴园等（王道勋等，2002；马建列和白海燕，2004）；云南蒙自市采用保护麻雀 *Passer montanus* Linnaeus、大山雀 *Parus major artatus* Thayer et Bangs 等鸟类，园内饲养鸡、鸭等禽类，释放赤眼蜂 *Trichogramma* sp.（1.7 万头/亩）或草蛉 *Chrysopa* sp.（500 头/亩）等措施在控制害虫方面均取得了较好的效果（张玲，2002）。

1.3.5.2 生物源农药的使用

（1）真菌类杀虫剂

目前已经商品化的真菌生物制剂主要有白僵菌、绿僵菌等。例如，木麻黄毒蛾 *Lymantria xylina* Swinhoe 的防治可以在每年的 4 月上旬和 5 月上旬分别释放白僵菌 1 次，平均每亩释放含 80 亿～100 亿孢子/g 的白僵菌 125g；据调查，用白僵菌高效菌株 B-66 处理地面，可使桃小食心虫 *Carposina niponensis* Walsingham 出土幼虫大量感病死亡，幼虫僵虫率高达 85.6%，还可以显著降低桃小食心虫成虫及卵的数量（胡清坡和张山林，2009）。豹纹木蠹蛾 *Zeuzera leuconolum* Butler 幼虫可以用棉球或火柴头蘸取球孢白僵菌 *Beauveria bassiana*（Bals.）Vuill 悬液，塞入蛀道内，使幼虫感染真菌死亡，防治效果较好（薛照文，2011a；周又生等，2000）。

（2）细菌类杀虫剂

在田间应用比较成熟的有苏云金芽胞杆菌 *Bacillus thuringiensis*（Bt）、青虫菌 *Bacillus thuringiensis* var. *galleria* Heimpel 等。苏云金芽胞杆菌是目前世界上产量最大的微生物杀虫剂，已有 100 多种商品制剂，可以用来防治桃小食心虫、苹果巢蛾、棉铃虫、刺蛾和卷叶蛾（胡清坡和张山林，2009）等鳞翅目害虫；黄刺蛾、小蓑蛾等食叶害虫（白海燕和马建列，1998），以及蛀干类的豹纹木蠹蛾幼虫（薛照文，2011b）均可以使用青虫菌 1000 倍液进行防治。

（3）病毒类杀虫剂

目前在昆虫上常见的病毒种类主要有核型多角体病毒 nuclear polyhedrosis viruses、颗粒体病毒 granulosis virus 等。其中核型多角体病毒可以感染多种石榴害虫，如木麻黄毒蛾、舞毒蛾等；在田间，虫尸采集及使用方法为：大量采集虫尸，用消过毒的瓶子密封后冷藏保存，或者在 35℃恒温干燥箱中将虫尸烘干，装入消毒后的瓶子中密封贮存。两种病毒保存方法一年后的致病率仍为 68.2%～84.4%；通过将病毒悬浮液涂抹到食料上饲养 4 龄幼虫来获得大量虫尸；将感染核型多角体病毒的病虫加水捣碎过滤，制成每毫升含 4×10^7 个多角体的悬浮液，每头 5～7 龄幼虫尸体含$(2 \sim 5) \times 10^8$ 个多角体病毒粒体，用喷雾器喷洒，每亩 1.5kg 来防治 3～5 龄幼虫。舞毒蛾幼虫可以采用

$2 \times (10^6 \sim 10^7)$个多角体/mL 舞毒蛾核型多角体病毒来防治幼虫。

（4）昆虫病原线虫

该类制剂最大的特点是能离体大量繁殖，在有水膜的环境中能蠕动寻找寄主并在 $1 \sim 2d$ 致死寄主。例如，桃小食心虫可以用芫菁夜蛾线虫悬液（每毫升含线虫 $1000 \sim 2000$ 条）喷布石榴果实来进行防治；钻蛀到树干或枝干中的石榴豹纹木蠹蛾 *Zeuzera leuconolum* Butler 幼虫可以用吸附有线虫的泡沫塑料塞孔法处理，每孔道施用 1000 条线虫，防治效果较好（薛照文，2011b）。

（5）微孢子原虫

该类微生物具有专化性，在实际应用中较少。运用蝗虫的专性寄主蝗虫微孢子虫对日本黄脊蝗 *Patanga japonica* 进行防治，该寄生物可以引起多种蝗虫感病，而对天敌昆虫、人、畜和禽类均很安全（郑晓慧和何平，2013）。

1.3.5.3 动物源农药的使用

对于有商品化性诱剂的害虫，如果实蝇、棉铃虫等，可以通过在石榴园放置小型性外激素水碗诱捕器或专用性诱剂诱捕器诱杀雄成虫，消灭害虫的雄性个体，减少交配机会，以达到控制害虫数量的目的。有研究发现桃小食心虫的两种性引诱剂组分 A∶B 为 $(80 \sim 90)∶(10 \sim 20)$，诱蛾活性最高。商品化的诱芯在果园的诱蛾范围可以达到水平距离 200m，垂直距离 13m，并且在田间连续使用 2 个月后仍有较强的诱蛾活性；未拆封的诱芯在 8℃条件下贮存 3 年后诱蛾活性仍然很高。

1.3.5.4 植物源农药的使用

在田间应用比较成熟的杀虫剂主要有除虫菌素、鱼藤酮、烟碱和植物油乳剂等。例如，樗蚕蛾幼虫、棉蚜等可以在危害的初期用高效氯氰菊酯水乳剂 2000 倍、杀灭菊酯 1000 倍等除虫菊剂或鱼藤酮等植物源农药进行防治；石榴茎窗蛾可在卵孵化盛期喷施 2.5%溴氰菊酯 3000 倍液杀死虫卵（张春丽等，2011）。豹纹木蠹蛾 *Zeuzera leuconolum* Butler 可在产卵和孵化期喷 20%杀灭菊酯 2000 倍液，消灭卵和幼虫（马丽等，2015）。

1.3.5.5 矿物源农药的使用

（1）无机杀虫剂

该类杀螨剂分为硫制剂和铜制剂 2 种。早春喷波美度 3°～5°的石硫合剂 1 次可以有效控制蚧壳虫雌成虫；在果实收获后，将石榴树修剪掉的枝条运出果园后可选用波美度 5°的石硫合剂喷布全树，或在石榴的休眠期采用波美度 1°～3°的石硫合剂、45%晶体石硫合剂 30 倍液喷布树体，防治吹绵蚧若虫。

（2）矿物油乳剂

这类农药主要在蚧壳虫、棉蚜等害虫的防治中被广泛利用。例如，日本龟蜡蚧、紫薇绒蚧等蚧壳虫及棉蚜的防治，可以在冬天、秋后或早春喷布 5%的矿物油乳剂，常用油为柴油、煤油和废变压器油等，其中以柴油乳剂（柴油能溶解蜡壳）效果较好；早春石榴萌芽前，可以喷洒 5%柴油乳剂或黏土柴油乳剂杀卵和越冬雌蚜（张春丽等，2011）。

1.3.5.6 有机合成农药的使用

该类农药具有毒性小、可以人工化学合成生产等特点，在绿色食品生产上允许使用。商品化的农药有除虫脲（灭幼脲 1 号）、杀铃脲、氟虫脲、氟啶脲和灭幼脲 3 号等昆虫生长调节剂。桃小食心虫、桃蛀螟、舞毒蛾、天幕毛虫、桉树大毛虫、棉铃虫等幼虫均可以用灭幼脲 3 号胶悬液 1000 倍液进行防治（李春梅，2010；胡久梅，2013）。

综上所述，对于石榴园内主要害虫的防治，应遵循植物保护工作的方针，即预防为主，综合防治；结合石榴园的实际情况，合理选择相应的防治措施，以农业防治为主，化学防治为辅，将害虫种群控制在一定范围内。同时，在使用化学农药时，应合理选择农药种类，正确掌握用药量。加强病虫测报工作，经常调查病虫发生情况，选择有利时机适时用药。选择对人畜安全、不污染环境、对天敌杀伤力小且杀虫效果好的农药品种，如真菌、细菌、病毒等微生物杀虫剂或人工有机合成的杀虫剂。

1.3.6 石榴害虫综合防治配套技术

1.3.6.1 主要害虫的预测预报

害虫的预测预报是根据害虫的发生发展规律，以及害虫的物候、气象预测等资料，进行全面分析，作出害虫未来的发生期、发生量、危害程度等估计，预测害虫未来的发生动态，并提前向有关部门及植保工作人员等提供虫情报告，以便及时采取预防措施。准确的害虫预测预报是科学防治害虫的前提，因此害虫的预测预报是害虫综合防治中的重要环节之一。

结合石榴害虫种类及发生危害特点，主要进行石榴害虫发生期的预测和发生量的预测。

（1）发生期的预测

根据害虫的发生，将害虫的发生期分为始见期、始盛期、高峰期、盛末期和终见期。其中，始见期为该虫态开始出现的时期；始盛期为 20%的害虫进入某一虫态的时期；高峰期为 50%的害虫进入某一虫态的时期；盛末期为 80%的害虫进入某一虫态的时期；终见期为最后发生该虫态的日期。

可采用历期预测法、期距预测法和有效积温预测法进行发生历期的预测。

1）历期预测法：根据某一虫态完成某一发育阶段所需的历期，预测下一虫态的发生期，如根据虫态年龄分级、卵巢发育分级等来预测下一虫态所需的时间（天数）。

2）期距预测法：根据历年来两个高峰期间的时间距离，预测下一个高峰期。

3）有效积温预测法：根据有效积温公式预测：$K=N(T–C)$，其中，N 为发育历期（d）；T 为实际温度（℃）；C 为发育起点温度（℃）；K 为有效积温（℃）。

（2）发生量的预测

1）有效基数预测法。采用有效基数预测法预测石榴主要害虫的发生量，有效基数预测法公式如下。

$$P = [e\frac{f}{m+f}(1-M)] \qquad\qquad (1\text{-}1)$$

式中，P 为繁殖量，即下一代的发生量（卵量）；e 为每头雌虫产卵数；f 为雌虫数；m 为雄虫数；M 为死亡率（%）。

2）专家系统预测（expert system，ES）法。专家系统是一个具有人工智能特点的计算机程序，主要用于有害生物的诊断，如中国农业大学研制的蔬菜害虫多媒体辅助鉴定专家系统（pestDiag）、植检害虫鉴定多媒体专家系统（PQ-PickBugs）。同时，专家系统也是针对以作物为中心的病虫害预测预报和防治决策支持系统。例如，美国宾夕法尼亚州苹果园顾问（Penn State Apple Orchard Consultant，PSAOC）（Travis et al.，1991）针对苹果7种害虫发生期和发生量进行了预测预报，并提出了相应的防治措施及施药时期、施药量等防治方案。

3）模型和模拟技术预测预报。模型和模拟技术主要用于有害生物的预测预报，美国应用地理信息系统（GIS）将不同年份、不同地域间的信息，包括气象、农作物品种的抗性、有害和有益生物、生态变化等信息集合在一起进行分析处理，建立模型对病虫害的发生作出预测。河南筛选出10个主要气象因子对烟草黄瓜花叶病（CMV）的发生和发展进行预测。郭小芹等（2010）通过对棉铃虫危害程度和其种群消长动态的分析，采用主成分分析法对棉铃虫发生动态进行模拟，建立了棉铃虫危害特征预测模型，预测模型准确率达 78%～89%。

1.3.6.2 石榴主要害虫的预测预报

（1）蓟马类

温度是影响昆虫生长发育的重要气象因子（Howe，1967），温度、湿度及降水等气象因素综合影响蓟马的种群动态。刘凌等（2011）研究发现，建水酸石榴园西花蓟马种群数量与月平均气温、月最低气温和月相对湿度等气候因子有密切关系，西花蓟马种群数量与月相对湿度间呈极显著正相关，与月均气温和月最低气温间呈显著正相关，与月最高气温、月均降水量和月均蒸发量间无相关性。由此，可根据当地月平均气温、月最高气温、月最低气温、月降水量、月相对湿度及月蒸发量预测西花蓟马的种群动态，从而指导防治。

（2）井上蛀果斑螟预测预报

刘莹静（2006）研究表明，井上蛀果斑螟卵的发育起点温度和有效积温分别为 10.12℃ 和 67.73 日度，幼虫的发育起点温度和有效积温分别为 6.89℃ 和 376.86 日度，蛹的发育起点温度和有效积温分别为 6.63℃ 和 170.77 日度。整个世代的发育起点温度和有效积温分别为 7.16℃ 和 644.58 日度。

从发育历期来看，在酸石榴和甜石榴上，当温度为 10℃ 时井上蛀果斑螟卵不能正常孵化。在酸石榴上，当温度在 22℃ 和 26℃ 时，井上蛀果斑螟的卵的发育历期分别为 6.0d 和 5.15d；幼虫的历期分别为 18.74d 和 16.12d；蛹的历期分别为 9.60d 和 8.33d。32℃ 时卵和幼虫的发育历期分别为 4.70d 和 15.87d。35℃ 时只有少量的卵能孵化，其余各虫态均不能存活。在甜石榴上，26℃ 条件下井上蛀果斑螟卵、幼虫和蛹的发育历期分别为 3.94d、

21.04d 和 9.65d；29℃时蛹和幼虫的发育历期分别为 19.23d 和 7.67d。在 32℃条件下卵、幼虫和蛹的发育历期分别为 5.28d、19.68d 和 9.45d。35℃时只有少量的卵能孵化。

由此，对于井上蛀果斑螟，应在当年石榴收获后即对石榴园内井上蛀果斑螟越冬虫口密度进行调查，以掌握当地石榴园内井上蛀果斑螟虫口密度。同时，结合当地气象预报资料，尤其是在石榴开花后果实形成前当地的气温和降水等气象条件，井上蛀果斑螟卵、幼虫、蛹的发育起点温度及历期预测各虫态的发生时期，以便采取措施及时防治。

此外，值得注意的是，取食甜石榴的井上蛀果斑螟各虫态的历期几乎均长于取食酸石榴的井上蛀果斑螟各虫态的历期，始终取食酸石榴的井上蛀果斑螟的卵、幼虫和蛹的存活率都高于取食甜石榴的井上蛀果斑螟的卵和幼虫的存活率。因此，在酸石榴和甜石榴种植区，对井上蛀果斑螟发生危害时期及程度还应根据酸石榴和甜石榴品种进行判断。

（3）橘小实蝇的预测预报

李鸿筠等（2010）研究发现，在适温条件下，雨水和湿度是影响橘小实蝇发生的重要因素。研究发现在云南元江哈尼族彝族傣族自治县和华宁县，橘小实蝇均在 5 月下旬开始出现，6～7 月为防治的关键时期，用橘小实蝇发生初期的虫口基数、发生高峰前的平均温度、总降水量、平均相对湿度和总日照时数作为预测因子，对高峰期成虫的发生量进行预测，通过预测预报，对当年橘小实蝇的发生具有指导意义。

另外，据报道，当气温高于 34℃或低于 15℃时，对橘小实蝇成虫的生长发育不利，且在该温度条件下卵的孵化率、蛹的羽化率都明显下降（吴佳教等，2000）。从湿度条件来看，小于 40%或大于 80%的相对湿度下，橘小实蝇蛹的羽化率低，老熟幼虫入土变慢，使老熟幼虫大量死亡，从而导致其死亡率增加（林进添等，2005）。因此，当雨水充足时，橘小实蝇成虫的产卵量大，种群数量增长也较快，有利于种群的建立和扩大。此外，橘小实蝇成虫在晴天、气温较高时活动强，而阴雨天气多则不利于成虫活动，因而在晴天气温高时诱捕虫量多。因此，橘小实蝇通常在 7～8 月易形成高峰期，10 月以后，随着气温下降及食源的减少，发生量随之也减少。因此，对于石榴园实蝇类害虫，应根据当地石榴果实形成前期的温度、湿度、降水等条件，及时做好预测预报，在高峰到来之前喷药防治，可减少虫口基数，也可在盛发期增加诱捕器数量，杀死大量雄虫，减少交配机会，降低繁殖数量，减少发生危害。

不同种类害虫紧密结合其危害的特点进行防治，才能取得较好的防治效果。例如，棉蚜、蓟马、绿盲蝽等刺吸汁液类或取食叶片类的害虫应在卵孵化期和幼（若）虫期进行防治（付文峰等，2007；白丽芝，2010）；日本龟蜡蚧、咖啡绿软蜡蚧、石榴囊毡蚧、澳洲吹绵蚧等可以产生蜡壳的害虫应在若虫孵化后至蜡壳形成前或雌虫越冬期进行防治（周春涛和田梅金，2013；吴厚英，2011）；桃蛀螟、豹纹木蠹蛾等蛀干类害虫在幼虫蛀入前后应分别采用喷雾和药泥塞孔的方法进行防治（王龙，2013；薛照文，2011b）。因此，掌握不同种类害虫的发生危害特点，有针对性地采取相应的防治措施，才能达到较好的防治效果。

1.3.7　石榴害虫综合防控关键技术的配合集成

在做好预测预报的基础上，充分发挥性诱剂控制与色板结合使用、性诱剂与天敌结合使用、性诱剂与生物农药结合使用等多种配套技术。

1.3.7.1 农业措施与生物措施防治

果园中保持大量的开花植物或蜜源植物能够增加天敌数量，从而降低虫害的发生率（Altieri and Nicholl，1985；Smith et al.，1996；李正跃，2009）。因此，在石榴园内种植一些显花植物、绿肥植物，或保护石榴园内一些显花植物或为天敌栖息提供场所的植物，以保护天敌资源。或者在释放天敌昆虫后，为天敌提供替代食物或躲避场所，从而保证园内天敌种群的建立。

冬春季石榴落叶期间是进行多种害虫防治的重要时期，可结合修剪，剪除有咖啡木蠹蛾为害的枝条并烧毁。发现有蚧壳虫集聚越冬的一二年生枝条，结合修剪剪去或用器具刮刷。发现黄刺蛾的越冬茧和蓑蛾护囊内的幼虫应一并清除，将石榴树的老翘皮刮掉，集中处理。发现受害虫枝、果实或害虫卵、幼虫，应随时摘除，以消灭越冬虫源，减少虫口基数。

1.3.7.2 不同物理防治措施的配合使用

（1）性诱剂

通过性诱剂诱杀雄蛾，减少雌蛾交配繁殖，降低卵孵化率。性诱剂诱杀装置由诱捕器和释放性诱剂的诱芯组成。不同的害虫有不同的诱芯和配套的诱捕器，使用时要注意选择。使用时撕开诱芯包装袋，装入诱捕器中，悬挂在果树外围即可。一般悬挂高度 1.5m 左右，每 30～50m 挂 1 套。

（2）引诱剂

利用害虫专用引诱剂，如实蝇引诱剂和引诱器诱杀防治，或者利用糖醋酒液诱集防治。

糖醋酒液诱杀：由糖（蔗糖或红糖）、食醋、酒、水组成，通常还要加入少量的洗衣粉或 100～300 倍液的敌百虫以增加效果。针对不同的害虫有不同的配方，不同害虫、不同地区差别很大。配好的糖醋酒液装在盆子或广口瓶中，悬挂在田间，每亩放置 3～5 套，诱杀金龟子、桃蛀螟、梨小食心虫、苹果小卷叶蛾、橘小实蝇等害虫。

（3）灯光诱杀

常用的诱虫灯有黑光灯、白炽灯、频振式杀虫灯。频振式杀虫灯利用昆虫对不同波长、波段光的趋性，不仅杀虫谱广，诱虫量大，而且操作简便，对多种害虫诱集强。一般每 2～3.33hm^2 挂 1 盏灯，灯间距离 180～200m，灯高于果树 50cm 为宜，棋盘式或"之"字形分布。针对不同虫害，开灯时间也有所不同。挂灯时间为 4 月底至 10 月底，开灯时间为每日 19:00～24:00，或在趋光害虫的活动高峰时间 20:00～23:00 开灯，可有效诱杀食心虫类、地老虎类、蛀螟类、毒蛾类、夜蛾类、刺蛾类、潜叶蛾类、小绿叶蝉、卷叶蛾类、蠹蛾类、潜叶蛾类、金龟子类、实蝇、天牛等趋光性害虫。

（4）色板诱杀

利用某些害虫成虫对某种颜色具有强烈趋性的特点，对害虫进行诱杀。常用的色板有黄色、蓝色、绿色等。色板设置采用五点法,每亩设置黄板(规格40cm×40cm)5块,黄板放置高度以高出蔬菜叶面为准。每隔7d收集黄板1次。

1.3.7.3 生物防治与化学防治的配合

绿色防控示范区在应用杀虫灯、黄板、性诱剂的基础上,根据实际情况施用生物源农药和其他无公害技术措施控制部分病虫害的暴发危害。选用生物源农药、颗粒体病毒、白僵菌、绿僵菌、苏云金芽胞杆菌,同时为减少生物农药杀虫的时滞效应,再选用高效、低毒、低残留农药,以低于推荐用量50%左右的剂量与生物农药配合使用,提高杀虫速度和杀虫效果。

1.3.7.4 石榴害虫的集成防控技术

根据石榴生长发育的不同时期害虫种类及发生危害害虫的主要种类和关键害虫,充分发挥和利用性诱剂或引诱剂的专一性,诱虫灯、色板具有广谱性,协调运用诱虫灯、性诱剂或引诱剂、蓝板、生物农药及化学农药,通过采用性诱剂、诱虫灯、色板诱集防控技术或其他防治措施协调配套,或性诱剂控制与色板结合使用、性诱剂与天敌结合使用、性诱剂与生物农药结合使用等多种配套技术,以提高对主要害虫的防控效果,具体见表1-1。

表1-1 云南石榴害虫防治日历

石榴生长阶段	主要害虫种类	防治方法
休眠期 (11月至翌年3月)	蚧壳虫类、日本龟蜡蚧、蚜虫、井上蛀果斑螟	1)结合冬季修剪管理,清理树干上的翘皮,清剪虫枝、摘虫茧,清理树上僵果和树下地面的僵虫果、落果,再集中烧毁或深埋处理,减少越冬虫源 2)修剪整枝,清除虫果和僵果
萌芽至开花期 (4~5月)	桃蛀螟、蓟马、棉蚜、井上蛀果斑螟、咖啡木蠹蛾、黄刺蛾、粉蚧	1)挂蓝板,诱杀蓟马 2)苏云金芽胞杆菌(白僵菌)+氯氰菊酯乳油防治桃蛀螟、井上蛀果斑螟等害虫 3)70%吡虫啉1500~2000倍液或3%啶虫脒乳油1000~1500倍液,防治蓟马
落花至幼果生长期 (6~7月)	桃蛀螟、井上蛀果斑螟、蓟马、棉蚜、井上蛀果斑螟、咖啡木蠹蛾、黄刺蛾、粉蚧、桃小食心虫、橘小实蝇、木蠹蛾等	1)灯诱:用频振式杀虫灯或黑光灯诱杀 2)粘虫板:蓝板 3)性诱剂/引诱剂 4)糖醋酒液 5)配袋保护
果实膨大期 (7~8月)	桃蛀螟、井上蛀果斑螟、蓟马、棉蚜、井上蛀果斑螟、咖啡木蠹蛾、黄刺蛾、粉蚧、桃小食心虫、橘小实蝇、木蠹蛾、金龟子等	1)摘除虫果,进行深埋 2)频振式杀虫灯、黑光灯:诱集桃蛀螟、井上蛀果斑螟、咖啡木蠹蛾等害虫的成虫及金龟子等 3)粘虫板:黄板、蓝板,诱集蓟马 4)性诱剂/引诱剂:实蝇、多种鳞翅目害虫幼虫 5)糖醋酒液:诱集桃蛀螟、井上蛀果斑螟、咖啡木蠹蛾等害虫的成虫及金龟子等 6)生物农药(包括苏云金芽胞杆菌、白僵菌制剂)、70%吡虫啉1500~2000倍液,3%啶虫脒乳油1000~1500倍液等
果实成熟到落叶期 (9~11月)	蛀果类害虫:桃蛀螟、橘小实蝇、井上蛀果斑螟;食叶类害虫:黄刺蛾等;食枝类害虫:木蠹蛾、石榴茎窗蛾等	1)摘除虫果、清理落果,进行深埋,降低井上蛀果斑螟、桃蛀螟、实蝇越冬代数量 2)将落叶从果园中清除,进行深埋或焚烧,消灭叶片上的黄刺蛾等食叶类幼虫及其卵块 3)修剪果园中的枯枝,铲除旧树皮,破坏害虫的越冬场所,降低越冬虫口基数

1.4 石榴害虫发生危害调查及防治效果评价技术和方法

1.4.1 石榴害虫发生危害的调查技术与方法

在害虫的发生危害调查中，通常采用的方法有直接观察法、诱捕调查法、拍打法、扫网法、吸虫器法、标记-回捕法等（李正跃，2011；文礼章，2010；张孝羲和张跃进，2006），其次还可利用现代信息技术，如遥感技术对害虫发生危害进行监测（俞晓平等，1991；王正军等，2003）。

1.4.1.1 直接观察法

每次在石榴园内采用平行跳跃法取样树20～30株，分4或5行，每行5或6株。每株样树分上、中、下3层取样，每层分东、西、南、北4个方向各取一年生枝条1个，即每株抽取12个标准枝条进行调查。定点系统调查从枝梢向内30cm范围内所有昆虫种类及其数量。

对于石榴蛀螟类害虫的虫口密度和危害，还可通过剥查园内落果内虫口或虫果率进行调查，如井上蛀果斑螟，幼虫蛀入石榴果实内取食危害，一个石榴果实内平均有5或6头幼虫，老熟幼虫喜食新鲜石榴果实萼筒内底部较硬处，或在落果表面上较大孔洞内部附近化蛹（白玲玲等，2005）。因此，在果园内，对落果进行检查，剥查其内井上蛀果斑螟幼虫或蛹的数量，可作用于田间虫量及虫果率的统计，同时该方法还可用于实蝇幼虫虫口及危害造成的虫果率的调查和监测。

1.4.1.2 拍打法

拍打法主要用于采集有假死性的昆虫，如金龟甲等。常将虫网置于植物枝条下抖动枝条，昆虫就会落入网内；也可在树底下或灌木丛下铺白布，或报纸，或倒置张开的雨伞等，然后用手急摇或用脚猛踢树木，振落昆虫。注意一定要及时收集落下的昆虫，否则它们会很快飞走。

1.4.1.3 诱捕调查法

诱捕调查法是利用昆虫的趋光性、趋化性来设计相应的诱引工具或物质，通过诱引来调查害虫的相对数量，通常有灯光诱集、性信息素诱集、色诱、味诱、陷阱诱集和尸诱，这些方法也常应用于多种害虫的预测预报中。

（1）灯光诱捕

灯诱主要用来诱集既有夜出性，又具有较强趋光性的昆虫，通常用黑光灯或200～400W的白炽灯，或诱虫灯、杀虫灯。灯诱的取样单位也是相对密度单位。

（2）性诱剂诱捕

用人工合成的标准化合物制成一定的性诱剂和诱芯作为诱集源，再将其置于一定形式的载体或性诱器上或诱器内，诱捕昆虫。性激素有雌性激素和雄性激素，目前生产上应用最多的是雌性激素。性诱法已广泛应用于多种农业、林业害虫的预测预报和防治中，尤其当害虫种群密度较低时，利用性诱剂诱捕效果较好。目前，危害石榴的桃蛀螟、棉铃虫、斜纹夜蛾等害虫的性诱剂合成技术成熟，产品应用普遍。

（3）颜色诱捕

颜色诱捕主要是利用昆虫对颜色的敏感性来设计制作不同颜色的粘虫板、诱虫色皿（盘）进行诱集调查。例如，用黄板、黄盘诱捕蚜虫、粉虱、飞虱、叶蝉等害虫，用蓝色粘虫板诱捕蓟马类害虫。

（4）气味诱集

糖醋酒液属于气味诱集（简称味诱）。利用糖醋酒液诱集井上蛀果斑螟、小地老虎、桃小食心虫、金龟甲等害虫，利用食物引诱剂，如腐烂水果引诱实蝇和果蝇等害虫。

（5）陷阱引诱

陷阱引诱主要用来诱集调查鞘翅目甲虫、蝼蛄、蟋蟀和蟑螂等害虫，如在陷阱中放有味诱剂时，诱捕效果更佳。因此，通常还可在陷阱中加入少许啤酒，以提高对多种鞘翅目甲虫的诱集效果。

1.4.1.4 飞行截捕器调查法

马氏网（Malaise trap）诱捕器是一种最常用的飞行截捕器，已应用于昆虫分类、资源等方面的研究中。例如，Brian（2005）用马氏网对不同地区昆虫群落进行调查研究。Evan 等用马氏网和黑光灯 2 种方法对马萨诸塞州温带混合硬木森林中的飞行昆虫进行调查，诱捕获得昆虫 110 科（Evan and David，1998）。

1.4.2 石榴害虫综合防治效果评价

1.4.2.1 石榴蛀螟类综合防治效果

井上蛀斑螟等钻蛀性害虫的田间药效小区试验及药效评价。在选定的石榴园中采用五点取样法各调查 5 株挂果树，每株树分东、西、南、北 4 个方位各取 3 个石榴果实，放置成熟后剖开果肉查看有无幼虫及幼虫个数，记录石榴取样个数、有幼虫果数、果内幼虫个数等。统计虫果率，按如下公式计算虫果率、虫口减退率和防治效果。

$$虫果率（\%）=\frac{有虫果数}{调查总果数}\times100 \qquad （1-2）$$

$$虫口减退率(\%)=\frac{用药前处理区虫口基数-用药后处理区虫口数}{用药前处理区虫口基数}\times100 \qquad （1-3）$$

$$防治效果(\%)=(1-\frac{用药前对照区虫口基数\times用药后处理区虫口数}{用药后对照区虫口数\times用药前处理区虫口基数})\times100 \qquad （1-4）$$

1.4.2.2 实蝇类害虫的防治效果评价

在选定的石榴园中采用平行跳跃取样法各调查 5 株挂果树，每株树分东、西、南、北 4 个方位各取 3 个石榴果实，剖开果肉查看有无实蝇类幼虫及幼虫个数，记录取样果实中有幼虫的果实数量、果实内幼虫个数等，统计分析虫果率。

1.4.2.3 刺吸式口器害虫的防治效果评价

刺吸式口器害虫个体小，密度和繁殖量大，如蚜虫、螨类等，调查时逐个计数较难，因此通常采用目测法，即把调查叶片上的虫口按照相关分级标准进行分级，再利用各处理区和对照区每次分级调查的数据，计算虫情指数、防治效果。具体计算公式如下。

虫情指数：用分级记录的方法，统计其危害指数。0级代表无虫害，最高一级代表虫害最为严重，然后进行指数计算，指数值越大，说明虫害越严重。

$$虫情指数 = \frac{\sum(级数 \times 该级虫害数)}{调查总数 \times 最高级数} \times 100\% \tag{1-5}$$

$$防治效果(\%) = (1 - \frac{用药前对照区虫口基数 \times 用药后处理区虫口数}{用药后对照区虫口数 \times 用药前处理区虫口基数}) \times 100 \tag{1-6}$$

1.4.2.4 食叶性害虫的防治效果评价

食叶性害虫的防治效果调查统计通常采用直接计数法，即直接调查计数目标昆虫的数量或密度，再计算虫口减退率、校正虫口减退率、防治效果等。

$$虫口减退率(\%) = \frac{用药前处理区虫口基数 - 用药后处理区虫口数}{用药前处理区虫口基数} \times 100 \tag{1-7}$$

$$校正虫口减退率（\%）= \frac{处理区虫口减退率 - 对照区虫口减退率}{100 - 对照区虫口减退率} \times 100 \tag{1-8}$$

$$防治效果(\%) = (1 - \frac{用药前对照区虫口基数 \times 用药后处理区虫口数}{用药后对照区虫口数 \times 用药前处理区虫口基数}) \times 100 \tag{1-9}$$

在正常情况下，对照区害虫的自然死亡率应是很低的，但有时自然死亡率也出现较高的情况，此时应采用校正计算，以校正虫口减退率和校正死亡率来计算和表示防治效果。

参 考 文 献

白海燕, 马建列. 1998. 攀西石榴主要害虫发生及防治. 植物医生, 11(5): 28-29

白丽芝. 2010. 蒙自石榴常见病虫害防治技术. 云南农业科技, (6): 50-51

白玲玲, 李正跃. 2006. 云南石榴树上的一种新害虫——井上蛀果斑螟. 植物保护, 32(1): 110-111

白玲玲, 张祖兵, 杨仕生, 等. 2005. 云南石榴新记录害虫井上果斑螟的形态学及种群动态特征. 云南农业大学学报, 20(2): 183-187

曹磊, 黄伟, 谢彦涛, 等. 2015. 河南西峡石榴主要病虫害发生与防治技术. 现代农业, (7): 30-31

陈丽, 檀根甲, 江俊起. 2006. 石榴病虫害可持续控制. 中国农学通报, 22(8): 431-434

陈乃中. 2009. 中国进境植物检疫性有害生物 昆虫卷. 北京: 中国农业出版社: 104-107

陈志林. 1991. 害虫综合防治. 北京: 农业出版社

丁建青, 解炎. 2001. 中国外来种入侵机制及对策//中国环境与发展国际合作委员会. 中国环境与发展国际合作委员会研究成果丛书: 保护中国的生物多样性(二). 北京: 中国环境科学出版社

丁世飞, 齐丙娟. 2011. 支持向量机理论与算法研究综述. 电子科技大学学报, 40(1): 2-10

丁岩钦. 1993. 论害虫种群的生态控制. 生态学报, 13(2): 99-106

段科平, 石蕾, 龚碧涯, 等. 2015. 新诱剂对柑橘大实蝇成虫的诱杀效果. 湖南农业科学, (5): 40-41

朵建国, 田冰洁, 李桂林, 等. 2002. 佳多频振式杀虫灯在林果害虫预测预报和防治中的应用. 中国森林病虫, 21(S1): 44-46

封光伟. 2006. 果树病虫害防治. 郑州: 河南科学技术出版社

冯书勤, 张月英, 曹金娥. 1994. 河北酸石榴主要病虫害生物学特性及防治方法. 河北林业科技, 2: 31-32

冯玉增, 陈德均. 2000. 石榴优良品种与高效栽培技术. 郑州: 河南科学技术出版社: 242-246

冯玉增, 胡清坡. 2007. 石榴. 北京: 中国农业大学出版社

冯玉增, 宋梅亭, 康宇静, 等. 2006. 中国石榴的生产科研现状及产业开发建议. 落叶果树, (1): 11-15

冯玉增, 张存立. 2009. 石榴病虫草害鉴别与无公害防治. 北京: 科学技术文献出版社

付文峰, 邹运鼎, 毕守东, 等. 2007. 农药强星和好年冬对石榴园蚜虫防治效果及对石榴园节肢动物群落的影响. 安徽农学通报, 13(24): 119, 129

顾亚祥, 丁世飞. 2011. 支持向量机研究进展. 计算机科学, 38(2): 14-17

管维, 王章根, 梁献祥, 等. 2008. 中山口岸从芒果中检出番石榴实蝇. 植物检疫, 22(5): 335

郭小芹, 刘明春, 魏育国. 2010. 基于主成分分析的玉米棉铃虫预测模型. 西北农业学报, 19(8): 69-73

韩建伟. 1996. 大襄蛾在石榴树上的发生与防治. 山西果树, 1: 39-40

韩伟君. 2008. 井上蛀果斑螟成虫羽化交配行为及对糖醋液的反应研究. 昆明: 云南农业大学硕士学位论文

韩勇, 闪福久, 张永祝, 等. 2000. 农药涂枝防治石榴龟蜡蚧的研究. 安徽农业科学, 28(6): 771, 773

何衍彪, 詹儒林, 赵艳龙, 等. 2006. 几种热带水果橘小实蝇的发生与防治. 热带作物学报, 27(3): 77-80

侯乐峰, 程亚东, 张立海, 等. 2007. 石榴优良品种及无公害栽培技术. 北京: 中国农业出版社

胡久梅. 2013. 石榴病虫害防治技术. 农业科技与信息, (20): 52-53

胡美姣, 彭正强, 杨凤珍. 2003. 石榴病虫害及其防治. 热带农业科学, 23(3): 60-68

胡清坡, 张山林. 2009. 软籽石榴无公害生产中病虫害综合防治技术. 中国果菜, (8): 16-19

黄可辉, 郭琼霞. 2009. 检疫性害虫——红火蚁的分布危害与检疫. 武夷科学, 25(1): 9-12

黄振, 黄可辉. 2013. 检疫性害虫——瓜实蝇在中国的适生性研究. 武夷科学, 29(1): 177-181

吉牛拉惹, 肖连康, 杨时刚, 等. 2004. 频振杀虫灯防治西昌石榴害虫初报. 西昌农业高等专科学校学报, 18(4): 141-142

蒋月丽. 2007. 不同颜色诱捕器诱集昆虫多样性及诱捕效果研究. 杨凌: 西北农林科技大学硕士学位论文

晋燕. 2014. 具条实蝇扩张模式, 适生分析及种群生态. 昆明: 云南大学博士学位论文

靳然, 李生才. 2015. 农作物害虫预测预报方法及应用. 山西农业科学, 43(1): 121-123

孔建, 王海燕, 赵白鸽, 等. 2001. 苹果园主要害虫生态调控体系的研究. 生态学报, 21(5): 789-794

蓝洁. 2012. 建水县酸石榴产业现状及发展策略. 林业调查规划, 37(3): 106-109

李春梅. 2010. 蒙自地区石榴主要病虫害的发生规律及综合防治技术. 红河学院学报, 8(2): 59-62

李贵利, 先开泽. 2004. 攀西石榴春季蚜虫的发生与防治. 攀枝花科技与信息, 29(1): 49-50

李国振. 2010. 开封市石榴主要病虫害及防治对策. 中国果菜, 9: 41-42

李鸿筠, 刘浩强, 姚廷山, 等. 2010. 云南桔小实蝇发生量的模型研究. 西南师范大学学报(自然科学版), 35(1): 137-141

李建荣, 石万成, 刘旭. 1995. 防治措施对苹果园昆虫群落结构及其稳定性的影响. 四川农业大学学报, 13(2): 121-126

李江涛, 邓建华, 刘忠善, 等. 2008. 不同颜色色板对西花蓟马的诱集效果比较. 植物检疫, 22(6): 360-363

李磊, 邹运鼎, 毕守东, 等. 2004. 安徽怀远石榴园节肢动物的群落结构. 安徽农业大学学报, 31(1): 42-45

李磊, 邹运鼎, 娄志, 等. 2003. 皖鲁两省秋季石榴园害虫、天敌群落动态及其空间格局. 安徽农业大学学报, 30(3): 235-239

李巧, 陈又清, 陈祯, 等. 2006a. 云南元谋干热河谷直翅目昆虫多样性初步研究. 浙江林学院学报,

23(3): 316-322

李巧, 陈又清, 李从富, 等. 2006b. 元谋干热河谷象甲多样性初步研究. 西北林学院学报, 21(2): 103-107

李帅. 2014a. 山东枣庄石榴害虫天敌资源调查. 果树实用技术与信息, (2): 28-30

李帅. 2014b. 枣庄石榴害虫天敌资源调查. 中国果菜, (12): 9-10

李云明, 顾云琴, 项顺尧, 等. 2008. 98%诱蝇谜诱杀柑橘小实蝇(雄)成虫效果试验初报. 现代农业科技, (8): 73-79

李正跃, M. A. 阿尔蒂尔瑞, 朱有勇. 2009. 生物多样性与害虫综合治理. 北京: 科学出版社

李正跃. 2011. 生态与农业昆虫研究技术. 北京: 科学出版社

梁家尧, 李凯声. 2007. 果蝇诱捕器诱捕杨桃橘小实蝇的效果观察. 广西植保, 20(1): 12-14

林进添, 梁广义, 曾玲, 等. 2005. 土壤含水量对桔小实蝇蛹期存活的影响. 昆虫知识, 42(4): 416-418

刘长仲, 冯宏胜. 1999. 药剂涂干对苹果园昆虫群落结构的影响. 甘肃林业科技, 24(2): 46-47

刘联仁. 1993. 石榴害虫防治. 成都: 四川民族出版社

刘凌, 陈斌, 李正跃, 等. 2011. 云南酸石榴园西花蓟马种群动态及其与气象因素的关系分析. 生态学报, 31(5): 1356-1363

刘凌, 陈斌, 李正跃, 等. 2014. 石榴西花蓟马的空间分布格局及理论抽样数. 西南农业学报, 27(4): 1672-1677

刘凌, 陈斌, 张宏瑞, 等. 2010. 云南石榴蓟马种类组成及其种群动态. 植物保护, 36(4): 130-133

刘启斌, 闫双秋. 2012. 林业病虫害防治技术与方法初探. 吉林农业, (11): 205-206

刘瑞祥, 张剑英, 汪万春, 等. 1998. 地中海实蝇的检疫及其检验鉴定技术. 植物检疫, 12(4): 233-237

刘学平. 2007. 安徽省怀远县石榴园节肢动物群落结构多样性动态. 安徽农学通报, 13(21): 40

刘莹静. 2006. 温度对井上蛀斑螟生长发育影响的研究. 昆明: 云南农业大学硕士学位论文

刘志诚, 刘建峰, 杨五烘, 等. 1995. 赤眼蜂人工寄主卵液关键物质冷冻干燥剂研究. 中国生物防治, 11(2): 52-53

刘志诚, 刘建峰, 杨五烘, 等. 1996. 人造寄主卵生产赤眼蜂的工艺流程及质量标准化研究. 昆虫天敌, 18(1): 23-25

卢小泉, 莫金垣. 1996. 分析化学计量学中的新方法: 小波分析. 分析化学评述与进展, 24(9): 1100-1106

吕仲贤, 杨樟法, 胡萃. 1994. 空气污染对害虫种群的促进作用. 环境污染与防治, 16(6): 30-32

马飞, 程遐年. 2001. 害虫预测预报研究进展(综述). 安徽农业大学学报, 28(1): 92-97

马建列, 白海燕. 2004. 四川石榴产区主要害虫及其综合防治技术. 中国南方果树, 33(5): 70-71

马丽, 马琳, 陈登楚, 等. 2015. 石榴病虫害防治技术要点. 现代园艺, (7): 117-118

马银川, 马丹丹, 李娜, 等. 2013. 河南郑州石榴主要病虫害的发生及防治. 果树实用技术与信息, 3: 34-36

倪同良, 谭嗣宏. 2006. 河北省石榴主要害虫防治探讨. 河北林业科技, (3): 33-34

匿名. 2016. 建水酸石榴. 中国果蔬, (1): 71

潘务耀, 唐子颖, 谢国林. 1993. 松突圆蚧花角蚜小蜂引进和利用的研究. 森林病虫通讯, 1: 15-18

潘宗瑜. 2014. 林业病虫害防治技术与方法初探. 农村实用技术, (12): 15-16

蒲蛰龙, 邓德蔼. 1957. 自苏联引进的澳洲瓢虫和孟氏隐唇瓢虫和饲养繁殖及田间散放初报. 华南农业科学, (1): 61-63

卿贵华, 高元媛, 高杨, 等. 2007. 石榴新害虫——黄蓟马研究初报. 中国植保导刊, 27(9): 21

卿贵华, 肖连康, 杨时刚, 等. 2006. 佳多牌频振式杀虫灯防治西昌石榴害虫种类研究. 四川农业科技, (S1): 1

任伊森. 1987. 黄岩桔区引进澳洲瓢虫防治吹绵蚧27年来经验总结. 浙江柑桔, (1): 16-18

任智斌, 王森山. 2007. 9种颜色诱虫板对牛角花齿蓟马的诱集作用. 草原与草坪, 6: 49-54

盛爱兰, 李舜酩. 2001. 小波分析及其应用的研究现状和发展趋势. 淄博学院学报: 自然科学与工程版, 12(4): 51-56

石万成, 刘旭, 谢辉. 1990a. 苹果害虫防治与群落演替研究. 西南农业大学学报, 12(2): 137-144

石万成, 刘旭, 谢辉. 1990b. 不同防治方法对苹果园群落结构的影响. 中国果树, (1): 15, 29-30

唐振海, 陈永法. 1999. 石榴主要病虫害的发生及综合防治. 北京: 中国林业出版社

万少侠, 薛原, 刘自芬, 等. 2012. 大红甜石榴果树主要害虫的发生与防治技术. 绿色植保, (6): 57-58

王道勋, 娄志, 李萍, 等. 2002. 怀远地区石榴主要病虫害的综合防治. 中国果树, (1): 36-38

王磊. 2010. 利用天敌保护石榴生产的可行性研究. 中国果菜, 11: 23-24

王龙. 2013. 如何防治石榴害虫桃蛀螟. 果树实用技术与信息, 8: 30

王让军, 齐淑芳. 1996. 陇南石榴主要病虫害及其防治. 甘肃农业科技, 8: 39-40

王少清, 蔡松钦, 张庆江, 等. 2007. 引诱剂"稳粘"诱杀果实蝇试验. 中国南方果树, 36(4): 46-47

王艳平, 汪兴鉴, 张润志, 等. 2009. 实蝇类昆虫的引诱剂和诱捕器. 昆虫学报, 52(6): 699-706

王正军, 张爱兵, 李典谟. 2003. 遥感技术在昆虫生态学中的应用途径与进展. 应用昆虫学报, 40(2): 97-100

温炳杰. 2005. 不同毒饵及性诱剂不同使用方法对桔小实蝇的诱杀效果试验. 中国南方果树, 34(4): 15-17

文礼章. 2010. 昆虫学研究方法与技术导论. 北京: 科学出版社

吴海波, 陈斌, 李正跃, 等. 2009. 云南酸甜石榴园 Malaise 网诱捕昆虫群落及其季节性动态. 云南农业大学学报, 24(5): 635-640

吴海波. 2009. 水稻石榴邻作系统昆虫群落多样性及其季节性动态研究. 昆明: 云南农业大学硕士学位论文

吴厚英. 2011. 石榴刺吸式主要害虫的综合防治与技术. 农业与技术, 31(1): 55-57

吴佳教, 梁帆, 梁广勤. 2000. 桔小实蝇发育速率与温度关系的研究. 植物检疫, (6): 321-324

吴坤君, 龚佩瑜, 李秀珍. 1997. SO$_2$污染对农业害虫的间接影响. 应用与环境生物学报, 3(2): 158-162

吴梅香, 傅建炜, 占志雄. 2011. 闽南番石榴树冠节肢动物群落的结构和动态. 热带作物学报, 32(3): 495-499

吴青君, 徐宝云, 张治军, 等. 2007. 京、浙、滇地区植物蓟马种类及其分布调查. 中国植保导刊, 1(27): 32-33

夏如兵, 徐暄淇. 2014. 中国石榴栽培历史考述. 南京林业大学学报(人文社会科学版), (2): 85-97

肖长坤, 郑建秋, 师迎春, 等. 2007. 西花蓟马对不同颜色的嗜好及其诱虫效果. 植物检疫, 21(3): 155-157

谢建华. 2012. 石榴病虫害综合防治技术. 陕西林业科技, (2): 57-59

徐洁莲, 韩诗畴, 欧剑峰, 等. 2004. 不同诱捕器与诱芯对橘小实蝇的诱杀效果. 中国南方果树, 33(4): 13-16

徐连. 2015. 红河州石榴主要虫害的发生与防治. 云南农业, 2: 29-30

徐森锋, 张卫东, 权永兵, 等. 2015. 检疫性害虫石榴螟的危害及鉴定. 植物检疫, 29(3): 82-84

许明宪. 2003. 石榴无公害高效栽培. 北京: 金盾出版社

许渭根, 梁森苗, 钱冬兰. 2007. 石榴和樱桃病虫原色图谱. 杭州: 浙江科学技术出版社

薛小连, 刘金龙, 聂艳莉, 等. 2014. 昆虫性诱剂释放剂型载体材质研究进展. 山西农业科学, 42(12): 1335-1338, 1343

薛照文. 2011a. 石榴豹纹木蠹蛾的发生规律及防治技术. 林业实用技术, (12): 43-44

薛照文. 2011b. 山东枣庄石榴园豹纹木蠹蛾的发生及防治技术. 果树实用技术与信息, (7): 32-33

严毓骅. 1985. 苹果叶螨的生物防治-Ⅰ. 苹果园种植覆盖作物保护和增殖天敌的研究初报. 华北农学报, 1(2): 98-104

严毓骅. 1988. 苹果园种植作物对于树上捕食天敌群落的影响. 植物保护学报, 15(1): 23-25

杨本立, 徐中志, 陈国华, 等. 1997. 丽江地区苹果害虫发生特点及防治对策研究. 云南农业大学学报, 12(2): 124-128

杨怀文. 2015a. 我国农业害虫天敌昆虫利用三十年回顾(上篇). 中国生物防治学报, 31(5): 603-612

杨怀文. 2015b. 我国农业害虫天敌昆虫利用三十年回顾(下篇). 中国生物防治学报, 31(5): 613-619

杨忠岐. 2004. 利用天敌昆虫控制我国重大林木害虫研究进展. 中国生物防治, 20(4): 221-227

叶如意, 张晓明, 李双良. 2009. 石榴地下害虫防治技术. 现代农业科技, (20): 183

易继平, 李双华, 张光国, 等. 2015. 黄绿色球形诱捕器诱杀柑橘大实蝇技术应用效果. 中国植保导刊, 35(8): 34-42

于毅, 孟宪水. 1997. 苹果园植被多样化对金纹细蛾寄生蜂自然控制作用的影响. 山东农业科学, 4: 23-25

于毅, 严毓骅. 1996. 东亚小花蝽的越冬行为与越冬寄主植物关系的研究. 中国有害生物综合治理论文集. 北京: 中国农业科学技术出版社: 1178-1181

于毅, 严毓骅. 1998. 苹果园植被多样化在果树害虫持续治理中的作用. 昆虫学报, 41: 82-90

于毅, 张安盛, 严毓骅. 1998. 东亚小花蝽的发生和扩散与苹果园和邻近农田植被的关系. 中国生物防治, l4(4): 148-151

俞晓平, 巫国瑞, 胡萃. 1991. 遥感技术在昆虫监测中的应用. 世界农业, (3): 31-33

禹坤. 2010. 石榴园节肢动物群落动态分析及害虫与天敌之间的关系研究. 合肥: 安徽农业大学硕士学位论文

禹坤, 邹运鼎, 毕守东, 等. 2010. 石榴园5种主要食叶类害虫与其捕食性天敌之间的关系. 中国生态农业学报, 18(6): 1317-1323

袁盛勇, 李正跃, 肖春, 等. 2003. 建水酸石榴主要害虫及其综合防治. 柑桔与亚热带果树信息, 19(8): 36-38

张春丽, 赵庆, 张敏霞. 2011. 石榴病虫害的无公害防治方法. 河南农业, (9): 28

张静. 2008. 空气污染与农业害虫的关系. 农业环境科学学报, 9(1): 34-36

张立功, 郑其峰, 张健, 等. 2007. 石榴、核桃、柿常见病虫害防治农药. 西北园艺, (2): 31-32

张玲. 2002. 云南蒙自石榴害虫及其综合防治. 中国果树, (5): 41-42, 45

张木新, 易小明, 梁伯源. 2006. 橘小实蝇在梧州市番石榴上为害严重. 植物检疫, 20(1): 46-47

张淑颖, 肖春, 孙阳. 2006. 实蝇类害虫对寄主的选择. 江西农业学报, 18(5): 92-95

张孝羲, 张跃进. 2006. 农作物有害生物预测学. 北京: 中国农业出版社

张映梅, 李修炼, 赵惠燕. 2002. 人工神经网络及其在小麦等作物病虫害预测中的应用. 麦类作物学报, 22(4): 84-87

张永平. 2009. 石榴上西花蓟马的危害及防治方法. 果农之友, 1: 40

张育平, 秦雪峰, 王国昌. 2006. 石榴园昆虫群落结构及多样性研究. 安徽农业科学, 34(13): 3108-3109

张祖兵. 2006. 不同管理模式石榴园昆虫群落多样性研究. 昆明: 云南农业大学硕士学位论文

章柱, 余辛, 梁帆. 2015. 广州机场局从旅客携带物多次截获石榴螟. 植物检疫, (4): 15

赵海燕, 唐良德, 王晴, 等. 2010. 观赏石榴园昆虫群落结构及动态. 广西植保, 23(4): 1-4

赵亚利, 赵艳莉, 曹琴. 2008. 绿盲蝽在石榴园的发生与防治. 落叶果树, (6): 43-44

赵勇. 2007. 石榴豹纹木蠹蛾发生规律及综合防治研究. 云南农业科技, (2): 51-53

郑晓慧, 何平. 2013. 石榴病虫害原色图志. 北京: 科学出版社

郑晓慧, 卿贵华. 2005. 石榴主要病虫害及无公害防治技术. 成都: 电子科技大学出版社

中国科学院动物研究所. 1982. 中国主要害虫综合防治. 北京: 北京出版社

中国农业科学院果树研究所. 1960. 中国果树病虫志. 北京: 农业出版社

周春涛, 田梅金. 2013. 云南蒙自石榴园康氏粉蚧的防治技术. 果树实用技术与信息, (1): 32-33

周光洁, 袁永勇, 曾凡哲. 1995. 中国石榴生产的现状及发展前景. 西南农业学报, 8(1): 111-115

周霞, 汤仿德, 谢映平. 2001. 空气污染对银杏和白蜡树上康氏粉蚧种群的影响. 林业科学, 37(4): 65-70

周又生, 沈发荣, 赵焕萍, 等. 1998. 应用球孢白僵菌防治芒果树脊胸天牛的研究. 北京林业大学学报, 20(4): 65-69

周又生, 尹忠华, 陆进, 等. 2000. 石榴豹纹木蠹蛾(*Zeuzera coffeae* Nietner)生物学及其防治研究. 西南农业大学学报, 22(1): 36-38

朱家颖, 袁盛勇, 柯贤江, 等. 2003. 咖啡木蠹蛾在石榴上的危害与防治. 云南农业, (8): 13-14

朱其增. 1994. 枣庄石榴主栽品种及简易贮藏. 天津农业科学, (3): 23, 40

庄剑隆, 赖洞森, 黄强, 等. 2006. 几种物质对橘小实蝇的引诱力测定. 华东昆虫学报, 15(22): 99-102

邹运鼎, 李磊, 毕守东, 等. 2004a. 石榴园节肢动物群落多样性与其它指标间关系的通径分析. 安徽农业大学学报, 31(2): 123-126

邹运鼎, 李磊, 毕守东, 等. 2004b. 石榴园棉蚜及其天敌之间的关系. 应用生态学报, 15(12): 2325-2329

Altieri M A, Nicholls C I. 2002. Biodiversity and Pest Management in Agroecosystems. 2nd edition. New York, London, Oxford: Food Products Press: 118

Bobb M L. 1939. Parasites of the oriental fruit moth in Viginia. Journal of Economic Entomology, 32: 605

Brian V. 2005. Malaise Trap catches and the crisis in Neotropical Dipterology. American Entomologist, 51(3): 180-183

Brown M W, Cynthia R L. 1989. Community structure of phytophagous arthropods on apple. Environmental Entomology, 18: 600-607

Bugg R L, Waddington C. 1994. Using cover crops to manage arthropod pests of orchards: a review. Agriculture Ecosystems & Environment, 50(1): 11-28

Chang C C, Matthew A C, Niann T C, et al. 2006. Developing and evaluating traps for monitoring *Scirtothrips dorsalis* (Thysanoptera: Thripidae). Florida Entomologist, 89(1): 47-54

Ekrem A, Rammazan C. 2004. Evaluation of yellow sticky traps at various heights for monitoring cotton insect pests. Journal of Agricultural and Urban Entomology, 21(1): 15-24

Evan P, David C. 1998. Canopy and ground level insect distribution in a temperate forest. Insect Distribution, 19(2): 141-146

Heath R H, Epsky N D, Midgarden D, et al. 2004. Efficacy of 1, 4-diaminobutane (putrescine) in a food-based synthetic attractant for capture of Mediterranean and Mexican fruit flies (Dipter: Tephritidae). Economic Entomology, 97(3): 1126-1131

Heinrich C. 1956. American Moths of the Subfamily Phycitinae. Washington: Smithsonian Institution Press: 443-477

Holler T, Sivinski J, Jenkins C, et al. 2006. A comparison of yeast hydrolysate and synthetic food attractants for capture of *Anastrepha suspense* (Diptera: Tephritidae). Florida Entomologist, 89(3): 419-420

Howe R W. 1967. Temperature effect on embryonic development in insects. Annual Review of Entomology, 12: 15-41

Liang W, Huang M. 1994. Influence of citrus orchard groundcover plants on arthropod communities in China: a review. Agriculture, Ecosystems & Environment, 50: 29-37

Risch S J, Andow D, Altieri M A. 1983. Agroecosystem diversity and pest control: data, tentative conclusions, and new research directions. Environmental Entomology, 12: 625-629

Shevale B S, Kaulgud S N, Reddy P P, et al. 1997. Population dynamics of pests of pomegranate *Punica granatum* Linnaeus. Advances in IPM for horticultural crops. Proceedings of the First National Symposium on Pest Management in Horticultural Crops: 47-51

Smith M W, Arnold D C, Eikenbary R D, et al. 1996. Influence of groundcover on beneficial arthropods in pecan. Biological Control, 6: 164-176

Somasekhara Y M. 1999. New Record of *Ceratocystis fimbriata* Causing Wilt of Pomegranate in India. Plant Disease, 83(4): 400

Somasekhara Y M, Wali S Y. 2000. Survey of incidence of pomegranate (*Punica granatum* Linn) wilt (*Ceratocystis fimbriata* Ellis & Halst). Orissa Journal Horticulture, 28(2): 84-89

William B S, Frommer M, SVED J A, et al. 2015. Tracking invasion and invasiveness in Queensland fruit flies: from classical genetics to omics. Current Zoology, 61(3): 477-487

2 云南石榴实蝇类害虫及其防治

化学农药的大量使用，杀伤了大量天敌，破坏了石榴园的生态平衡，使某些优势害虫失去天敌的控制而暴发成灾，并且诱发和刺激某些次要害虫暴发。化学肥料的大量施用，改变了土壤结构，破坏了土壤有益生物的繁殖条件，此外防治措施趋于简单化，人们单纯依赖化学农药，而不太重视农业防治和生物防治等其他防治手段。这些因素使得实蝇类害虫群落结构发生变化，危害日趋严重。

从20世纪90年代开始，随着国际有机农业的发展，国内大力发展无公害水果的种植和生产，而发展无公害水果的关键问题是控制化学农药和化学肥料的不合理使用，在此基础上要严格限制水果的农药残留，采取综合措施防治害虫，保护天敌，丰富果园昆虫群落组成，强化生态控制，提高果园昆虫群落的稳定性和自我控制能力，这就要求人们从整个生态系统考虑病虫害的生态控制，从单纯的保护水果作物发展到保护农业生态系统，这对水果生态系统中害虫与天敌的种类和数量，以及人们对于一些中性昆虫的了解提出了更高的要求。

害虫种群不是孤立存在的，它与生态系统中的其他生物种群及非生物因素之间存在着物质、能量和信息等多方面的联系。生态学家 Odum E. P. 于1983年指出控制一种生物的最好办法就是改变群落组成而不是直接攻击该生物本身。同时系统理论在生态学上的广泛应用，也为害虫防治开创了一个新局面。害虫不再被看作一个孤立的防治目标，而是生态系统的一个组成部分，应协调应用各种有效的措施来控制害虫（李典谟，1985）。

因此，更加详细地调查了解蒙自市石榴园实蝇类害虫的种类、掌握主要实蝇种类的发生发展规律、掌握实蝇群落结构和动态变化情况是进行生态控制和生态调控的最基本工作，是认真贯彻"预防为主、综合防治"植保方针和稳定发展石榴生产的一项基本建设。

2.1 实蝇类昆虫亚群落的组成结构

蒙自市和建水县是云南省石榴的主产区，其独特的气候和生态环境使得所生产的石榴品质优良，独具特色，在国内市场具有较强的竞争优势，市场前景十分广阔。2009年，蒙自市和建水县石榴园里发现橘小实蝇零星为害，随后危害逐年加重，目前已给石榴生产造成很大危害，并对蒙自市和建水县的果蔬产业构成了极大的威胁。

（1）不同果园实蝇种类组成

在蒙自市城区、新安所镇、文澜镇、草坝镇、多法勒乡等地对枇杷、桃、枣、石榴、杧果、洋蒲桃、丝瓜、佛手瓜、苦瓜、黄瓜等果树和蔬菜进行系统调查，利用黄色粘虫板、诱蝇醚（ME）和诱蝇酮（CUE）诱捕实蝇，每3d调查1次，记录诱捕到的实蝇的种类及数量。经鉴定结果显示蒙自市共有 6 种实蝇，分别为橘小实蝇（*Bactrocera dorsalis*)、瓜实蝇(*Bactrocera cucuribitae*)、南亚实蝇(*Bactrocera tau*)、具条实蝇(*Bactrocera scutellata*)、番石榴实蝇(*Bactrocera correcta*)和辣椒实蝇(*Bactrocera latifrons*)。不同区域及环境的实蝇群落的组成结构不同,2015年5月调查结果见表2-1。

表2-1　不同区域实蝇种类及数量

调查点	实蝇种类及数量/头					
	橘小实蝇	瓜实蝇	南亚实蝇	具条实蝇	番石榴实蝇	辣椒实蝇
石榴园	471	23	19	0	0	0
枇杷园	346	31	163	5	1	0
枣园	233	53	35	3	3	0
桃园	384	9	21	1	0	0
蔬菜园	168	159	68	0	0	2
城区绿化带	409	1	0	0	2	0

石榴园内共有3种实蝇,分别为橘小实蝇、瓜实蝇和南亚实蝇,其中橘小实蝇471头、瓜实蝇23头和南亚实蝇19头,橘小实蝇为石榴园的优势种实蝇。枇杷园内共有5种实蝇,分别为橘小实蝇346头、瓜实蝇31头、南亚实蝇163头、具条实蝇5头和番石榴实蝇1头,橘小实蝇为枇杷园的优势种实蝇。枣园内共有5种实蝇,分别为橘小实蝇233头、瓜实蝇53头、南亚实蝇35头、具条实蝇3头和番石榴实蝇3头,橘小实蝇为枣园的优势种实蝇。桃园内共有4种实蝇,分别是橘小实蝇384头、瓜实蝇9头、南亚实蝇21头和具条实蝇1头,橘小实蝇为桃园的优势种实蝇。蔬菜园内共有4种实蝇,分别是橘小实蝇168头、瓜实蝇159头、南亚实蝇68头和辣椒实蝇2头,蔬菜园实蝇种群数量较多的为橘小实蝇、瓜实蝇和南亚实蝇。城区绿化带有3种实蝇,分别是橘小实蝇409头、瓜实蝇1头和番石榴实蝇2头,橘小实蝇为城区绿化带的优势种实蝇。由此可见,以上6种园区内橘小实蝇的种群数量均最多,除蔬菜园外橘小实蝇的种群数量均占绝对优势,橘小实蝇是蒙自市主要水果果园、菜园和绿化带内的优势种实蝇。蔬菜园除橘小实蝇外,瓜实蝇和南亚实蝇种群数量也较多。

(2)不同果园实蝇多样性特征

对蒙自市不同果园实蝇多样性分析(表2-2)得出:枇杷园和枣园内实蝇物种数最多,为5种;其次是桃园和蔬菜园,为4种;石榴园和城市绿化带为3种。不同生态环境中实蝇的个体数依次为枇杷园>石榴园>桃园>城市绿化带>蔬菜园>枣园,蔬菜园优势

表2-2　不同区域实蝇亚群落组成及多样性指数

调查点	实蝇种数	实蝇种数比例/%	实蝇个体数	实蝇个体数比例/%	优势集中性指数	多样性指数	均匀度指数	优势度指数	丰富度指数
石榴园	3	50.00	513	19.66	0.15	0.49	0.31	0.48	0.08
枇杷园	5	83.33	546	20.92	0.51	1.25	0.54	1.23	0.31
枣园	5	83.33	327	12.53	0.46	1.24	0.54	1.21	0.28
桃园	4	66.67	415	15.90	0.14	0.46	0.23	0.44	0.08
蔬菜园	4	66.67	397	15.21	0.63	1.53	0.76	1.50	0.41
城市绿化带	3	50.00	412	15.79	0.01	0.07	0.04	0.06	0.01
合计	6		2610						

集中性指数最高；蔬菜园的实蝇多样性指数、均匀度指数、优势度指数和丰富度指数最高；城区绿化带主要以杧果树、榕树和部分天南星科植物为主，实蝇的优势集中性指数、多样性指数、均匀度指数、优势度指数和丰富度指数均最低。

2.2 优势种实蝇的生物学特性

2.2.1 橘小实蝇的生物学特性

（1）概述

橘小实蝇 *Bactrocera dorsalis* Hendel 原产于热带和亚热带地区，如印度、马来半岛等地，具有寄主范围广、繁殖能力强、生活周期短等特点（Clarke et al.，2005），广泛分布于热带、亚热带多个国家和地区，为害上百种经济作物（Clarke et al.，2005；Smith，1989；Vargas et al.，1984）。该虫自 1912 年首次在我国台湾地区报道以来（李文蓉，1988），现已成为危害中国、东南亚、南亚次大陆和夏威夷群岛一带许多农产品的危险性害虫，多次在缅甸、越南、泰国等国入境的水果和蔬菜中截获。随着被害果蔬从国外进口，该虫已经传入我国广东、广西、福建、云南、四川、湖南、香港等地，对我国果蔬生产构成直接危害，同时对果蔬出口贸易造成严重的影响，是我国 50 多种检疫性实蝇中最突出的种类（梁广勤等，1996，2002；黄素青和韩日畴，2005；梁光红等，2003；肖春等，2004；叶辉和刘建宏，2005；蒋小龙等，2002a；刘晓飞等，2009；金涛等，2009）。该虫在亚热带地区通常一年发生 3～5 代，热带地区一年可发生 8～10 代（刘玉章等，1985）；自然环境下每头雌虫一生最多可产卵 1200～1500 粒（刘玉章和黄莉欣，1990）。幼虫蛀食果肉造成果实空洞、腐烂，雌虫产卵过程中形成的产卵孔还将引起真菌入侵，导致果实霉变（Arai，1975）。云南气候类型多样，是我国橘小实蝇为害最为严重的省份之一（张智英等，1995），省内北纬 24°以南全年发生（Ye，2001）。

（2）橘小实蝇的形态特征

卵：体长约 1mm，宽约 0.2mm。梭形且微弯，初产时乳白色，后为浅黄色。

幼虫：幼虫共 3 龄，1 龄幼虫体长 1.3～3.8mm，2 龄幼虫体长 2.5～4.5mm，3 龄幼虫体长 7.8～11.2mm。蛆形，黄白色，头部细，尾部粗，口咽沟黑色，共有 11 个体节，前气门杯形，具 10～13 个指状突。

蛹：体长 5～5.5mm，宽约 2.5mm，椭圆形，初化蛹时淡黄色，后逐渐变成红褐色，前部有气门残留的突起，末节后气门稍收缩。

成虫：体长 6～8mm，翅展 14～16mm，雌虫体长一般比雄虫稍长。头部淡黄褐色，额上有 3 对褐色侧纹和一个中央的褐色原斑，触角细长，第 3 节长为第 2 节的 2 倍。胸部背面大部分黑色，黄色 "U" 形斑明显，翅透明，前缘及臀室有褐色带纹。腹部黄色，椭圆，上下扁平，第 1、第 2 腹节背面各有一条黑色横带，从第 3 节开始中央有一条黑色的纵带直抵腹端，构成一个明显的 "T" 形斑纹；雌虫产卵管发达。

（3）橘小实蝇的发生特点

1）寄主范围广。该虫的寄主植物包含柑橘、甜橙、柚、桃、李、杨桃、枇杷、番木瓜、番石榴、石榴、番荔枝、无花果、香蕉、杧果、荔枝、龙眼、葡萄、人心果、苹果、柿、腰果、樱桃与葫芦、辣椒、黄瓜、苦瓜、南瓜、丝瓜、茄子等 40 多个科 250 多种果树果实和蔬菜（Clarke et al.，2005；Allwood et al.，1999）。

2）生存生殖能力强，世代重叠明显。橘小实蝇在我国南方地区一年发生 3～5 代，无明显的越冬现象，田间世代发生叠置，生存能力强，能适应一定的低温和干旱条件（谢琦等，2006；任璐等，2006；侯柏华和张润杰，2007）。该虫繁殖能力强，1 头雌虫终生可产数百甚至上千粒卵，且产卵期可长达 1 个月之久，孵化率可达 70%以上，雌虫、雄虫可多次进行交尾，成虫产卵于瓜果果皮下或表面愈伤处，大量幼虫孵化后钻入果内蛀食果肉，常造成水果腐烂或未熟先黄而脱落，完全失去食用价值，暴发时将导致大面积落果和失收，给果蔬生产造成严重损失。

3）能远距离迁飞扩散。橘小实蝇飞行一次的地面距离达 46km 左右（梁帆等，2001），最远飞行距离约 97km（陈鹏等，2007）。如此强大的飞行能力，给橘小实蝇的有效防控带来巨大的困难。

（4）橘小实蝇的危害特点

调查研究发现，橘小实蝇在不同水果上的产卵量、产卵孔数量和分布均不同。

在各果园中选择 2 株果实不套袋的果树作为调查株，2 株果树相隔 20～30m，在盛果期调查，果树按东、南、西、北、中 5 个方位，每方位随机摘取 1 个虫果（根据枇杷成熟期不一致，在摘取虫果时，每个方位分别摘取 1 个青涩虫果和 1 个黄熟虫果）带回实验室，观察记录果实上实蝇产卵孔数及产卵孔在果实上的分布情况（以果实横切面中部为界，靠近果蒂一端为果蒂部，靠近果梗一端为果梗部），然后将果实剖开，记录虫果中的实蝇卵粒数，每 10d 调查 1 次，连续调查 5 次。

在黄熟枇杷果实上橘小实蝇的平均单果产卵孔数为 2.48 个，2 个或 3 个产卵孔的虫果居多，分别占调查虫果数的 36%和 30%，其次是 1 个产卵孔的虫果，占虫果数的 18%，4 个产卵孔的虫果占虫果数的 12%，5 个产卵孔的虫果最少，仅占虫果数的 4%，未发现多于 5 个产卵孔的虫果。在青涩枇杷果实上橘小实蝇的平均单果产卵孔数为 1.64 个，1 个或 2 个产卵孔的虫果最多，分别占调查虫果数的 44%和 48%，少数为 3 个产卵孔的虫果，仅占虫果数的 8%，未发现多于 3 个产卵孔的虫果（图 2-1）。

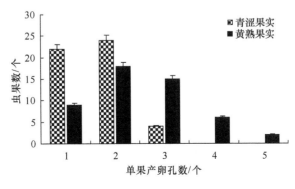

图 2-1　橘小实蝇在枇杷上的产卵孔数

在桃上橘小实蝇的平均单果产卵孔数为 4.38 个，单果产卵孔数为 1～9 个，其中产卵孔数为 4 个的虫果数最多，占调查虫果数的 20%，产卵孔数为 3 个、5 个、2 个、6 个、7 个的虫果，分别占调查虫果数的 16%、14%、12%、12% 和 10%，产卵孔为 1 个、8 个和 9 个的虫果数均很少，占调查虫果数的比例低于 10%（图 2-2）。

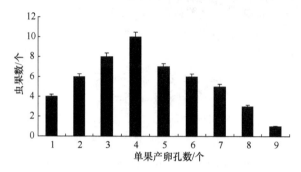

图 2-2　橘小实蝇在桃上的产卵孔数

在枣上橘小实蝇的平均单果产卵孔数为 1.94 个，产卵孔数为 1～3 个，产卵孔数为 2 个的虫果数最多，其次依次为 1 个产卵孔和 3 个产卵孔，占调查虫果数的比例依次为 42%、32% 和 26%（图 2-3）。

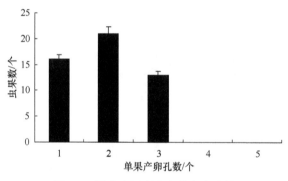

图 2-3　橘小实蝇在枣上的产卵孔数

橘小实蝇在石榴上的平均单果产卵孔数为 4.04 个，产卵孔数为 1～9 个，以 4 个产卵孔的虫果数最多，占调查虫果数的 20%，产卵孔数为 2 个、3 个、5 个、6 个、1 个的虫果数，分别占调查虫果数的 16%、16%、14%、12% 和 10%，产卵孔为 7～9 个的虫果数均很少，占调查虫果数的比例低于 10%（图 2-4）。

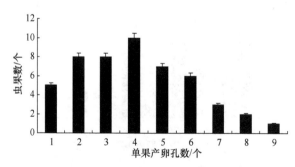

图 2-4　橘小实蝇在石榴上的产卵孔数

综上所述，不同果实上橘小实蝇的产卵孔数不同，与果实大小有一定关系，果实大的水果，如石榴和桃，产卵孔数最多为 9 个，以 4 个产卵孔数居多；果实小的水果，如枇杷和枣，产卵孔数最多为 5 个，以 1～3 个居多；果实的成熟度不同，产卵孔数也不同，黄熟枇杷的产卵孔数最多为 5 个，以 2 个或 3 个产卵孔的虫果数居多，而青涩枇杷产卵孔数最多为 3 个，以 1 个或 2 个产卵孔的虫果数居多。

不同寄主上橘小实蝇的单果产卵量也不同，结果如图 2-5～图 2-8 所示。

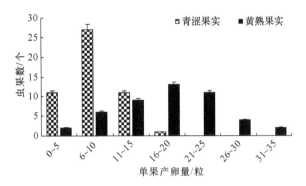

图 2-5　橘小实蝇在枇杷上的单果产卵量

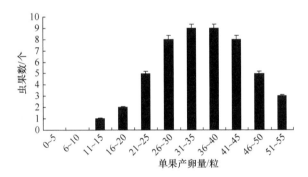

图 2-6　橘小实蝇在桃上的单果产卵量

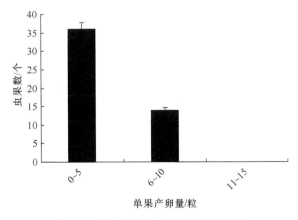

图 2-7　橘小实蝇在枣上的单果产卵量

橘小实蝇在黄熟的枇杷果实上的单果产卵量为 2～35 粒，以 10～25 粒/果居多，单果产卵量 5 粒以下的虫果数仅占调查虫果数的 4%，平均单果产卵量 16.26 粒；青涩枇

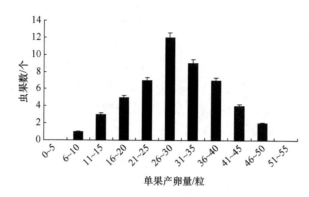

图 2-8　橘小实蝇在石榴上的单果产卵量

杷果实上的单果产卵量为 1~17 粒，以 6~10 粒居多，单果产卵量 5 粒以下的虫果数占调查虫果数的 22%，平均单果产卵量 7.7 粒（图 2-5）。

橘小实蝇在桃上的单果产卵量为 11~55 粒，以 26~45 粒居多，平均单果产卵量为 34.9 粒（图 2-6）。

橘小实蝇在枣上的单果产卵量为 1~10 粒，以 0~5 粒居多，平均单果产卵量为 3.9 粒（图 2-7）。

橘小实蝇在石榴上的单果产卵量为 6~50 粒，以 26~30 粒居多，平均单果产卵量为 28.8 粒（图 2-8）。

综上所述，不同果实上橘小实蝇的单果产卵量不同，与果实大小有一定关系，果实较大的水果，如石榴和桃，平均单果产卵量分别为 28.8 粒和 34.9 粒；果实小的水果，如枇杷和枣，平均单果产卵量分别为 16.26 粒和 3.9 粒；同种果实的成熟度不同，单果产卵量也不同，黄熟的枇杷果实上的平均单果产卵量（16.26 粒）明显多于青涩枇杷果实的平均单果产卵量（7.7 粒）。

青涩枇杷果实上橘小实蝇的产卵孔有 92.68% 分布于果实的果蒂部，仅有 7.32% 分布于果实的果梗部；而橘小实蝇的产卵孔在黄熟枇杷果实的果蒂部和果梗部的分布差异不大，其比率分别为 50.81% 和 49.19%（图 2-9）。

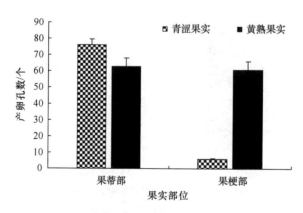

图 2-9　橘小实蝇在枇杷上的产卵孔分布

桃果实上的橘小实蝇产卵孔 47.49% 分布于果蒂部，有 52.51% 的产卵孔分布于果梗部，据观察产卵孔多分布于桃的泛红部位（图 2-10）。

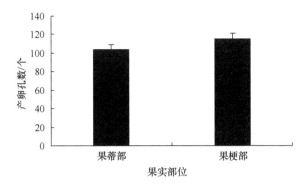

图 2-10 橘小实蝇在桃上的产卵孔分布

枣果实上的橘小实蝇产卵孔有 52.58%分布于果蒂部,有 47.42%的产卵孔分布于果梗部(图 2-11)。

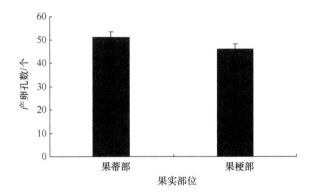

图 2-11 橘小实蝇在枣上的产卵孔分布

在石榴果实上的橘小实蝇产卵孔有 76.24%分布于果梗部,23.76%的产卵孔分布于果蒂部(图 2-12)。

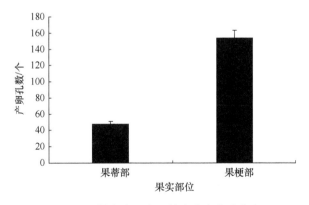

图 2-12 橘小实蝇在石榴上的产卵孔分布

综上所述,不同寄主果实、相同寄主不同成熟度果实,橘小实蝇的产卵孔分布不同,桃、枣和黄熟的枇杷果实,橘小实蝇的产卵孔在果蒂部和果梗部的分布差异不大,而橘小实蝇的产卵孔在青涩枇杷果实上大多分布于果蒂部,石榴则大多分布于果梗部。

（5）橘小实蝇对不同石榴品种的产卵选择性

通过橘小实蝇对不同石榴品种果实进行的产卵选择性试验，结果表明（表2-3），光颜石榴上饲养出的橘小实蝇幼虫数量最多，且与其他石榴相比差异显著，占总幼虫数的32.38%；其次为绿籽石榴，占总幼虫数的24.85%、厚皮石榴占总幼虫数的22.61%、酸石榴占总幼虫数的17.11%，其中绿籽石榴、厚皮石榴和酸石榴上饲养出的幼虫数差异不显著；沙子石榴上饲养出的幼虫数最少，仅为总幼虫数的3.05%，且与其他石榴上幼虫数差异明显。

表2-3　橘小实蝇对不同石榴果实的产卵选择性

寄主果实	平均幼虫数/头	所占比例/%
绿籽石榴	30.5±3.38b	24.85
光颜石榴	39.75±4.96a	32.38
沙子石榴	3.75±0.85d	3.05
酸石榴	21±1.29c	17.11
厚皮石榴	27.75±3.82bc	22.61

注：表中平均值后的不同字母表示差异显著（$P<0.05$）

橘小实蝇对不同石榴品种的产卵选择不同，产生差异的原因可能与石榴果皮的厚度、果皮的硬度、果肉的酸甜度等密切相关。

2.2.2　生活史

橘小实蝇在蒙自市每年发生4或5代，世代重叠现象明显，条件适宜，冬季仍然可以发育，3月上旬越冬代成虫开始羽化，3月下旬，越冬代成虫开始交配产卵；第1代橘小实蝇卵期为3月下旬至6月中旬，幼虫期为4月上旬至6月下旬，蛹期为4月下旬至7月上旬，成虫期为5月下旬至8月下旬；第2代橘小实蝇卵期为6月中旬至8月上旬，幼虫期为6月中旬至8月上旬，蛹期为6月下旬至8月中旬，成虫期为7月上旬至9月中旬；第3代橘小实蝇卵期为7月下旬至9月中旬，幼虫期为7月下旬至9月中旬，蛹期为8月上旬至9月上旬，成虫期为8月中旬至11月中旬；第4代橘小实蝇卵期为9月上旬至10月下旬，幼虫期为9月上旬至11月中旬，蛹期为9月中旬至翌年1月中旬，成虫期为10月上旬至翌年2月下旬，期间若环境条件适宜，第4代成虫从11月上旬开始交配产卵，发生第5代。据观察，在温度较低的月份，不仅橘小实蝇发育历期更长，且单次产卵量也更少（方薛交，2016）。在实验室条件下，橘小实蝇每年可繁殖12～15代。

橘小实蝇幼虫分为3龄，基本上在果实内生长发育，幼虫老熟后钻出果实，脱离果实到土壤表面，通过不断弹跳寻找到适合的化蛹场所后入土化蛹。幼虫期因温度和寄主植物等条件不同而长短不同，为5～20d。

橘小实蝇蛹期夏季5～10d，冬季15～20d。成虫羽化后经过一段时间（产卵前期）后开始交配产卵，产卵前期也随季节不同而长度不同：夏季10～20d，秋季25～60d，冬季3～4个月。在成虫期橘小实蝇成虫要通过不断觅食来维持自己的生命活动和达到性成熟，所吸食的食物需含有蛋白质和糖类等，取食糖类物质可维持其生命活动，取食蛋白质可促使其发育至性成熟。

成虫期羽化高峰时间为 9:00～10:00，取食时间为 8:00～10:30、15:00～18:00；多数成虫只交配 1 次，交尾活动高峰为 19:30～22:00；产卵高峰为 16:00～18:30，产卵开始约 20d 后达到产卵高峰期，卵聚产于果皮下。果皮下的卵经过相对较短的卵期后孵化为幼虫。

卵期也随季节变化而略有不同，夏季仅需 1d，春季 2～3d，冬天则要长一些，可达 20d。

2.2.3 橘小实蝇发育起点温度和有效积温

在 7～35℃时，橘小实蝇发育速率与温度呈线性正相关关系，应用直线回归法计算出方程 $y=a+bt$（a、b 均为回归系数），发育起点温度可由 $c=-a/b$（c 为发育起点温度，a、b 均为回归系数）算出，有效积温可以经 $k=1/b$（k 为有效积温常数，b 为回归系数）得到。根据计算出的橘小实蝇的发育起点温度和有效积温，结果表明发育速率与温度之间为显著直线正相关关系（$R>0.852$），橘小实蝇的卵、幼虫、预蛹期、蛹期、成虫和全代的发育起点温度依次为 11.95℃、11.70℃、15.21℃、12.83℃、12.44℃和10.21℃；有效积温分别为 25.82 日度、175.13 日度、6.043 日度、138.12 日度、325.83 日度和356.72 日度（表 2-4）。根据蒙自市和建水县 1999～2003 年的气象资料，将两地区日均气温超过发育起点以上的数值各自累加得出各县（市）有效积温，再除以测定的有效积温数，即为两地全年发生时代数（蒙自市约 5.23 代，建水县约 5.17 代）。据观察，橘小实蝇在两地大田中每年可以发生 5 代，世代数基本上一致（袁盛勇等，2005a）。

表 2-4 橘小实蝇的发育起点温度和有效积温

龄期	回归方程	相关系数（R）	发育起点温度/℃	有效积温/日度
卵	$Y=0.036\,73X-0.438\,94$	0.851 94	11.95	25.82
幼虫	$Y=0.005\,171X-0.066\,79$	0.972 09	11.70	175.13
预蛹期	$Y=0.016\,55X-0.251\,70$	0.984 90	15.21	6.043
蛹期	$Y=0.007\,24X-0.092\,92$	0.907 40	12.83	138.12
成虫	$Y=0.030\,69X-0.038\,17$	0.963 86	12.44	325.83
全代	$Y=0.002\,803X-0.028\,61$	0.989 32	10.21	356.72

2.3 优势种实蝇的生态学

2.3.1 橘小实蝇的寄主调查及种群动态

蒙自市的石榴种植面积 12.5 万亩，主要种植地点在海拔 1200～1400m 的坝区乡镇，成熟时间为 8～11 月；枇杷种植面积 6.5 万亩，其中挂果面积 3.2 万亩，主要分布于海拔 1200～1600m 的坝区和半山区乡镇，成熟时间为 12 月至翌年 4 月；枣种植面积0.6 万亩，主要种植在海拔 1200～1400m 的坝区乡镇，成熟时间为 7 月底至 9 月；苹果种植面积 6.5 万亩，其中挂果面积 0.28 万亩，主要种植在海拔 1800m 以上的山区乡镇，成熟时间为 7 月下旬至 9 月中旬；桃种植面积 2.5 万亩，主要种植在海拔 1300～1650m的坝区乡镇，成熟时间为 6～8 月。

（1）橘小实蝇在蒙自市的主要寄主种类

研究人员于 2014 年对不同果蔬园进行调查，其中橘小实蝇的寄主 20 种，隶属 8 科 19 属（表 2-5），占调查寄主的 100%，分别为芸香科、鼠李科、漆树科、石榴科各 1 种，桃金娘科 2 种，茄科 3 种，蔷薇科 5 种和葫芦科 6 种（闫振华，2016）。

表 2-5　蒙自市橘小实蝇的寄主植物种类调查表

种名	分类地位
桃 *Amygdalus persica*	蔷薇科 Rosaceae 桃属 *Amygdalus*
辣椒 *Capsicum annuum*	茄科 Solanaceae 辣椒属 *Capsicum*
木瓜 *Chaenomeles sinensis*	蔷薇科 Rosaceae 木瓜属 *Chaenomeles*
柚 *Citrus maxima*	芸香科 Rutaceae 柑橘属 *Citrus*
黄瓜 *Cucumis sativus*	葫芦科 Cucurbitaceae 黄瓜属 *Cucumis*
甜瓜 *Cucumis melo*	葫芦科 Cucurbitaceae 黄瓜属 *Cucumis*
南瓜 *Cucurbita moschata*	葫芦科 Cucurbitaceae 南瓜属 *Cucurbita*
枇杷 *Eriobotrya japonica*	蔷薇科 Rosaceae 枇杷属 *Eriobotrya*
丝瓜 *Luffa cylindrica*	葫芦科 Cucurbitaceae 丝瓜属 *Luffa*
番茄 *Lycopersicon esculentum*	茄科 Solanaceae 番茄属 *Lycopersicon*
苹果 *Malus pumila*	蔷薇科 Rosaceae 苹果属 *Malus*
杧果 *Mangifera indica*	漆树科 Anacardiaceae 杧果属 *Mangifera*
苦瓜 *Momordica charantia*	葫芦科 Cucurbitaceae 苦瓜属 *Momordica*
李 *Prunus salicina*	蔷薇科 Rosaceae 李属 *Prunus*
番石榴 *Psidium guajava*	桃金娘科 Myrtaceae 番石榴属 *Psidium*
石榴 *Punica granatum*	石榴科 Punicaceae 石榴属 *Punica*
佛手瓜 *Sechium edule*	葫芦科 Cucurbitaceae 佛手瓜属 *Sechium*
茄 *Solanum melongena*	茄科 Solanaceae 茄属 *Solanum*
洋蒲桃 *Syzygium samarangense*	桃金娘科 Myrtaceae 蒲桃属 *Syzygium*
枣 *Ziziphus jujuba*	鼠李科 Rhamnaceae 枣属 *Ziziphus*

（2）不同果园橘小实蝇的种群动态

调查果园位于云南省蒙自市文澜镇的枇杷园、石榴园、桃园和枣园内，4 个样地海拔相近，地理位置相近，每样地相隔 5km 以上，枇杷树、石榴树和枣树为 4 年以上树龄，桃树为 3 年树龄，调查点具体情况及各水果品种的种植面积和挂果期见表 2-6。

表 2-6　实蝇调查样地概况及主要寄主水果的挂果期和种植面积

项目	样地			
	枇杷园	桃园	石榴园	枣园
调查点经纬度	N23°24′ E103°24′	N23°22′ E103°26′	N23°22′ E103°25′	N23°23′ E103°24′
调查点海拔/m	1303	1333	1315	1293
调查点面积/hm²	1	2	2.67	2.53
挂果期	12 月至翌年 5 月	6 月	7～11 月	7～9 月
种植面积/hm²	4666.67	2000	8666.67	666.67

从图 2-13 可看出,枇杷园内诱捕到的橘小实蝇的种群数量明显高于石榴园、枣园和桃园。在枇杷园内,4 月气温回升后,橘小实蝇的种群数量逐渐上升,至 8 月达到高峰,诱捕到的橘小实蝇虫口数量为 362 头/诱捕器,随后其种群数量下降,11~12 月和 1~3 月实蝇种群数量为一年中的最低值,12 月仅为 6 头/诱捕器。石榴园、枣园和桃园内,橘小实蝇的种群数量和动态基本相似,8~9 月为发生高峰期,诱捕到的橘小实蝇虫口数量分别为 98 头/诱捕器、107 头/诱捕器和 101 头/诱捕器,11~12 月和 1~3 月橘小实蝇的种群数量均较低。

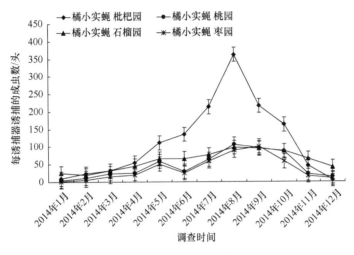

图 2-13　不同寄主果园橘小实蝇种群动态（2014 年）

如图 2-14 所示,在 4 种果园中,枇杷园橘小实蝇种群数量明显高于其他种类果园。枇杷园橘小实蝇的种群数量 1 月开始逐渐上升,2 月后略有下降,4 月为其最低谷,后逐渐上升,9 月达到最高峰,峰值为 258 头/诱捕器,后逐渐下降,11 月后开始上升。其他 3 个果园均在 8 月达到最高峰,且变动趋势基本一致,在 1~5 月和 11~12 月种群数量较低,桃园峰值为 108 头/诱捕器,石榴园为 126 头/诱捕器,枣园为 97 头/诱捕器。

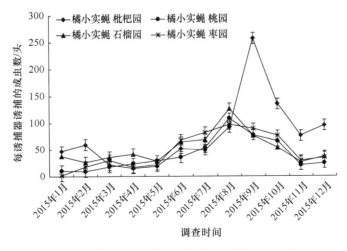

图 2-14　不同寄主果园橘小实蝇种群动态（2015 年）

综上所述，在不同果园中，枇杷园橘小实蝇种群数量较多，且 4 种不同果园橘小实蝇成虫数量高峰期出现在 8~9 月。枇杷挂果期在 12 月至翌年 5 月，挂果面积为 4666.67hm²；石榴的挂果期在 7~11 月，挂果面积为 8666.67hm²；桃的挂果期在 6 月，挂果面积为 2000hm²；枣的挂果期在 7~9 月，挂果面积为 666.67hm²。由于蒙自市全年均有橘小实蝇的寄主存在，因此造成了橘小实蝇周年为害。石榴的挂果面积最大，石榴、桃和枣的挂果期与橘小实蝇种群数量的高发期吻合，橘小实蝇可在以上 3 种果园内进行重叠转移危害，由于枇杷在挂果期内进行套袋处理，5 月为其果实采收末期，暴露在外的果实为橘小实蝇提供了适宜的产卵场所，随着 6 月桃的成熟，橘小实蝇的种群数量逐渐增加，至 8~9 月为石榴和枣的挂果盛期，且枣不能进行套袋处理，造成了 8~9 月为橘小实蝇的种群数量高峰期。枇杷园施用化学药剂防治的次数大大少于石榴园、枣园和桃园。枇杷园每年施用化学药剂的次数为 1~3 次，石榴园从 3 月底至 8 月每隔 10d 左右施 1 次药，桃园自 4~6 月施药 8~10 次，枣园在挂果期施药 6~8 次，大量化学药剂的施用致使优势种实蝇的种群数量在不同果园间出现较大差异，枇杷园橘小实蝇的种群数量较高。

因优势种实蝇为橘小实蝇，且在枇杷园种群数量较大，同时橘小实蝇对石榴的危害也极为严重，所以研究枇杷园橘小实蝇发生情况对实蝇的综合防治具有极为重要的意义。

（3）不同海拔枇杷园内橘小实蝇的种群动态

通过调查云南省蒙自市新安所镇、期路白苗族乡和芷村镇 3 个枇杷园橘小实蝇的种群动态，摸清了不同海拔橘小实蝇的发生动态。3 个枇杷园内枇杷树龄差异不大，均为 8 年以上。枇杷园地势多为山坡地或梯田状，枇杷树品种均为五星，树高 2.5~4.0m，种植行距、株距分别为 4m×4m 或 4m×5m。3 个样地月均降水量、月均日照时数及其他气象因子等均不同。采用 GPS 卫星定位器测定枇杷园海拔、面积，其中以 SP1、SP2、SP3 分布代表 3 个不同海拔的枇杷园，3 个样地介于北纬 23°12′~23°21′，东经 103°21′~103°32′，具体数据见表 2-7。

表 2-7 实验区枇杷园的海拔及面积

项目	样地		
	SP1	SP2	SP3
海拔/m	1348.0±12.0	1505±18.5	1648±21.5
面积/hm²	3.33	4.67	6.67

注：SP1. 新安所镇；SP2. 期路白苗族乡；SP3. 芷村镇

在以上样地进行橘小实蝇种群动态调查，2014~2015 年调查结果见图 2-15 和图 2-16。

图 2-15 所示为 2014 年不同海拔枇杷园橘小实蝇的种群动态，低海拔枇杷园橘小实蝇种群变动出现 2 个高峰，5 月为第 1 个高峰，该时间枇杷完全采摘结束，橘小实蝇种群数量出现急剧下降的趋势，后逐渐增加，至 10 月枇杷树开花期达到全年最高峰，峰值为 401 头/诱捕器；中海拔枇杷园在 1~9 月橘小实蝇种群数量极低，10 月出现高峰，峰值为 188 头/诱捕器；高海拔枇杷园橘小实蝇全年种群数量较低。因此低海拔橘小实蝇的种群数量最多。

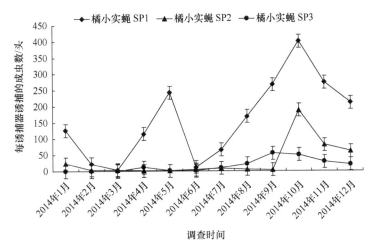

图 2-15 不同海拔枇杷园橘小实蝇的种群动态（2014 年）

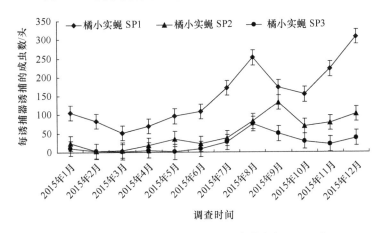

图 2-16 不同海拔枇杷园橘小实蝇的种群动态（2015 年）

图 2-16 所示为 2015 年不同海拔枇杷园内橘小实蝇成虫的种群动态，低海拔枇杷园橘小实蝇种群变动出现 2 个高峰，分别出现在 8 月和 12 月，最高峰出现在 12 月，峰值为 308 头/诱捕器；中海拔枇杷园在 1~7 月橘小实蝇种群数量极低，7 月后逐渐增加，至 9 月达到高峰，峰值为 132 头/诱捕器；高海拔枇杷园橘小实蝇种群数量在 1~6 月维持较低水平，后逐渐增加，8 月达到高峰，峰值为 75 头/诱捕器，后逐渐下降。因此低海拔地区橘小实蝇的种群数量最多。

综上所述，不同海拔橘小实蝇的发生情况差异较大，低海拔枇杷园橘小实蝇种群数量最大，其次为中海拔枇杷园，高海拔枇杷园橘小实蝇发生数量最少。

海拔对橘小实蝇的种群动态影响较大，海拔的不同直接导致气象因子的不同，而气象因子直接影响橘小实蝇的种群动态，因此不同海拔橘小实蝇种群高峰期出现的时间不同。低海拔地区橘小实蝇全年有 2 个高峰，2014 年出现在 5 月和 10 月，2015 年出现在 8 月和 12 月，高峰期出现时间的延迟和 2 年降水时间的多少有关，2015 年在 3~10 月的降水天数和降水量明显比 2014 年同期要多（图 2-17），适宜的降水有利于实蝇的交配和产卵活动，过多的降水影响了橘小实蝇的活动，且过多的降水会导致实蝇蛹无法羽化，致使实蝇成虫的数量降低，因此 2015 年实蝇的种群数量低于 2014 年。

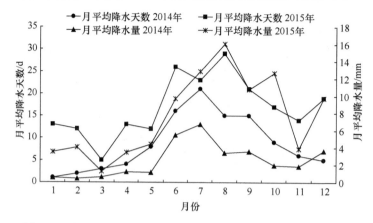

图 2-17　低海拔区域枇杷园降水量及降水天数（2014～2015 年）

2.3.2　与气象因子的关系

在文澜镇枇杷园内进行系统调查，按 Z 字形悬挂 5 个诱捕器，诱捕器的外壁裹以黄色粘虫板，诱捕器挂在离地 2.0m 左右的枝条上，且间隔 20m 左右，避免阳光直射。每 10d 收集 1 次，记录黄色粘虫板上的橘小实蝇数量，以获得该园橘小实蝇的种群动态。橘小实蝇种群变动与气象因子关系分析采用主成分分析法、相关性分析法、逐步回归分析法和偏相关分析法。

气象因子对橘小实蝇种群变动的影响分析表明，多种气象因子互相作用影响橘小实蝇的种群数量变动，其中月平均气温、月极端最低温度、月平均降水天数和平均日照时数是影响橘小实蝇种群数量变动的主要因素（闫振华，2016）。

蒙自市文澜镇枇杷园橘小实蝇的发生规律如图 2-18 所示，5～10 月为橘小实蝇高发期，1～4 月、11～12 月的种群数量均较低。入春后，随着气温升高，果园内的橘小实蝇种群数量逐渐增加，进入 5 月后，橘小实蝇种群数量急剧增加，8 月中旬达到高峰期，峰值为（362.27±16.68）头/瓶，10 月以后其种群数量迅速下降，至 12 月种群数量最低，为（6.14±3.06）头/瓶。

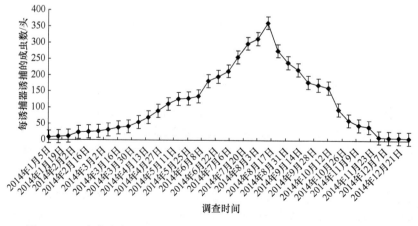

图 2-18　云南蒙自市文澜镇枇杷园橘小实蝇成虫的种群动态（2014 年）

橘小实蝇的生长发育、种群变动与温度、降水量、光照等气象因子有关。用主成分分析法对蒙自市 2014 年各月 7 种气象因子，即月平均相对湿度（X_1）、月平均温度（X_2）、月极端最高温（X_3）、月极端最低温（X_4）、月平均降水天数（X_5）、月平均降水量（X_6）及平均日照时数（X_7）进行因子分析。

由表 2-8 和表 2-9 可知，第一和第二主成分的累计贡献率达到了 90.225%，占总信息量的 90% 以上，故可选第一和第二主成分。据表 2-9 各气象因子的载荷（按照载荷大小排列），第一主成分代表了月平均相对湿度（X_1）、月平均温度（X_2）、月极端最高温（X_3）、月极端最低温（X_4）、月平均降水天数（X_5）及月平均降水量（X_6）的作用，称为温雨因子；第二主成分代表了平均日照时数（X_7），称为日照因子。第一主成分的贡献率最大，为 65.5468%，表明温雨因子的作用最大。第一主成分中月平均降水天数的载荷最大，为 0.934；其次为月极端最低温的载荷，为 0.901，所以在气象因子中，月平均降水天数和月极端最低温是主要影响因素。

表 2-8 蒙自市气象因子主成分分析统计量描述

主成分	均值	标准差	特征向量							特征值	贡献率/%	累计贡献率/%
			X_1	X_2	X_3	X_4	X_5	X_6	X_7			
Y_1	65.4233	5.9342	0.0681	0.6456	0.7065	0.2076	0.1657	0.0506	0.0794	4.5883	65.5468	65.5468
Y_2	19.9667	4.9516	0.4130	−0.3351	0.1183	0.3154	−0.1813	0.2476	0.7138	1.7275	24.6782	90.225
Y_3	23.9667	4.2199	0.3799	−0.4080	0.1843	0.4948	0.3350	−0.2267	−0.4968	0.5066	7.2367	97.4617
Y_4	15.3417	5.7492	0.4208	−0.2093	0.3047	−0.7714	0.2869	0.0935	−0.0109	0.1021	1.4592	98.9209
Y_5	7.5000	6.1865	0.4359	0.2373	−0.1658	0.0338	−0.4115	0.6009	−0.4412	0.0484	0.692	99.6129
Y_6	2.355	2.0446	0.3456	0.3933	−0.5741	0.0705	0.5913	−0.0139	0.2037	0.0205	0.2931	99.906
Y_7	6.7083	1.6071	−0.4404	−0.2227	0.0556	0.1064	0.4755	0.7175	−0.0341	0.0066	0.094	100

表 2-9 蒙自市气象因子主成分载荷

气象因子	第一主成分	第二主成分
X_5	0.934	0.312
X_4	0.901	−0.275
X_2	0.885	−0.440
X_3	0.814	−0.536
X_6	0.740	0.517
X_1	0.146	0.849
X_7	−0.943	−0.293

分析表明（表 2-10），橘小实蝇种群数量的变化与月平均气温、月平均降水天数和月极端最低温呈正相关，且相关性极显著；与平均日照时数呈负相关关系，且相关性极显著；与月平均相对湿度、月极端最高温和月平均降水量等气象因子之间均呈现正相关关系，但相关性不显著。说明月平均气温、月平均降水天数和月极端最低温的变化是决定橘小实蝇种群数量变动的主要因素，温度越高，月平均降水天数越多，越有利于橘小实蝇种群数量的增长；平均日照时数越长越不利于橘小实蝇种群数量的增加；月平均相对湿度、月极端最高温和月平均降水量等气象因子对橘小实蝇种群数量虽有影响，但不显著。

表 2-10　云南蒙自市橘小实蝇种群数量变化与气候因子的相关关系

性状	X_2	X_3	X_4	X_5	X_6	X_7	Y
X_1	-0.20	-0.26	-0.01	0.34	0.35	-0.36	0.45
X_2		0.98**	0.91**	0.68**	0.39	-0.70**	0.64*
X_3			0.87**	0.57*	0.28	-0.60*	0.55
X_4				0.72**	0.44	-0.76**	0.74**
X_5					0.89**	-0.98**	0.74**
X_6						-0.85**	0.50
X_7							-0.73**

注：X_1 为月平均相对湿度；X_2 为月平均温度；X_3 为月极端最高温；X_4 为月极端最低温；X_5 为月平均降水天数；X_6 为月平均降水量；X_7 为平均日照时数；Y 为橘小实蝇种群数量。*表示相关性显著；**表示相关性极显著

　　如表 2-11 所示，采用向前引入法，以调整后的相关系数 r 最大为原则，将月平均相对湿度（X_1）、月极端最高温（X_3）和月平均降水量（X_6）从回归方程中剔除，最后得到的回归方程为

$$Y = -1\ 652.695\ 957 + 14.344\ 033\ 624X_2 + 54.438\ 328\ 84X_4 + 42.440\ 119\ 75X_5 - 23.286\ 394\ 862X_7$$

$$(2-1)$$

　　上述方程 F 值为 6.3929，显著性概率为 0.03，调整后的相关系数为 $r=0.8639$。计算结果表明，影响橘小实蝇种群变动的气象因子主要由月平均温度（X_2）、月极端最低温（X_4）、月平均降水天数（X_5）及平均日照时数（X_7）综合作用构成。这 4 个气象因子及它们的交互作用对蒙自市橘小实蝇种群变动的总决定系数为 0.884 68，也即这 4 个气候变量是决定橘小实蝇种群发生变动的原因。

表 2-11　气象因子对橘小实蝇种群变动的逐步回归分析

回归步骤	回归方程	自由度	F 值	相关系数 r	决定系数 R^2	调整后相关系数 r	概率值 P
1	$Y=-101.389\ 568\ 8+14.073\ 573\ 195X_5$	1，10	12.289 4	0.742 5	0.551 36	0.711 7	0.004 9
2	$Y=-651.848\ 112+8.399\ 749\ 784X_4+14.133\ 469\ 785X_5$	2，9	14.296 6	0.872 1	0.760 59	0.841 1	0.001 6
3	$Y=-1\ 055.323\ 069+12.202\ 197\ 330X_2+47.513\ 098\ 76X_4+39.044\ 500\ 33X_5$	5，6	7.303 4	0.926 8	0.858 88	0.861	0.015 6
4	$Y=-1\ 652.695\ 957+14.344\ 033\ 624X_2+54.438\ 328\ 84X_4+42.440\ 119\ 75X_5-23.286\ 394\ 862X_7$	6，5	6.392 9	0.940 6	0.884 68	0.863 9	0.03

注：X_1 为月平均相对湿度；X_2 为月平均温度；X_3 为月极端最高温；X_4 为月极端最低温；X_5 为月平均降水天数；X_6 为月平均降水量；X_7 为平均日照时数；Y 为橘小实蝇种群数量

　　如表 2-12 所示，经偏相关分析进一步揭示，橘小实蝇种群数量的变动与月平均温度、月极端最低温、月平均降水天数呈正相关，相关系数分别为 0.7098、0.5375 和 0.4276，说明月平均温度、月极端温度越高和月平均降水天数越多越有利于橘小实蝇种群数量的增长；橘小实蝇种群数量的变动与平均日照时数呈负相关关系，相关系数为 -0.5785，说明平均日照时数越长越不利于橘小实蝇数量的增长。综合分析认为，导致蒙自市橘小实蝇种群数量变动的气候因子主要为月平均气温、月极端最低温、月平均降水天数和平均日照时数。这些因子相互作用、相互关联，影响了橘小实蝇的种群变动。

　　橘小实蝇种群数量的变动与温湿度的季节动态情况如图 2-19 和图 2-20 所示：调查

期间该地最低温度为 4.0℃，全年平均温度为 20.1℃；2 月后随气温升高，橘小实蝇种群数量逐步增加，5~9 月为最高气温期，最高温度达到 28.9℃，同时 5 月后的月平均降水天数也增多，6 月、7 月和 8 月连续降水，空气及土壤湿度增加，有利于实蝇的繁育，为橘小实蝇发生盛期，10 月后气温和月平均降水天数均逐渐降低，12 月下旬气温降至最低，蒙自市冬春属于少雨季节，最低 1 月仅为 1d，橘小实蝇种群数量也随之降低，12 月、1 月降至最低。故橘小实蝇种群数量的变动与月均温、月极端最低温和月平均降水天数呈正相关关系。

表 2-12　橘小实蝇种群数量与气候要素间的偏相关分析

项目	X_2	X_4	X_5	X_7
偏相关系数	0.7098	0.5375	0.4276	−0.5785
t 检验值	2.2532	1.4252	1.0576	1.5858
P 值	0.0652	0.2040	0.3309	0.1639

注：X_2 为月平均温；X_4 为月极端最低温；X_5 为月平均降水天数；X_7 为平均日照时数

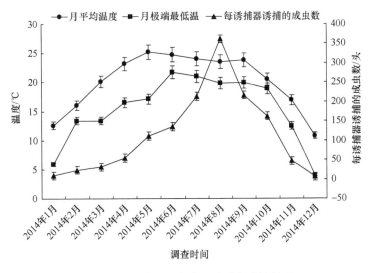

图 2-19　温度与橘小实蝇种群变动的关系

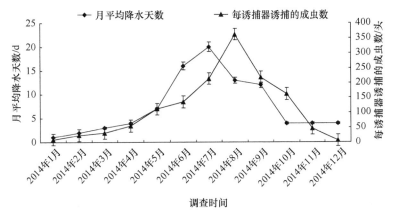

图 2-20　月平均降水天数与橘小实蝇种群变动的关系

橘小实蝇种群动态与平均日照时数的季节变动如图 2-21 所示：蒙自市冬春季节少雨，平均日照时数较长，橘小实蝇种群数量均较低，夏秋季月平均降水天数增加，平均日照时数减少，橘小实蝇种群数量急剧增加，8 月中旬达到高峰。故橘小实蝇种群动态与月平均日照时数呈相反态势。

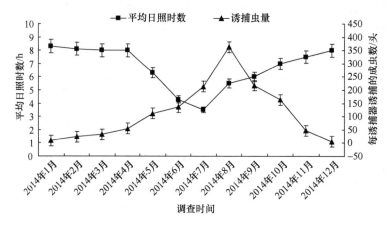

图 2-21　平均日照时数与橘小实蝇种群变动的关系

2.4　实蝇类害虫的综合防治

2.4.1　检疫技术

检疫技术包括对实蝇的鉴定和检疫处理。不同的国家和地区针对实蝇类的防治设置了专门的监测机构和项目，如美国有"实蝇紧急行动计划"、中国有"联合国（中国）实蝇防控研究中心"等。通常利用橘小实蝇引诱剂（甲基丁香酚）来监测其发生的地区，对于疫区的水果运输加强检疫处理，防止其传播扩散。

除了传统的形态学鉴定，近年分子生物学技术越来越多地被应用于实蝇鉴定。余道坚等（2004）应用定性 PCR 技术检疫鉴定番石榴实蝇，吴佳教等（2004）则通过 PCR-RFLP 快速鉴定技术区分 6 种寡毛实蝇。目前关于实蝇分子生物学检测技术的研究包括限制性片段长度多态性（RFLP）（Muraji and Nakahara，2002；吴佳教等，2005，2004）、随机扩增多态性 DNA（random amplified polymorphic DNA，RAPD）（张红梅等，2004）、实时定量 PCR 等，这些方法需要特定酶切位点或标记探针。而近几年发展起来的变性梯度凝胶电泳（denaturing gradient gel electrophoresis，DGGE）技术（Reeson，2003），具有快速、无放射性、无需标记等特点，只需要简单的操作就可以检出几乎所有的多态性，并可将突变分子完好无损地同野生型分子分开用于进一步的分析。这一技术已广泛应用于微生物种群的系统分类、人类遗传性疾病的基因分型和分子诊断，但在昆虫的种类鉴定方面还未见到相关的报道。

目前国内外对检疫处理做了大量研究，处理方式包括热处理、冷处理、辐照处理和熏蒸处理等方法。根据实蝇害虫适合生存的温度，适当调节水果的储存温度，杀死害虫。该处理方法不会产生有毒物质，危害环境，合适的处理温度不会对水果的质量产生较大的影响。很多处理方法已经商业化运作，且取得了良好的经济效益。Seo 等（1974）分别对感染橘小实蝇和瓜实蝇的柑橘、木瓜、青椒进行高温处理、蒸热处理，可以完全杀死实蝇的卵和幼虫。如果处理的时间过长，可能会影响商品的质量，目前热处理技术仅限于少数商品的检疫处理。杧果应用蒸热处理技术，在杧果果实心温度达到 47℃后继续处理 10min，可将橘小实蝇的卵和幼虫完全杀死（梁广勤等，1999）。用地下 46.0℃热水处理杧果 1h 也能 100%杀死橘小实蝇而对品质无影响（蒋小龙等，2002a）。芦柑鲜果在 1.7～1.9℃低温下储藏 12d，可杀死芦柑中的橘小实蝇卵和各龄幼虫（陈华中等，2002）。利用离子化能照射有害生物，使其不能正常生长和发育，从而防止其传播和扩散。常用的离子化能有 γ 射线、X 射线、红外光、微波、紫外线等。γ 射线和 X 射线穿透能力很强，在检疫处理上广泛应用。Kosidsumi（1930）首先提出利用辐照技术对水果进行检疫处理；我国目前对实蝇害虫的检疫处理也基本上都采用辐照技术（周永淑和陈宏，1997）。应用 300Gy 剂量对莲雾进行辐照处理，果实中橘小实蝇的卵和幼虫可被钴 60-γ 射线直接杀死或使之成为无效个体，同时莲雾果实品质不受影响，达到检疫处理的要求（梁广勤等，2006）。气调技术是根据水果和昆虫的不同特性，将二氧化碳、氧气、氮气等气体控制在合适的比例，从而杀死害虫的一种处理措施。该技术已经被有效地用于处理包括实蝇在内的各种检疫害虫。Sharp 和 Hattman（1994）将苹果实蝇的卵和幼虫置于含氮量 100%、20℃的气体条件下储藏 7～8d，其死亡率可达 100%。Hallman 等（1995）用蜡衣包埋法处理感染加勒比实蝇的番石榴，大大降低了实蝇的存活率。用溴甲烷在 29.0℃条件下按 5g/m³ 用药处理 3h 能 100%杀死杧果果实内的橘小实蝇幼虫而对杧果品质无影响（蒋小龙等，2002b）。通过对实蝇类害虫的分类、分布、迁移规律等生物学特性进行深入研究，制定有效的检疫防治策略，能够有效阻止实蝇的传播扩散，确保果蔬贸易顺利进行。

2.4.2 农业防治

农业防治主要包括清洁果园、提前采收、选育抗性品种、果实套袋等。清洁果园是指摘除田园被害果和清理落果，集中杀死果内幼虫，减少虫源基数。作者的调查发现，杧果园内采拾落果可降低树上果实受害率约 20%，减少田间虫口数 44%（叶文丰等，2013）。可将虫果进行水浸、深埋、焚烧、水烫等简易处理。例如，虫果水浸 8d 可使果内幼虫全部死亡；深埋虫果，深度在 45cm 以上；虫果置于干草堆上焚烧 1h；沸水处理虫果 2min 后果内幼虫也将全部死亡。热带气候地区管理不良的果园和种类丰富的野生寄主导致实蝇田间种群数量十分庞大。清除树上虫果和地上落果可显著降低实蝇种群（Vijaysegaran，1984），但实蝇类害虫寄主范围太宽增加了清除野生寄主工作的难度。实蝇类害虫通常偏好在成熟果实上产卵，一些水果如木瓜、香蕉、人参果在未完全成熟的情况下并不会遭受侵染。例如，木瓜作为马来西亚一种主要的出口水果，在果皮微黄时采收就可完全避免实蝇为害。1988 年，马来西亚价值 500 万美元的 24 000t 木瓜即采用了提前采收技术保证其收益。日本植物检疫当局目前允许马来西亚提前采收水果而不经采收后检疫处理直接进入日本市场。提前采收可有效控制实蝇类害虫为害，可进一步研究并推广应用于其他水果中。许多亚洲国家通过果实套袋防治实蝇为害，在果实坐果期内、转色前 10～15d（或幼果期）套上白色塑料袋，扎口朝下，保果率可达 100%。菲律宾宿雾岛杧果栽培中就使用了果实套袋技术。我国台湾高屏地区进行的荔枝套袋试验结果表明，无论套网袋或纸袋对橘小实蝇的防治率均为 100%（温宏治和刘政道，2008）。果实套袋技术环境安全，防效优异，除实蝇类害虫外还可防治其他钻蛀性害虫，可用于杨桃、杧果、番石榴等水果的生产。但这种措施只适用于幼年果树，对于树势高大的果树则操作不便，且该法劳动量较大，只能在经济价值较高的大型水果中应用，而价值较低和小型果粒的多种水果依然成为实蝇类害虫的食物来源。在抗性品种的选择方面，一些热带水果如山竹、红毛丹等通常不受实蝇为害，只在果实过熟或有裂伤时偶尔会受其侵染，可以在实蝇种群高发地区栽培这些水果以避免经济损失。杧果是橘小实蝇最喜爱的寄主植物之一，部分地区杧果受害率高达 80%（刘建宏和叶辉，2006）。对不同品种杧果的受害率进行调查，合理选择杧果品种、调整杧果成熟期以阻断橘小实蝇食物链也是一种有效的农业防治措施。

农业防治措施还包括作物品种合理布局、轮作、调整播种期及清洁田园、改善田间小气候等。根据橘小实蝇的寄主范围，将其嗜好作物与非嗜好作物或非寄主植物进行合理布局；轮作或不连片种植嗜好作物，以有效减轻橘小实蝇的危害。在枇杷园内和附近不种杧果、枣、石榴、苹果、桃、梨、葡萄等果树，切断该虫的食物链。同时，捡落果、清洁田园、消灭虫源也是一项有效措施。此外，在危害严重地区可考虑果实套袋防治的方法。

针对该虫入土 5cm 左右化蛹的特性，可连续多次浅翻果园表土，深度掌握在 5cm 左右，利用温度、水分及其他环境因素的变化来杀死虫蛹。一般可在 12 月底至 2 月初进行 2 次土壤浅翻，做到翻 1 次再捣耙 1 或 2 次，杀死入土虫蛹。对种植桃、李、梨、枇杷、石榴、枣的地块，包括家前屋后散生果树树冠下的地面，都要做好这项工作，以降低害虫越冬基数，减轻来年的危害。

2.4.3 生物防治

利用天敌昆虫和病原微生物防治实蝇害虫是其综合治理的有效手段之一，实蝇类害虫的生物防治主要是利用微生物、病毒、捕食性天敌、寄生性天敌与竞争性生物等。国外利用天敌防治橘小实蝇的研究较多，其中以寄生性天敌为主，此外，还有一些捕食性天敌，如蚂蚁、隐翅虫等。橘小实蝇寄生性天敌种类有 70 余种，取得显著成效的主要有反颚茧蜂类、潜蝇茧蜂类，包括卵寄生蜂阿里山潜蝇茧蜂、幼虫寄生蜂长尾潜蝇茧蜂、布氏潜蝇茧蜂、切割潜蝇茧蜂和实蝇啮小蜂。生物防治主要是利用寄生蜂类来控制橘小实蝇蛹和幼虫数量，其优势在于环保、经济安全，控制效力持久。1947～1952 年夏威夷研究人员曾从马来西亚及周边地区收集膜翅目天敌，进行了针对橘小实蝇的大规模生物防治（Bess et al., 1961）。前裂长管茧蜂（*Diachasmimorpha longicaudata*）是橘小实蝇综合治理中较为成功的一种寄生蜂，自 20 世纪 20 年代以来已陆续被世界范围内许多国家和地区交互引进（Wong and Ramadan, 1987）。我国也对橘小实蝇寄生蜂进行了一定的研究，季清娥等（2004）首次描述了中国寄生橘小实蝇的切割潜蝇茧蜂（*Psyttalia incise*）。梁光红和陈家骅（2006）、梁光红等（2007）报道了切割潜蝇茧蜂的生物学特性及其人工繁殖技术。利用捕食性天敌防治实蝇的研究不多，且防治效果没有寄生性天敌的效果显著。据报道，火蚁能捕食裸露的实蝇老熟幼虫、蛹和刚羽化的成虫；隐翅虫和捕食螨类能捕食落土果中的实蝇幼虫。现已发现的菌类分为共生细菌和具有生物抑制作用的真菌。共生菌通过诱导宿主细胞质的不亲和性、杀雄性宿主及改变宿主生殖能力等方式来杀灭实蝇。Fujii 等报道了真菌 *Nosema tephritidae* 能够引起橘小实蝇翅膀脱落和腹部肿胀，失去飞行能力而死亡（林进添等，2004）；潘志萍等（2008）研究了环境因子对球孢白僵菌侵染橘小实蝇致病力的影响，结果表明白僵菌在室内对橘小实蝇有较高的致病性，有进一步在田间推广的潜力。目前真菌的利用有一定的困难，田间温度、湿度条件变化太大，橘小实蝇飞翔能力很强，老熟幼虫在田间土里化蛹，很难接触带菌液。但生物防治技术在夏威夷的应用并未有效降低实蝇给重要寄主作物造成的经济损失（Newell and Haramoto，1968）。在推进生物防治研究的同时还需联合其他防治技术，同时改善果园生态环境，最大限度地保护天敌栖境。

2.4.4 引诱剂防治

自 1915 年发现甲基丁香酚对橘小实蝇雄虫具有引诱作用以来，性信息素引诱剂就被广泛用于实蝇类害虫的防治（Vargas et al.，2003）。虽然性诱剂对雄虫诱虫活性极高，持效期也较长，然而橘小实蝇成虫可以多次交配，即使只有少量雄虫也可以产生大量后代，这使得性诱剂对田间实蝇种群的控制效果并不如预期理想，橘小实蝇对甲基丁香酚的嗜食现象也会在一定程度上降低性诱剂的持效期（Steiner et al.，1965）。另有研究表明用含有甲基丁香酚的营养物质来喂养橘小实蝇，其成虫的交配能力较使用不含甲基丁香酚的营养物质来喂养的成虫要强（Shelly，2000），因此性诱剂的使用也需慎重。

水解蛋白引诱剂，主要是指用强碱处理的蛋白质或含有蛋白质的物质如酪蛋白、明胶、面包酵母等。该类物质的诱捕范围较广，对于雌雄实蝇均有作用，同时对一些专性引诱剂所不能引诱到的实蝇也有作用。Bishoop（1916）第一次提出可以采用引诱的方法来降低实蝇害虫的种群密度，并采用肉汤和肉汤降解物作为引诱剂，发现最有效的是山羊肉和绵羊肉。Steiner（1983）首次展示了水解蛋白毒饵在实蝇控制中的效果，此后，喷洒蛋白食物诱剂就成为控制实蝇种群的重要方式。美国、印度、澳大利亚等实蝇为害国家均用水解蛋白防治实蝇。泰国、菲律宾通过喷洒诱剂控制杜果园的实蝇种群，马来西亚则将其应用于杨桃园。由于水解蛋白在一定程度上替代了农药的使用，具有对天敌安全、防治效果好等优点，逐渐被许多国家作为一项重要的防治措施。然而水解蛋白诱剂在亚洲国家应用并不广泛，原因在于蛋白诱剂需要进口，防治花费过高，因此采取精确喷洒、降低使用剂量和开发新型食物诱剂的措施。马来群岛的一项研究表明，低剂量点喷从一种工业副产品酿酒酵母中得到的蛋白饵剂对于杨桃园实蝇种群的控制效果极佳（Vijaysegaran，1989）。我国则开发了新型水解蛋白诱剂，压低了其生产价格和实蝇防治成本（杜迎刚等，2007）。Steiner 等研究了糖、蛋白水解物、酵母菌酶解物和黄豆水解物对橘小实蝇成虫的引诱效果，发现这些物质对橘小实蝇成虫具有强烈的引诱作用，而且引诱到的雌虫数量较雄虫多，其中酵母菌酶解物和蛋白水解物对橘小实蝇的引诱作用效果差异不大，黄豆水解物和糖对橘小实蝇的引诱作用也相当。这几种物质在 15～30min 就可以引诱到橘小实蝇成虫，引诱的持效期在 7d 左右，且第 1 天引诱到的成虫数量占 7d 统计数目的 62%左右，而 3d 后就下降到 10%以下。当蛋白水解产物的引诱距离大于 15m 时，对橘小实蝇和其寄生物均无影响。同时发现该类物质的最大缺点在于它们易被雨水冲刷而失效（Stenier，1952）。Gow（1954）以 van Zwaluenburg 发酵物

（80g 砂糖+13mL 白醋+250mL 面包酵母配成 1L 溶液）作为对照引诱剂，对酵母水解蛋白引诱橘小实蝇的能力进行研究，结果发现，在酵母水解蛋白 0.2%、1%、5%浓度中分别加入 10mg/kg 短杆菌素和 100mg/kg 二氢链霉素后，2 周内引诱到的成虫数目分别上升到对照引诱剂的 4.3 倍、6.0 倍和 3.9 倍。杜迎刚等（2007）分析比较了新型水解蛋白产物水解蛋白Ⅰ、水解蛋白Ⅱ和 GF-120 对橘小实蝇室内虫源、野生当代虫源的引诱率，表明新型水解蛋白对本地橘小实蝇具有很强的引诱活性。水解蛋白Ⅰ的原料取自食品工业废料，价格低廉，水解工艺简单，对人畜安全。玉米水解蛋白是另一种实蝇的水解蛋白诱剂，美国加利福尼亚州于 1980～1982 年曾在空中和地面喷洒含马拉硫磷的玉米水解蛋白（PIB-7）防治地中海实蝇，该物质可作为常规诱剂，用来监测和控制实蝇的发生。

糖醋酒液引诱剂，主要是指利用蜜糖、糖浆、醋、白酒等中的一种或几种按一定比例配制而成的食物诱剂，是一种广谱性的食物诱剂，对多种昆虫均有引诱作用。不同配方，诱捕的作用效果不一。国内外关于糖醋酒液类引诱物质诱杀害虫的研究如下。Bharathi 等（2004）报道醋和啤酒混合物对瓜实蝇有引诱作用，醋酸和糖浆对蛾类也有较好的引诱效果（Landolt，1995）。赖永超等（2004）报道 3%～10%的红糖诱虫效果随浓度的增加而增加。孙文等（2009）通过对糖醋酒液与甲基丁香酚对橘小实蝇引诱作用效果的比较，发现在室内糖醋酒液对橘小实蝇雌虫的效果显著，在田间糖醋酒液配合甲基丁香酚使用，可以提高引诱雌虫的数量。何亮等（2009）利用糖醋酒液诱杀梨小食心虫和苹果小卷叶蛾，其认为果糖∶醋∶乙醇∶水为 3∶1∶3∶80 是较理想配方，调节不同成分比例对诱虫效果会造成不同影响。太红坤等（2009）发现室内筛选的糖醋酒液（2.5%∶12.5%∶25.0%）对番石榴雌虫的引诱效果显著高于经验值糖醋酒液（10.0%∶30.0%∶10.0%）和醋酒液（12.5%∶25.0%）引诱效果。

植物次生代谢物引诱剂在国内外也被广泛应用于橘小实蝇的防治。Howlett 早在 1915 年发现月桂树油可引诱橘小实蝇。Vagus 和 Chang（1991）发现有的寄主植物如南瓜藤、番茄、脐橙和咖啡的果汁液可以引诱橘小实蝇产卵，三刺番荔枝、脐橙和杧果则对成虫取食具有较强的引诱作用。Keiser 等（1975）报道了 232 种植物乙醚萃取物对橘小实蝇有引诱作用，其中夏威夷灰莉属植物花的乙醇溶解物对橘小实蝇的引诱效果与甲基丁香酚相当，其主要物质是反式-3,4 二甲氧基-2-肉桂醇和反式-3,4-二甲氧基-肉桂醛。丘辉宗（1990）发现芭蕉、鹰爪花、番石榴和杨桃树叶中所分离出来的物质对橘小实蝇的成虫具有引诱作用，其中对乙基苯甲酸是引诱剂中的一个重要物质。橘小实蝇主要借助挥发性气味物质辨别寄主（Cornelius et al.，2000），从寄主植物的气味物质，甚至非寄主植物中寻找对其有效的引诱成分也是实蝇诱剂研发中的一个重要方向。Jang 等（1997）的研究发现非寄主植物福禄桐（*Polyscias guilfoylei*）的叶片提取物对橘小实蝇雌虫具有引诱作用，寄主植物榄仁（*Terminalia catappa*）挥发物中的 22 种成分混合后对雌虫具有较强的引诱效果（Siderhurst and Jang，2006）。Jayanthi 等（2012，2014）的研究发现，两个杧果品种释放的 21 种挥发物对橘小实蝇具有引诱作用，其中 1-辛烯-3-醇（1-Octen-3-ol）、巴豆酸乙酯（ethyl tiglate）、γ-辛内酯（γ-octalactone）3 种成分对雌虫产卵具有刺激作用。

细菌引诱剂是一种食物源引诱剂，其中细菌是实蝇成虫的一种重要的食物源。Drew

等（1983）发现实蝇体内的细菌能引诱橘小实蝇，并且该细菌所散发的气味对杧果大实蝇也有引诱作用。目前已经发现的几种对橘小实蝇成虫有引诱作用的细菌有阴沟肠杆菌（*Enterobacter cloacae*）、六株成团肠杆菌（*E. agglomerans*）、产酸克雷伯氏杆菌（*Klebsiella oxytoca*）、弗氏柠檬酸杆菌（*Citrobacter freundii*）和栖冷克吕沃尔氏菌（*Kluyvera cryocrescens*）（Jang and Nishijima，1990；Vijaysegaran et al.，1990）。

2.4.5　不育昆虫技术

不育昆虫技术（sterile insect technique，SIT）是指通过辐射处理害虫的蛹或雄虫，使雄虫丧失生殖能力，然后将不育雄虫释放，干扰田间雌虫的交配从而降低田间害虫种群。不育昆虫技术是当今世界上用于防治实蝇类害虫最有效的方法之一，它是一个高度环境友好的害虫控制技术。该技术最早由 Knipling 在 20 世纪 30 年代提出（Knipling，1955）。目前，世界上有许多利用 SIT 防治橘小实蝇成功的例子，如 20 世纪 70 年代，马里亚纳群岛应用 SIT 结合灭雄技术成功根除了橘小实蝇的危害（Steiner et al.，1965），20 世纪 90 年代，日本冲绳和鹿儿岛等地应用 SIT 成功根除了瓜实蝇和橘小实蝇的危害（Shiga，1992；Liu，1993）。

20 世纪 90 年代以来，在美国夏威夷、墨西哥、委内瑞拉、日本等地利用雄性不育技术成功防治地中海实蝇（Mediterranean fruit fly，*Ceratitis capitata*）、橘小实蝇和瓜实蝇（melon fly，*Bactrocera cucurbitae*）（Rendon et al.，2004；季清娥等，2007a）。菲律宾也开展了释放雄性不育成虫的小规模田间试验（Rejesus et al.，1991）。我国台湾曾于 1975～1985 年在全岛果园区域开展了以释放不育雄虫为主的综合防治，取得较好效果（刘玉章，1992）。近年来我国对于橘小实蝇雄性不育技术进行了深入研究，季清娥等（2007b）报道了对橘小实蝇雄蛹辐射的最佳时期为羽化前 2d，最佳辐射量为 100Gy。历史上不育技术一度被认为是害虫根除技术，Hooper（1991）则认为也可将 SIT 当作种群控制技术，仅将害虫种群控制在经济阈值以下而并不予以根除，如 SIT 在东南亚国家的应用遭遇了前所未有的问题。单一作物可能遭受一种以上不同种实蝇的侵染，根除一种实蝇可能导致其他种的猖獗。例如，Sultantawong（1991）在泰国进行的一项研究，原计划田间大量释放不育雄虫控制橘小实蝇和番石榴实蝇自然种群，试验第三年果实被害率有所下降，但第四年另一个实蝇种类，即桃实蝇取而代之成为优势种。这表明 SIT 也存在一定的弊端，在亚洲地区利用不育技术或相似技术时必须经过深思熟虑。

2.4.6　转基因昆虫技术

转基因昆虫技术是指在靶标害虫种群中引入一个可以控制条件的显性致死基因（如 *Ras64B*），在一定条件下，这些转基因昆虫能够正常进行繁殖，同时也可以通过在饲料中经化学物质诱导致死基因的特异表达，使雌虫全部死亡，因而能够有效降低害虫种群密度（Alphey and Andreasen，2002）。目前最为成功的例子是利用 YP3 脂肪体增强子控制的四环素抑制的反式作用融合蛋白（tTa）表达系统在果蝇中试验成功（Horn and Wimmer，2003），只需要细微地修改即可适用于各种害虫的遗传工程改造。

2.4.7 化学防治

许多亚洲国家通过对树冠喷药防治实蝇，一般选择氨基甲酸酯类、有机磷类和拟除虫菊酯类杀虫剂，自果实进入成熟期开始至果实收获前 1～2 周为止，每周喷药。氨基甲酸酯类杀虫剂品种较少，用于橘小实蝇防治的有甲萘威，用 0.05%甲萘威作用于橘小实蝇，72h 内死亡率达 100%。有机磷杀虫剂品种较多，药效高，用途广，但此类农药大多有剧毒，目前在世界范围内开始禁用。拟除虫菊酯类杀虫剂具有量少、药效高、对人畜安全的优点。

目前我国实蝇类害虫的防治还是以化学农药防治为主，当果园中实蝇密度过高时，药剂喷杀可以快速降低害虫密度，然而随之而来的橘小实蝇田间种群抗药性问题日益严重。2004 年台湾曾报道了橘小实蝇种群对 6 种有机磷类杀虫剂［二溴磷（naled）、敌百虫（trichlorfon）、杀螟硫磷（fenitrothion）、倍硫磷（fenthion）、灭蚜硫磷（formothion）、马拉硫磷（malathion）]、3 种拟除虫菊酯类杀虫剂［氟氯氰菊酯（cyfluthrin）、氯氰菊酯（cypermethrin）、氰戊菊酯（fenvalerate）]和 1 种氨基甲酸酯类杀虫剂[灭多威（methomyl）]的抗性，并发现橘小实蝇对以上 10 种杀虫剂存在交互抗性（Hsu et al., 2004）。我国华南许多地区的橘小实蝇种群对敌百虫、高效氯氰菊酯和阿维菌素的抗性已达到高抗水平（章玉萍等，2007），田间高抗药种群的形成极易导致形成橘小实蝇暴发成灾而无药可施的局面。另外，定期对果园采取树冠喷药也会使鳞翅目蛀果害虫、食叶幼虫和螨虫等其他害虫产生抗性。抗药性治理策略之一是应用增效剂克服和延缓害虫抗性发展，通过对昆虫体内相应酶的抑制作用，抑制昆虫体内某种代谢药剂的酶活性，达到降低抗性、提高药剂的防治效果（慕立义，1994）。章玉萍等（2008）通过药膜法研究了增效剂对橘小实蝇抗药性的影响，结果显示增效剂磷酸三苯酯（TPP）对敌百虫与高效氯氰菊酯的增效作用均高于增效醚（PBO），为橘小实蝇的化学防治提供了一定的依据。

另外，可参照广州地区采取行政管理措施（梁帆等，2008）。行政管理措施是由政府进行规范和引导，指导果农在必要时机进行统防统治，通过统防统治的全面实施，可对橘小实蝇进行全方位的防治，减少虫源漏洞，大幅度降低虫口密度，是一种切实可行、有效的必要措施。同时，进行水果种植合作社的大面积推广，便于统一管理，不仅可对果树种植进行科学管理，也可以在实蝇发生较严重时，较为便利地进行统防统治，对果实品质的提升有较好的作用。因此，行政管理干预为橘小实蝇的综合防治起到积极的作用。

参 考 文 献

陈华中, 张清源, 方元炜, 等. 2002. 芦柑接入桔小实蝇的低温杀虫处理试验. 植物检疫, 16(1): 1-4

陈鹏, 叶辉, 母其爱. 2007. 基于荧光标记的怒江流域桔小实蝇(*Bactrocera dorsalis*)的迁移扩散. 生态学报, 27(6): 2468-2476

杜迎刚, 陈家骅, 季清娥. 2007. 一种新型蛋白诱剂对橘小实蝇引诱作用. 福建林学院学报, 27(3): 259-262

杜迎刚, 陈家骅, 季清娥, 等. 2007. 桔小实蝇对蛋白和糖的反应. 福建农林大学学报, 36(4): 357-360

方薛交. 2016. 蒙自市桔小实蝇生物学特性及种群动态研究. 昆明: 云南农业大学硕士学位论文

何亮, 秦玉川, 朱培祥. 2009. 糖醋酒液对梨小食心虫和苹果小卷叶蛾的诱杀作用. 昆虫知识, 46(5): 736-739

侯柏华, 张润杰. 2007. 桔小实蝇不同发育阶段过冷却点的测定. 昆虫学报, 50(6): 638-643

黄素青, 韩日畴. 2005. 桔小实蝇的研究进展. 昆虫知识, 42(5): 479-484

黄毓斌, 高静华, 江明耀, 等. 2008. 东方果实蝇小面积区域防治模式研究(二)柑桔园之测试. 台湾农业研究, 57(1): 63-73

季清娥, 董存柱, 陈家骅, 等. 2004. 桔小实蝇寄生蜂一新记录种——切割潜蝇茧蜂. 昆虫分类学报, 26(2): 144-145

季清娥, 侯伟荣, 陈家骅. 2007a. 桔小实蝇遗传性别品系的建立及雄性不育技术. 昆虫学报, 50(10): 1002-1008

季清娥, 侯伟荣, 陈家骅. 2007b. 桔小实蝇雄性不育技术——雄蛹辐照最佳时期和剂量. 核农学报, 21(5): 523-526

江明耀, 高静华, 黄毓斌, 等. 2007. 东方果实蝇小面积区域防治模式研究(一)莲雾园之测试. 台湾农业研究, 56(3): 153-164

蒋小龙, 任丽卿, 王兴鉴. 2002a. 云南边境检疫性实蝇监测体系的建立. 植物检疫, 16(2): 103-105

蒋小龙, 任丽卿, 肖春, 等. 2002b. 桔小实蝇检疫处理技术研究. 西南农业大学学报, 24(4): 303-306

金涛, 陆永跃, 梁广文, 等. 2009. 桔小实蝇抗药性研究概况及实蝇类害虫抗药性研究展望. 中国生物防治, 25(2): 27-32

赖永超, 吴美良, 汪茂卿, 等. 2004. 不同诱饵诱杀桔小实蝇效果比较. 植物保护, 30(6): 72-74

李典谟. 1985. 系统分析与害虫的综合管理. 昆虫知识, 22(3): 125-129

李文蓉. 1988. 东方果实蝇之防治. 中华昆虫特刊, 2: 51-60

梁帆, 梁广勤, 赵菊鹏, 等. 2008. 广州地区桔小实蝇的发生与综合防治关键措施. 广东农业科学, 3: 58-61

梁帆, 吴佳教, 梁广勤, 等. 2001. 桔小实蝇飞行能力测定试验初报. 江西农业大学学报, 23(2): 61-62

梁光红, 陈家骅, 杨建全, 等. 2003. 桔小实蝇国内研究概况. 华东昆虫学报, 12(02): 90-98

梁光红, 陈家骅. 2006. 桔小实蝇寄生蜂切割潜蝇茧蜂的人工繁殖技术. 华东昆虫学报, 15(2): 107-111

梁光红, 陈家骅, 季清娥, 等. 2007. 桔小实蝇寄生蜂——切割潜蝇茧蜂的生物学特性. 福建林学院学报, 27(3): 253-258

梁广勤. 1985. 桔小实蝇形态特征及其生活习性. 江西农业大学学报, 22(1): 7-15

梁广勤, 李养调, 梁帆, 等. 2006. 进境莲雾辐照杀虫处理试验研究初报. 植物检疫, 20(6): 338-340

梁广勤, 梁帆, 吴佳教, 等. 1999. 拟输日本芒果蒸热杀虫处理试验研究. 江西农业大学学报, 21(4): 533-535

梁广勤, 梁帆, 吴佳教, 等. 2002. 实蝇防除策略和措施的研究. 广东农业科学, (2): 37-40

梁广勤, 杨国海, 梁帆, 等. 1996. 亚太地区寡毛实蝇名录. 中国进出境动植检, (1): 40-42

林进添, 曾玲, 陆永跃, 等. 2004. 桔小实蝇的生物学特性及防治研究进展. 仲恺农业技术学院学报, 17(1): 60-67

刘建宏, 叶辉. 2006. 光照、温度和湿度对橘小实蝇飞翔活动的影响. 昆虫知识, 43(2): 211-214

刘晓飞, 施伟, 陈鹏, 等. 2009. 桔小实蝇研究概述. 中国生物防治, 25(2)81-85

刘玉章. 1992. 利用引诱剂防治东方果实蝇. 病虫害非农药防治技术研讨会专刊: 95-98

刘玉章, 黄莉欣. 1990. 东方果实蝇之产卵偏好. 中华昆虫, 10: 159-168

刘玉章, 齐心, 陈雪惠. 1985. 嘉义地区东方果实蝇之族群变动. 中华昆虫, 5: 79-84

慕立义. 1994. 植物化学保护研究方法. 北京: 中国农业出版社: 75-99

潘志萍, 李敦松, 曾玲. 2008. 环境因子对球孢白僵菌侵染桔小实蝇致病力的影响. 环境昆虫学报, 30(1): 13-17

丘辉宗. 1990. 苯甲酸乙酯(ethyl benzoate): 东方果实蝇产卵诱引之贡献成分. 中华昆虫(台湾), 10(4): 375-388

任璐, 陆永跃, 曾玲, 等. 2006. 寄主对桔小实蝇耐寒性的影响. 昆虫学报, 49(3): 447-453

孙文, 伍苏然, 袁盛勇, 等. 2009. 糖醋液对甲基丁香酚引诱桔小实蝇成虫效果的影响. 云南农业大学学报, 24(6): 809-813

太红坤, 李正跃, 罗红英, 等. 2009. 颜色和糖醋液对番石榴实蝇引诱效果. 安徽农业科学, 37(14): 6481-6482

温宏治, 刘政道. 2008. 台湾高屏地区玉荷包荔枝害虫种类、为害调查与果实套袋试验. 台湾农业研究, 57(2): 133-142

吴佳教, 胡学难, 赵菊鹏, 等. 2005. 9 种检疫性实蝇 PCR-RFLP 快速鉴定研究. 植物检疫, 19(1): 2-6

吴佳教, 梁帆, 胡学难, 等. 2004. 我国南方常见的 6 种寡毛实蝇 PCR-RFLP 快速鉴定研究. 江西农业大学学报, 26(5): 770-774

肖春, 李正跃, 陈海如. 2004. 柑桔小实蝇的行为学和综合治理技术研究进展. 江西农业学报, 16(1): 34-40

谢琦, 郑小萍, 黎良明, 等. 2006. 不同日龄的桔小实蝇成虫饥渴耐受能力的初步研究. 中山大学学报, 45(6): 75-78

闫振华. 2016. 环境因子对蒙自市主要实蝇生态学特征的影响. 昆明: 云南农业大学博士学位论文

叶辉, 刘建宏. 2005. 云南西双版纳桔小实蝇种群动态. 应用生态学报, 16(7): 1330-1334

叶文丰, 李林, 谢长伟, 等. 2013. 橘小实蝇对五个杧果品种的产卵偏好及清理落果防治效果研究. 应用昆虫学报, (4): 1126-1132

余道坚, 邓中平, 陈志粦, 等. 2004. PCR 法检疫鉴定番石榴实蝇. 植物检疫, 18(2): 73-76

袁盛勇, 孔琼, 肖春, 等. 2005a. 温度对桔小实蝇发育, 存活和繁殖的影响. 华中农业大学学报, 24(6): 588-591

袁盛勇, 孔琼, 李正跃, 等. 2005b. 瓜实蝇生物学特性研究. 西北农业学报, 14(3): 38-40, 62

张红梅, 潘亚勤, 魏迪功, 等. 2004. 陕西省常见四种实蝇的 RAPD 研究初报(双翅目: 实蝇科). 昆虫分类学报, 26(1): 5963

张淑颖, 肖春, 李正跃, 等. 2007. 杧果挥发物对桔小实蝇成虫的引诱作用. 云南农业大学学报, 22(5): 659-665

张智英, 何大愚, 余雨平, 等. 1995. 云南桔小寡鬃实蝇种群动态研究. 植物保护学报, 22(3): 221-215

章玉萍, 陆永跃, 曾玲, 等. 2008. 增效剂对桔小实蝇抗药性的影响. 环境昆虫学报, 30(3): 233-237

章玉萍, 曾玲, 陆永跃, 等. 2007. 华南地区桔小实蝇抗药性动态监测. 华南农业大学学报, 28(3): 20-23

周永淑, 陈宏. 1997. 检疫害虫的辐照处理概述. 植物检疫, 11(1): 51-56

朱家颖, 肖春, 严乃胜, 等. 2004. 桔小实蝇生物学特性研究. 山地农业生物学报, 23(1): 46-49

Allwood A J, Chinajariyawong A, Drew R A I, et al. 1999. Host plant records of fruit flies (Diptera: Tephritidea) in Southeast Asia. Raffles Bulletin of Zoology, (Supplement): 7-92

Alphey L, Andreasen M. 2002. Dominant lethality and insect population control. Molecular and Biochemical Parasitology, 121: 173-178

Arai T. 1975. Diel activity rhythms in the life history of the oriental fruit fly. Japanese Journal of Applied Entomology and Zoology, 19: 253-259

Bess H W, van den Bosch R, Haramoto F H. 1961. Fruit fly parasites and their activities in Hawaii. Proc Haw Entomological Soc, 17: 367-378

Bharathi T E, Sathiyanandam V K R, David P M M. 2004. Attractiveness of some food baits to the melon fruit fly, *Bactrocera cucurbitae* (Coquillett)(Diptera: Tephritidae). International Journal of Tropical Insect Science, 24(2): 125-134

Bishoop F C. 1916. Fly traps and their operation. USDA Famers' Bull, 734: 1

Clarke A R, Armstrong K F, Carmichael A E, et al. 2005. Invasive phytophagous pests arising through a recent tropical evolutionary radiation: the *Bactrocera dorsalis* complex of tropical fruit flies. Annual Review of Entomology, 50: 293-319

Cornelius M L, Jian J D, Messing R H. 2000. Volatile host fruit odors as attractants for the oriental fruit fly (Diptera: Tephritidae). Journal of Economic Entomology, 93(1): 93-100

Drew R A I, Courtice A C, Teakle D S. 1983. Bacterial as a natural source of food adult fruit fly (Dipetera: Tephritidae). Oecologia, 60(2): 279-284

Gow P L. 1954. Proteinaceous bait for the oriental fruit fly. J Ecom Entomol, 47(2): 153-160

Hallman G J, McGuire R G, Baldwin E A, et al. 1995. Mortality of fera Caribbean fruit fly (Diptera: Tephritidae) matures in coated guavas. Journal of Economic Entomology, 88: 1353-1355

Hooper G H S. 1991. Fruit fly control strategies and their implementation in the tropics. Proceedings of the First International Symposium on Fruit Flies in the Tropics, Kuala Lumpur, Malaysia: 30-43

Horn C, Wimmer E A. 2003. A transgene-based embryo-specific lethality system for insect pest management. Nature Biotechnology, 21: 4-70

Howlett F M. 1915. Chemical reactions of fruit flies. Bulletin of Entomological Research, 6: 297-305

Hsu J C, Feng H T, Wu W J. 2004. Resistance and synergistic effects of insecticides in *Bactrocera dorsalis* (Diptera: Tephritidae) in Taiwan. Journal of Economic Entomology: 1682-1688

Jang E B, Carvalho L A, Syark J D. 1997. Attraction of female Oriental fruit fly, *Bactrocera dorsalis*, to volatile semiochemicals from leaves and extracts of a non-host plant, Panax (*Polyscias guilfoylei*) in laboratory and olfactometer assays. Journal of Chemical Ecology, 23: 1389-1401

Jang E B, Light D M. 1991. Behavioral responses of female oriental fruit flies to the odors of papayas at threeripeness stages in a laboratory flight tunnel (Diptera: Tephritidae). Journal of Insect Behavior, 4: 751-762

Jang E B, Nishijima K A. 1990. Identification and attractancy of Bacteria associated with *Dacus dorsalis* (Dipetera: Tephritidae). Environmental Entomology, 19(6): 1726-1731

Jayanthi P D K, Kempraj V, Aurade R M, et al. 2014. Specific volatile compounds from mango elicit oviposition in gravid *Bactrocera dorsalis* females. Journal of Chemical Ecology, 40(3): 259-266

Jayanthi P D K, Woodock C M, Caulfield J, et al. 2012. Isolation and identification of host cues from mango, *Mangifera indica*, that attract gravid female Oriental fruit fly, *Bactrocera dorsalis*. Journal of Chemical Ecology, 38: 361-369

Jeffrey N I S. 2004. Natural enemies of true fruit flies (Tephenidea). Natural Enemies of True Fruit Flies, 3: 86

Keiser I, Harris E, Miyashita K, et al. 1975. Attraction of ethyl ether extracts of 232 botanicals to oriental fruit flies, melon flies, and Mediterranean fruit flies. Lloydia, 38: 141

Knipling E F. 1955. Possibilities of insect control or eradication through the use of sexually sterile males. Journal of Economic Entomology, 48: 459-462

Kosidsumi K. 1930. Qualitative studies on the lethal actions of X rays upon certain insets. Japanese Society for Tropical Agriculture, 7: 243-263

Landolt P J. 1995. Attraction of *Mocis latipes* (Lepidoptera: Noctuidae) to sweet baits in traps. Florida Entomologist, 78(3): 523-530

Liu Y C. 1993. Pre-harvest control of Oriental fruit fly and melon fly. *In*: Plant Quarantine in Asia and the Pacific. Taipei, Taiwan: 73-76

Muraji M, Nakahara S. 2002. Discrimination among pest species of *Bactrocera* (Diptera: Tephritidae) based on PCR-RFLP of the mitochondria DNA. Applied Entomology and Zoology, 37(3): 437-446

Newell I M, Haramoto F H. 1968. Biotic factors influencing populations of *Dacus dorsalis* in Hawaii. Proc Hawaiian Entomol Soc, 20: 81-138

Nojima S, Morri S J B, Zhang A J, et al. 2003. Identification of host fruit volatiles from hawthorn attractive to hawthorn-origin *Rhagoletis pomonella* flies. Journal of Chemical Ecology, 9(2): 321-326

Odum E P. 1983. Basic Eology. Rochester: Saunders College Publishing: 408-429

Reeson A F, Jankovic T, Kasper M L, et al. 2003. Application of 16S rDNA-DGGE to examine the microbial ecology associated with a social wasp *Vespula germanica*. Insect Molecular Biology, 12: 85-91

Rejesus R S, Baltazar C R, Manoto E C. 1991. Fruit flies in the Philippines: current status and future prospects. Proceedings of the First International Symposium on Fruit Flies in the Tropics, Kuala Lumpur, Malaysia: 8-124

Rendon P, Mclnnis D, Lance D, et al. 2004. Medfly (Diptera: Tephritidae) genetic sexing: large-scale field comparison of males-only and bisexual sterile fly releases in Guatemala. Journal of Economic

Entomology, 97(5): 1547-1553

Robacker D C, Heath R R. 1996. Attraction of Mexican fruit flies(Diptera: Tephritidae)to lures emitting host-fruit volatiles in a citrus orchard. Florida Entomologist, 9: 600-602

Seo S T, Hu B, Komura M, et al. 1974. *Dacus dorsalis* and vapor heat in papaya. Journal of Economic Entomology, 67: 240-242

Sharp J L, Hattman G J. 1994. Quarantine treatments for pests of food plants. New Delhi: Oxford & IBH Publishing Co. Pvt. Ltd.

Shelly T E. 2000. Flower-feeding affects mating performance in male oriental fruit flies *Bactrocera dorsalis*. Journal of Economic Entomology, 25(1): 109-114

Shiga M. 1992. Future prospects for the eradication of fruits flies. Technical Bulletin of Food and Fertilizer Technology Center, 128: 1-12

Siderhurst M S, Jang E B. 2006. Female-biased attraction of oriental fruit Fly, *Bactrocera dorsalis* (Hendel), to a blend of host fruit volatiles from *Terminalia catappa* L. Journal of Chemical Ecology, 32: 2513-2524

Smith P H. 1989. Behavioral partitioning of the day and circadian rhythmicity. *In*: Robinson A S, Hooper G, eds. 1989. Fruit Flies: Their Biology, Natural Enemies, and Control (World crop pests series, Vol. 3B). Amsterdam: Elsevier: 325-341

Soonnoo A R, Smith E S C, Joomaye A, et al. 1996. A large scale fruit fly control programme in Mauritius. *In*: Problems and management of tropical fruit flies. Kuala Lumpur: University Malaya: 52-60

Steiner L F. 1983. Fruit fly control in Hawaii with poison-bait sprays containing protein insect bait. Journal of Agricultural Food Chemistry, 31(4): 689-692

Steiner L M. 1957. Field evaluation of oriental fruit fly insecticides in Hawaii. Journal of Economic Entomology, 50: 16-24

Steiner L, Mitchell W C, Harris E J, et al. 1965. Oriental fruit fly eradication by male annihilation. Journal of Economic Entomology, 58: 961-964

Steneral F. 1952. Fruit fly control in Hawaii with poison bait sprays containing protein hydrolysates. J Econ Entomol, 45(6): 838-843

Stenier L F. 1952. Fruit fly control in Hawaii with poison-bait sprays containing protein hydrolysates. Journal of Economic Entomology, 45(6): 838-843

Sultantawong M. 1991. Control of fruit flies *Dacus dorsalis* Hendel and *Dacus correctus* (Bezzi) by sterile insect technique at Antkhang, Chiang Mai. Report of the Office of Atomic Energy for Peace, Thailand

Vagus R I, Chang H B. 1991. Evaluation of oviposition stimulants for mass production of melon fruit fly, oriental fruit fly, and Mediterranean fruit fly. Journal of Economic Entomology, 84(4): 1695-1689

Vargas R I, Miler N W, Stark J D. 2003. Field trials of spinosad as a replacement for naled, DDVP, and malathion in methyl eugenol and cue-lure bucket traps to attract and kill male oriental fruit flies and melon flies (Diptera: Tephritidae) in Hawaii. Journal of Economic Entomology, 96(6): 1780-1785

Vargas R I, Miyashita O, Nishida T. 1984. Life history and demographic parameters of three laboratory-reared tephritids (Diptera: Tephritidae). Annals of Entomological Society America, 77: 651-656

Vijaysegaran S. 1984. Management of fruit flies. *In*: Proc Seminar on Integrated Pest Management in Malaysia, 1984. Malaysian Plant Proc Soc, Kuala Lumpur: 231-254

Vijaysegaran S. 1989. An improved technique for fruit fly control in carambola cultivation using spot sprays of protein baits. National Seminar on Carambola: Developments and Prospects

Vijaysegaran S, Lum K Y, Drew R A I, et al. 1990. Attractancy of microorganisms isolated from the the crop and mid-gut of fruit flies (Diptera: Tephritidae) to fruit flies in the filed. *In*: Third International Conference on Plant Protection in the Tropics. Malaysia: Genting Highlands

Wong T T Y, Ramadan M M. 1987. Parasitization of the Mediterranean and oriental fruit fly (Diptera: Tephritidae) in the Kula area of Maui, Hawaii. Journal of Economic Entomology, 80: 77-80

Ye H. 2001. Distribution of the oriental fruit fly (Diptera: Tephritidae) in Yunnan Province. Entomologia Sinica, 8(2): 175-182

3 云南石榴蓟马类蓟马害虫及其防治

蓟马 Thrips 是缨翅目 Thysanoptera 昆虫的统称，通常微小、细长而略扁，小者体长 0.5mm，一般 1～2mm。目前世界上已知蓟马种类 6000 余种（Mound，2016），中国记录蓟马种类近 600 种（Mirab-balou et al.，2011）。1744 年，de Geer 最早描述了一种蓟马 *Physapus ater*，从此人类开始了对蓟马的分类研究。Stannard 等于 1968 年曾推断该目昆虫起源于早期的食花粉类群，但新的比较解剖学证据和对蓟马口器的个体发生学研究表明，蓟马起源于生活在腐殖质层食真菌的一类原始昆虫。由于蓟马个体较小和环境对其的选择压力，蓟马的右上颚逐渐退化，从而使其能更好地刺破植物组织。这也使得蓟马的口器发展出许多细微而独特的变化，能够适应更广泛的生境（Heming，1993）。许多农业有害蓟马常以锉吸式口器锉破植物表皮组织吮吸其汁液，引起植株萎蔫，造成籽粒干瘪，影响产量和品质，有的种类能产生虫瘿，造成直接危害，同时有些蓟马还可以取食获毒、携带和传播植物病毒造成间接危害（韩运发，1997）。目前已证实能传播病毒的蓟马种类有 15 种，仅占已记录蓟马总数的 0.2%，且这些传毒种类彼此之间并不近缘（Mound，2005）。所有传播植物病毒的蓟马均隶属于蓟马科 Thripidae、蓟马亚科 Thripinae，分布在蓟马属 *Thrips*、花蓟马属 *Frankliniella*、硬蓟马属 *Scirtothrips*、小头蓟马属 *Microcephalothrips*、角蓟马属 *Ceratothripoides* 和网蓟马属 *Dictyothrips*（谢永辉等，2013）。

卿贵华等报道黄蓟马 *T. flavus* 为害石榴，成虫和若虫以其特殊的锉吸式口器刺吸石榴树的心叶、幼嫩芽叶的汁液，被害嫩叶出现卷曲、皱缩等症状，后期出现黄棕色斑点。当嫩梢尖端受害严重时，会导致黑褐色坏死，抑制枝梢的萌芽和生长，严重影响树冠扩展和光合作用，导致树势衰弱，开花量和坐果率下降，从而使石榴产量减少，品质下降，严重影响经济效益（卿贵华等，2007；卿贵华，2008）。西花蓟马 *F. occidentalis* 在红河州石榴产区为害严重，对幼芽为害最大；还会造成石榴花大量脱落，影响产量，危害幼果造成畸形，留下瘢痕及斑点影响品质（张永平等，2009）。

本章将重点介绍云南省石榴上的重要害虫蓟马类对石榴的为害、蓟马的种类和优势种的种群数量动态、蓟马群落结构、西花蓟马空间分布格局、粘虫板设置模式的诱捕影响和石榴园相邻植被多样性对西花蓟马种群动态的影响，分析石榴园西花蓟马种群动态与气象因素的关系，以及比较西花蓟马对石榴园不同植物的寄主选择性，为长期有效地监测蓟马种群动态及其防治、管理策略的制定提供基础理论依据。

3.1 石榴蓟马类昆虫亚群落的组成结构

3.1.1 石榴蓟马的种类

2007～2008 年，通过在云南石榴主产区蒙自市和建水县，各选取栽培、管理一致的

4 个甜、酸石榴园共 8 个石榴园设点调查，石榴树树龄为 5～10 年，采集蓟马标本，在室内进行标本鉴定。在石榴园共采集蓟马 7575 头，隶属于 2 亚目 2 科 6 属共 11 个种（表 3-1）。编制了 11 种成虫分类检索表。

表 3-1　云南石榴园采集到的蓟马种类

科	属	种名
蓟马科 Thripidae	花蓟马属 Frankliniella	西花蓟马 F. occidentalis
		花蓟马 F. intonsa
	蓟马属 Thrips	杜鹃蓟马 T. andrewsi
		黄蓟马 T. flavus
		棕榈蓟马 T. palmi
		烟蓟马 T. tabaci
		黄胸蓟马 T. hawaiiensis
	硬蓟马属 Scirtothrips	茶黄硬蓟马 S. dorsalis
	大蓟马属 Megalurothrips	端大蓟马 M. distalis
	纹蓟马属 Aeolothrips	白腰纹蓟马 A. albicinctus
管蓟马科 Phlaeothripidae	简管蓟马属 Haplothrips	华简管蓟马 H. chinensis

石榴蓟马种类检索表

1. 腹部末端管状 ··华简管蓟马 H. chinensis
1. 腹部末端锥形 ··2
　2. 触角 9 节 ···白腰纹蓟马 A. albicinctus
　2. 触角 7～8 节 ···3
　　3. 腹部节Ⅷ背板气孔周围有成排微毛 ··端大蓟马 M. distalis
　　3. 腹部节Ⅷ背板气孔周围无微毛 ··4
　　　4. 腹板两侧有密排微毛 ···茶黄硬蓟马 S. dorsalis
　　　4. 腹板两侧无微毛 ···5
　　　　5. 前翅上下脉鬃连续 ···6
　　　　5. 前翅上脉鬃间断，有 3 根端鬃 ··7
　　　　　6. 触角节Ⅶ与节Ⅷ等长 ··花蓟马 F. intonsa
　　　　　6. 触角节Ⅷ长度是节Ⅶ的 2 倍 ···西花蓟马 F. occidentalis
　　　　　7. 单眼间鬃位于前后单眼内缘连线附近 ···黄蓟马 T. flavus
　　　　　7. 单眼间鬃位于前后单眼外缘连线附近 ···8
　　　　　　8. 后胸盾片 CPS 缺 ··烟蓟马 T. tabaci
　　　　　　8. 后胸盾片 CPS 呈现 ···9
　　　　　　　9. 腹板无附属鬃 ···棕榈蓟马 T. palmi
　　　　　　　9. 腹板有附属鬃 ···10
　　　　　　　　10. 触角 7～8 节，眼后鬃Ⅱ & Ⅲ基本等长 ··············黄胸蓟马 T. hawaiiensis
　　　　　　　　10. 触角 8 节，眼后鬃均小 ··杜鹃蓟马 T. andrewsi

3.1.1.1　甜石榴蓟马种类

甜石榴上采集到的蓟马种类共 10 种，隶属 2 亚目 2 科 5 属，分别为蓟马科花蓟马属的西花蓟马 F. occidentalis 和花蓟马 F. intonsa，蓟马属的黄蓟马 T. flavus、棕榈蓟马 T. palmi、烟蓟马 T. tabaci、黄胸蓟马 T. hawaiiensis 和杜鹃蓟马 T. andrewsi，硬蓟马属的茶黄硬蓟马 S. dorsalis，大蓟马属的端大蓟马 M. distalis 和管蓟马科简管蓟马属的华简管蓟马 H. chinensis。其中优势种仍然为西花蓟马，占鉴定总数的 78.9%；其次是棕榈蓟马，占总数的 11.8%。

3.1.1.2 酸石榴蓟马种类

酸石榴上采集到的蓟马种类共 9 种，分别是西花蓟马、花蓟马、黄蓟马、棕榈蓟马、烟蓟马、端大蓟马、茶黄硬蓟马、华简管蓟马和杜鹃蓟马。西花蓟马是酸石榴的优势种，占鉴定总数的 88.8%；其次是花蓟马，占总数的 4.6%。

3.1.2 石榴园杂草的蓟马种类

石榴园有豆科 Leguminosae、菊科 Compositae、十字花科 Cruciferae、茄科 Solanaceae 和马鞭草科 Verbenaceae 等 5 科十余种杂草，其中菊科杂草种类最多。酸石榴、甜石榴和杂草上蓟马均为 9 种：端大蓟马、花蓟马、西花蓟马、黄蓟马、黄胸蓟马、棕榈蓟马、茶黄硬蓟马、华简管蓟马和白腰纹蓟马，隶属于 2 亚目 6 属，即大蓟马属、花蓟马属、蓟马属、硬蓟马属、简管蓟马属和纹蓟马属。其中，捕食性蓟马 1 种，为白腰纹蓟马，仅紫花苕上有分布，其余均为植食性种类。石榴花朵中蓟马种类（10 种）和数量（99.5%）较其他部位多，石榴花朵、叶、嫩梢和幼果各个部位上均有西花蓟马。酸、甜石榴上西花蓟马虫口密度较其他种类高。西花蓟马种群数量占石榴植株蓟马采集总量的 82.6%，占石榴园杂草蓟马采集总量的 75.5%，是石榴园蓟马的优势种，在所调查的石榴种植园地表植被上均有分布。

3.1.3 石榴蓟马种类的形态特征

（1）西花蓟马 *Frankliniella occidentalis*

雌性：长翅型；体长 1.4～1.9mm；体色从黄色至棕色多变（可分为浅色型、棕色型和双色型），腹部节Ⅰ～Ⅷ中部通常有倒梯形棕色区域；触角节Ⅱ、节Ⅲ～Ⅴ端部、节Ⅵ～Ⅷ棕色，其余均黄色；前翅浅黄色，主要鬃暗棕色。

头：头宽大于长；头背板在单眼之后有横纹；单眼前鬃呈现，单眼间鬃较长且粗，位于前后单眼中心连线附近，距后单眼较近；眼后鬃 5 对，围绕复眼排列，仅眼后鬃Ⅳ稍长而粗，其长度与单眼间鬃基本等长，其他均细小。触角 8 节，节Ⅲ & Ⅳ感觉锥叉状，节Ⅷ几乎是节Ⅶ的两倍。

胸：前胸宽大于长；背板布满横纹，中部较弱；前胸前缘、前角各有 1 对长鬃，前缘鬃 4 对，内Ⅱ较长，后缘鬃 5 对，内Ⅱ较长；后角有 2 对长鬃。中胸盾片布满横纹。后胸盾片前部横纹，其后为网纹，两侧为纵纹，后胸盾片中对鬃着生在前缘上，中对鬃间距大于其与亚中对鬃的间距，钟形感觉孔 CPS 通常呈现，少有缺。

腹：节Ⅰ背板布满横纹，节Ⅱ～Ⅷ背板两侧有横纹，腹板也有横纹；节Ⅴ～Ⅷ背板微弯梳存在，节Ⅷ后缘梳完整，梳毛稀疏而短小，基部略为三角形；腹板无附属鬃，节Ⅱ后缘鬃 2 对，节Ⅲ～Ⅶ后缘鬃 3 对，均着生在后缘上。

雄性：长翅型；相似于雌性，但较小且黄；腹部节Ⅷ背板无后缘梳，节Ⅲ～Ⅶ有横腺域。

寄主：该种食性极其复杂，是重要的农业害虫之一，寄主植物超过 60 科，包括石榴科、菊科、蓟科、禾本科、十字花科、葱科、豆科等。

分布：中国（华中区、华南区、西南区、华北区、东北区、青藏区）；世界各大洲温带地区均有分布。

（2）花蓟马 *Frankliniella intonsa*

雌性：长翅型；体长 1.4～1.7mm；体色多变，通常棕色；前足股节端部和胫节淡棕色；触角节Ⅰ～Ⅱ和Ⅵ～Ⅷ棕色，节Ⅲ及Ⅳ～Ⅴ基半部黄色；前翅浅黄色，基部色淡。

头：头宽大于长；头前缘仅中央突出；头背板在前单眼之前和后单眼之后有横纹；单眼前鬃呈现，单眼间鬃较长且粗，位于前后单眼中心连线附近；眼后鬃5对，围绕复眼排列，仅眼后鬃Ⅳ稍长而粗，其长度小于单眼间鬃长度的一半，其他均细小。触角8节，节Ⅲ & Ⅳ感觉锥叉状，节Ⅷ与节Ⅶ基本等长。

胸：前胸宽大于长；背板横纹较弱；前胸前缘、前角各有1对长鬃，前缘鬃4对，内Ⅱ较长，后缘鬃5对，内Ⅱ较长；后角有2对长鬃，外角鬃长于内角鬃。中胸盾片布满横纹。后胸盾片前部有几条横纹，其后为网纹，两侧为纵纹，后胸盾片中对鬃着生在前缘上，中对鬃间距大于其与亚中对鬃的间距，CPS缺。

腹：节Ⅰ背板布满横纹，节Ⅱ～Ⅷ背板两侧有横纹，腹板也有横纹；节Ⅴ～Ⅷ背板微弯梳存在，节Ⅷ后缘梳完整，梳毛稀疏而短小，基部略为三角形；腹板无附属鬃，节Ⅱ后缘鬃2对，节Ⅲ～Ⅶ后缘鬃3对，除节Ⅶ中对后缘鬃略微在后缘之前外，其余均着生在后缘上。

雄性：长翅型；与雌性相似，但较小且黄；腹部节Ⅲ～Ⅶ有哑铃形腺域。

寄主：石榴、菊花、唐菖蒲、辣椒、番茄、芦笋、三叶草、大豆、棉花、苜蓿、豌豆、水稻、桃、草莓、蔷薇、百合、夹竹桃、芝麻、油菜、白菜、丝瓜、萝卜、玉米、小麦等。

分布：中国（华中区、华南区、西南区、华北区、东北区、蒙新区、青藏区）；印度、以色列、日本、韩国、马来西亚、蒙古国、巴基斯坦、菲律宾、泰国、土耳其、欧洲、加拿大、美国等。

（3）杜鹃蓟马 *Thrips andrewsi*

雌性：长翅型；体长约1.6mm；体棕至暗棕色，足稍淡；触角棕色，但节Ⅲ较淡，有时节Ⅳ基部也较淡；前翅基部明显较淡。

头：头宽大于长；单眼前鬃缺，单眼间鬃位于前后单眼外缘连线附近；眼后鬃均小。触角8节，节Ⅰ无背顶鬃，节Ⅲ & Ⅳ感觉锥叉状。下颚须3节。

胸：前胸宽大于长；后角有2对长鬃，后缘鬃3对。前胸基腹片未分离。跗节2节。前翅上脉鬃间断，基鬃7根，端鬃3根；下脉鬃完整；翅瓣前缘鬃5根；后缘缨毛波曲。中胸盾片中对鬃在后缘之前，远离后缘。中胸内叉骨有刺，后胸内叉骨无刺。后胸盾片前部有少量不规则横纹，其后为纵纹；中对鬃位于前缘上；CPS呈现。

腹：腹部节Ⅴ～Ⅷ背板两侧有微弯梳；背侧板无附属鬃；节Ⅱ背板侧缘鬃4根；节Ⅷ背板后缘梳完整，两侧微弯梳在气孔后侧；节Ⅲ～Ⅶ腹板有10～12根附属鬃；节Ⅱ腹板后缘鬃2对，节Ⅲ～Ⅶ腹板后缘鬃3对，节Ⅶ腹板中对后缘鬃在后缘之前。

雄性：长翅型；与雌性相似，但较小；腹部节Ⅲ～Ⅶ腹板有宽的横腺域。

寄主：石榴、茶、咖啡、菊科、柳、柑橘等。

分布：中国（云南、贵州、广西、四川、海南、广东、湖北、湖南、浙江）；日本、印度、菲律宾、澳大利亚、新西兰、美国、非洲、欧洲。

（4）黄蓟马 *Thrips flavus*

雌性：长翅型；体长约 1.1mm；体黄色，包括足和翅；触角黄色，但节Ⅲ～Ⅴ端部稍暗，节Ⅵ & Ⅶ棕色。

头：头宽大于长；单眼前鬃缺，单眼间鬃位于前后单眼内缘连线附近。触角 7 节，节Ⅰ无背顶鬃，节Ⅲ & Ⅳ感觉锥叉状。下颚须 3 节。

胸：前胸宽大于长；后角有 2 对长鬃，后缘鬃 3 对。前胸基腹片未分离。跗节 2 节。前翅上脉鬃间断，基鬃 7 根，端鬃 3 根；下脉鬃完整；翅瓣前缘鬃 5 根；后缘缨毛波曲。中胸盾片中对鬃在后缘之前，远离后缘。中胸内叉骨有刺，后胸内叉骨无刺。后胸盾片前部为不规则横纹，其后为不规则纵纹；中对鬃位于前缘之后，远离前缘；CPS 呈现。

腹：腹部节Ⅴ～Ⅷ背板两侧有微弯梳；背侧板无附属鬃；节Ⅱ背板侧缘鬃 4 根；节Ⅷ背板后缘梳完整，两侧微弯梳在气孔后侧；腹板无附属鬃；节Ⅱ腹板后缘鬃 2 对，节Ⅲ～Ⅶ腹板后缘鬃 3 对，节Ⅶ腹板中对后缘鬃在后缘之前。

雄性：长翅型；与雌性相似，但较小；腹部节Ⅲ～Ⅶ腹板有横腺域。

寄主：石榴、西瓜、丝瓜、苜蓿、大豆、三叶草、茉莉、百合、枣、油菜、蔷薇等多种植物。

分布：中国（西南区、华中区、华南区、蒙新区、华北区）；澳大利亚、非洲、亚洲、欧洲、北美洲。

（5）黄胸蓟马 *Thrips hawaiiensis*

雌性：长翅型；体长约 1.3mm；体棕色，足稍淡，通常头和胸稍淡；触角棕色，但节Ⅲ较淡；前翅基部明显较淡。

头：头宽大于长；单眼前鬃缺，单眼间鬃位于前后单眼外缘连线附近；眼后鬃Ⅱ & Ⅲ基本等长。触角 7/8 节，节Ⅰ无背顶鬃，节Ⅲ & Ⅳ感觉锥叉状。下颚须 3 节。

胸：前胸宽大于长；后角有 2 对长鬃，后缘鬃 3 对。前胸基腹片未分离。跗节 2 节。前翅上脉鬃间断，基鬃 7 根，端鬃 3 根；下脉鬃完整；翅瓣前缘鬃 5 根，端鬃长于亚端鬃；后缘缨毛波曲。中胸盾片中对鬃在后缘之前，远离后缘。中胸内叉骨有刺，后胸内叉骨无刺。后胸盾片前部有少量不规则横纹，其后为纵纹；中对鬃位于前缘上；CPS 呈现。

腹：腹部节Ⅴ～Ⅷ背板两侧有微弯梳；背侧板无附属鬃；节Ⅱ背板侧缘鬃 4 根；节Ⅷ背板后缘梳完整，两侧微弯梳在气孔后侧；节Ⅲ～Ⅶ腹板有 10～25 根附属鬃；节Ⅱ腹板后缘鬃 2 对，节Ⅲ～Ⅶ腹板后缘鬃 3 对，节Ⅶ腹板中对后缘鬃在后缘之前。

雄性：长翅型；与雌性相似，但较小；腹部节Ⅲ～Ⅶ腹板有宽的横腺域。

寄主：石榴、油菜、南瓜、月季、丝瓜、茄、羊蹄甲、烟草、牵牛花、玫瑰、豌豆等多种植物。

分布：中国（西南区、华中区、华南区、青藏区、华北区）；亚洲、澳大利亚、美国、牙买加等。

（6）棕榈蓟马 *Thrips palmi*

雌性：长翅型；体长约 1.0mm；体黄色，包括足和翅；触角黄色，但节Ⅲ～Ⅴ端部稍暗，节Ⅵ & Ⅶ棕色。

头：头宽大于长；单眼前鬃缺，单眼间鬃位于前后单眼外缘连线之外，眼后鬃Ⅱ & Ⅳ短小。触角7节，节Ⅰ无背顶鬃，节Ⅲ & Ⅳ感觉锥叉状。下颚须3节。

胸：前胸宽大于长；后角有2对长鬃，后缘鬃3对。前胸基腹片未分离。跗节2节。前翅上脉鬃间断，基鬃7根，端鬃3根；下脉鬃完整；翅瓣前缘鬃5根；后缘缨毛波曲。中胸盾片中对鬃在后缘之前，远离后缘。中胸内叉骨有刺，后胸内叉骨无刺。后胸盾片前部为不规则横纹，其后为纵纹，末端聚合；中对鬃位于前缘之后，远离前缘；CPS呈现。

腹：腹部节Ⅴ～Ⅷ背板两侧有微弯梳；背侧板无附属鬃；节Ⅱ背板侧缘鬃4根；节Ⅷ背板后缘梳完整，两侧微弯梳在气孔后侧；腹板无附属鬃；节Ⅱ腹板后缘鬃2对，节Ⅲ～Ⅶ腹板后缘鬃3对，节Ⅶ腹板中对后缘鬃在后缘之前。

雄性：长翅型；与雌性相似，但较小；腹部节Ⅲ～Ⅶ腹板有宽的椭圆形腺域。

寄主：石榴、西瓜、茄、菊花、月季、西葫芦、甘蓝、白菜、甜瓜、南瓜、丝瓜等多种植物。

分布：中国（遍布各区）；世界各大洲均有分布。

（7）烟蓟马 *Thrips tabaci*

雌性：长翅型；体长约 1.1mm；体色多变，黄色至棕色；触角棕色，但节Ⅰ较淡，节Ⅲ～Ⅴ基部较淡，端部较暗；前翅较淡。

头：头宽大于长；单眼前鬃缺，单眼间鬃位于前后单眼外缘连线附近。触角7节，节Ⅰ无背顶鬃，节Ⅲ & Ⅳ感觉锥叉状。下颚须3节。

胸：前胸宽大于长；后角有2对长鬃，后缘鬃3～5对。前胸基腹片未分离。跗节2节。前翅上脉鬃间断，基鬃7根，端鬃2～6根；下脉鬃完整；翅瓣前缘鬃5根，端鬃长于亚端鬃；后缘缨毛波曲。中胸盾片中对鬃在后缘之前，远离后缘。中胸内叉骨有刺，后胸内叉骨无刺。后胸盾片前部为不规则横纹，其后为不规则纵纹，中部形成少量不规则网纹；中对鬃位于前缘上或近前缘；CPS缺。

腹：腹部背板两侧和背侧板布满微毛；节Ⅴ～Ⅷ背板两侧有微弯梳；背侧板无附属鬃；节Ⅱ背板侧缘鬃3根；节Ⅷ背板后缘梳完整，两侧微弯梳在气孔后侧；腹板无附属鬃；节Ⅱ腹板后缘鬃2对，节Ⅲ～Ⅶ腹板后缘鬃3对，节Ⅶ腹板中对后缘鬃在后缘稍前。

雄性（中国无分布）：根据 Palmer（1992）描述：长翅型；相似于雌性，但较小；腹部节Ⅲ～Ⅴ腹板有横腺域。

寄主：石榴、葱、蒜、油菜、水稻、苜蓿、韭菜、小蓟、茄、向日葵、甘蓝等多种植物。

分布：中国（遍布各区）；世界各大洲均有分布。

（8）端大蓟马 *Megalurothrips distalis*

雌性：长翅型；体长 1.5～1.7mm；体黄棕到暗棕色；触角暗棕色；前足胫节淡棕

色，跗节黄色；前翅和翅瓣棕色，近基部和近端部明显淡；主要鬃暗。

头：头宽大于长；头背板在前单眼之前和后单眼之后有横纹；单眼间鬃很长且粗，长度为基部间距的 3～4 倍，位于前后单眼内缘连线和中心连线之间，眼后鬃 5 对，围绕复眼大致呈一排；触角 8 节，节Ⅲ～Ⅳ感觉锥叉状，节Ⅵ内侧感觉锥基部与该节愈合部分较短。

胸：前胸宽大于长；背板横纹，中部模糊，有 2 对长的后角鬃；后缘鬃 4 对，内Ⅰ较长。中胸盾片布满横纹，中胸内叉骨有刺。后胸盾片前中部为不规则横纹，中后部有弱的不规则网纹，两侧为纵纹，后胸盾片中对鬃着生在前缘上，中对鬃间距明显大于其与亚中对鬃的间距，CPS 呈现。前翅上脉鬃端鬃 2 根，翅瓣前缘鬃 5 根，端鬃很长。后足胫节内缘后部有 89 个齿状小鬃，端部有 2 个更粗壮的齿状小鬃。

腹：腹部节Ⅰ背板布满不规则横纹，节Ⅱ～Ⅶ背板两侧有横纹，中间无，背板中对鬃小，在气孔前内侧，节Ⅷ背板后缘梳中间无，仅两侧存在，背板两侧气孔前侧有一片不规则微毛，节Ⅹ背板纵裂较短，不超过该节长度的一半；腹板有横纹，无附属鬃，节Ⅱ后缘鬃 2 对，节Ⅲ～Ⅶ后缘鬃 3 对，除节Ⅶ中对后缘鬃略微在后缘之前外，其余均着生在后缘上。

雄性：长翅型；与雌性相似，但较小且更细；触角细长；腹部节Ⅸ背板有 1 对粗壮的角状鬃；腹板无腺域，后缘鬃短小，略呈矛形，节Ⅱ～Ⅷ有众多矛形附属鬃，节Ⅶ & Ⅷ通常各有 30～40 根。

寄主：石榴、苜蓿、洋槐、决明、蚕豆、四季豆、三叶草、芍药、豌豆等植物及杂草。

分布：中国（华中区、华南区、西南区、华北区、东北区、青藏区）；菲律宾、斐济、加罗林群岛、印度、伊朗、印度尼西亚、斯里兰卡、朝鲜、韩国等。

（9）茶黄硬蓟马 *Scirtothrips dorsalis*

雌性：长翅型；体长 0.7～0.9mm；体黄色，包括足；腹部节Ⅲ～Ⅶ背板前中部有棕色区域；背板和腹板前脊线均暗；触角节Ⅰ淡，节Ⅱ稍暗，其余明显暗；前翅暗，端部稍淡。

头：头宽大于长；背板在单眼区和复眼后有横纹；单眼前鬃和单眼侧鬃均呈现，单眼间鬃位于两后单眼之间；复眼无色素沉着小眼；眼后鬃 2 对。口锥短圆。触角 8 节，节Ⅰ无背顶鬃，节Ⅲ & Ⅳ有小的叉状感觉锥。

胸：前胸背板布满横纹；后缘有 4 对鬃，内Ⅱ明显长。中胸盾片为横纹，中对鬃位于后缘之前，远离后缘。前翅上脉端鬃 3 根；下脉鬃 2 根；后缘缨毛直；翅瓣前缘鬃 4 根。后胸盾片前部为不规则横纹，其后为不规则纵纹；中对鬃位于前缘之后；CPS 缺。

腹：腹部背板两侧有密排微毛；背板微毛区有 3 对鬃；背板无微弯梳；节Ⅲ～Ⅴ背板中对鬃相互靠近；节Ⅶ背板后缘梳中间缺；节Ⅸ背板中后部有微毛；节Ⅷ背板后缘梳完整，腹板无附属鬃，中部有微毛；节Ⅶ腹板中对后缘鬃着生在后缘稍前。

雄性：长翅型；与雌性相似，但较小；腹部腹板无腺域；节Ⅸ两侧无抱钳。

寄主：石榴、大豆、茶、辣椒、杧果、臭椿、蓖麻、葡萄、满天星、空心菜、含羞草等。

分布：中国（云南、北京、四川、江苏、浙江、安徽、福建、河南、广东、海南、广西、台湾）；日本、印度、巴基斯坦、马来西亚、印度尼西亚、南非、斯里兰卡、泰国、新几内亚、以色列、澳大利亚。

（10）白腰纹蓟马 *Aeolothrips albicinctus*

雌性：体长 1.7～1.8mm。体暗棕色，包括足各节；触角节Ⅰ淡棕色，节Ⅱ全部和Ⅲ基半部淡黄色，节Ⅲ端部和Ⅳ～Ⅸ棕色；腹部节Ⅱ & Ⅲ淡黄色，前胸及中后胸淡棕色，腹部节Ⅰ～Ⅱ及Ⅹ～Ⅺ淡黄色。

头：头长大于宽，单眼区和复眼后或仅复眼后有弱横线纹，后脊线切割出 1 个后缘胫片或不显著。复眼腹面向后延伸，单眼较小。触角节Ⅴ端部纵感觉带小，节Ⅳ端部膨大。口锥较长。

胸：前胸长 179μm，宽 208μm。背片前中部光滑，两侧和后部有清晰的线纹，小鬃44 根。翅脉上各鬃较细，翅退化成膜片状，常几乎不可见；中胸盾片布满横线纹，线纹上似有微颗粒；后胸盾片前部有横纹，两侧为纵纹，前缘鬃间距宽，后中鬃间距较近，CPS 呈现，位于后胸盾片前部两侧；后胸小盾片光滑，略窄于后胸盾片。各足基节和股节横线纹重，胫节端部粗鬃较少，跗节钩齿小。

腹：腹部节Ⅰ背片较长，背拱形，密集横线纹，Ⅱ～Ⅸ背片布满横线纹，Ⅰ～Ⅷ背片中部毛序呈一横列，且较长，后缘无鬃，背片前缘线不显著，节Ⅰ～Ⅲ背片较窄，向后较宽，Ⅴ～Ⅵ最宽，甚至宽于头、胸，节Ⅸ后缘鬃长；腹部腹板节Ⅱ后缘鬃 3 对，节Ⅲ～Ⅶ后缘鬃 4 对，内Ⅰ和内Ⅱ对鬃较长，均在后缘之前，节Ⅶ附属鬃 2 对，不及后缘鬃的一半，分别位于内Ⅰ和内Ⅱ鬃之间。

雄性：与雌性相似，但触角节Ⅲ端半部淡棕色，翅胸显著淡，棕黄色，触角节Ⅴ甚长于雌性。腹部节Ⅰ背板侧部有粗棕色纵条，两侧密集纵线纹。节Ⅸ较长，较简单，两侧无粗鬃和抱钳；腹板节Ⅶ无附属鬃，腹部背片无任何骨化板，节Ⅸ背片侧鬃在最前，自内向外内Ⅲ远离后缘在两侧，其他近后缘。

寄主：草。

分布：中国；欧洲、北美洲。

（11）华简管蓟马 *Haplothrips chinensis*

雌性：体暗棕色。头部及管基部颜色较深；触角Ⅲ～Ⅵ节黄色；前足胫节及全部跗节黄色；管端半部 1/3 黄棕色。体长 2133μm（以下单位同）。

头：头长 220。宽：复眼前缘 60，复眼后缘 220，基部 218。两颊平直。前单眼着生在延伸物上，复眼腹面无延伸，背面长 70；复眼后鬃钝，长为 55，距复眼后缘 20，距边缘 25。口锥长 105，端部钝；下颚口针缩入头内不深，仅到中部，中间间距宽，75；口针桥存在。触角Ⅲ、Ⅳ、Ⅴ、Ⅵ节感觉锥分别为：0+1、2+2、1+1、1+1。各节长（宽）分别为：Ⅰ 30（31），Ⅱ 50（31），Ⅲ 50（28），Ⅳ 53（35），Ⅴ 50（30），Ⅵ 45（23），Ⅶ 40（27），Ⅷ 27（13）。

胸：前胸长 145，短于头部，前缘宽 150，后缘宽 350。前胸背板后缘鬃退化，其余各主要鬃发达且端部膨大，前缘鬃 28，前角鬃 30，中侧鬃 35，后角鬃 55，后侧鬃 70。后侧缝完全。前下胸片存在，基腹片相对较大。前足胫节略膨大，前足跗节有微齿。中胸前小腹片连接，中央有圆形突起。中胸背板前部 1/4 为膜质，前部 3/4 有弱横网纹。后胸背板纵网纹很弱。前翅中部收缩，间插缨 6～10 根；翅基部 Ⅰ、Ⅱ 端部膨大，Ⅲ 端部尖，Ⅱ 距 Ⅲ 较近，Ⅰ、Ⅱ、Ⅲ 几乎排成一条直线，分别长 50、50、55。

腹：第 Ⅰ 节盾板端部钝圆，两边有耳形延伸，上面有淡网纹。Ⅱ～Ⅶ 节各有 2 对 "S" 形承翅鬃，3 对附属鬃。Ⅴ 节长（宽）为：110（315）。Ⅸ 节背中鬃 Ⅰ、背侧鬃 Ⅱ 和侧鬃 Ⅲ 均长，端部尖，分别为 110、100、115。尾管长 140，短于头部和前胸，基部宽 70，端部宽 40。肛鬃 3 对，短于尾管，分别长 110、905、85。

雄性：体色和形态均与雌虫相似。腹部第 Ⅸ 第 Ⅱ 节较短。伪阳茎端刺近端部突然膨大，指状，顶端钝，射精管较长。

寄主：石榴、桃、李、柑橘类等果树，豆类、桂花、十字花科植物，以及多种野生植物的花内。

分布：中国广泛分布；朝鲜、日本。

3.2　石榴蓟马类昆虫亚群落的多样性

石榴园蓟马物种丰富，石榴园地表植被蓟马 9 种，而石榴蓟马 10 种（见第一节），有共同的蓟马 7 种，即棕榈蓟马、西花蓟马、端大蓟马、黄蓟马、黄胸蓟马、茶黄硬蓟马和华简管蓟马。地表植被有一捕食性种类白腰纹蓟马，石榴上则未发现有此类蓟马。石榴花中以植食性种类为主，许多种类会传播病毒，而入侵生物西花蓟马的种群数量较大，对石榴造成的危害是不可估量的。

基于蓟马集中在石榴花期和果期活动的结果，对 2007～2008 年每年 4～6 月每月 240 朵花和 7～9 月每月 240 个果上蓟马成虫的月平均虫量进行分析，结果表明，石榴花期与果期虫量间差异极显著（$F=3.53$，$P<0.01$），盛花期虫口密度最高，初花期次之（表 3-2）。初花期、盛花期和末花期各蓟马的种群数量间差异极显著（初花期：$F=1.97$，$P=0.17$。盛花期：$F=2.63$，$P=0.08$。末花期：$F=8603.13$，$P<0.01$）。初果期和末果期各蓟马种群数量间差异不显著（初果期：$F=0.74$，$P=0.66$。末果期：$F=0.67$，$P=0.71$），而盛果期各蓟马种群数量间差异极显著（$F=50.3$，$P<0.01$）。花期西花蓟马种群数量最大，

表 3-2　不同蓟马在石榴生长期的种群动态

蓟马种类	石榴不同生育期每果的蓟马月均量/头					
	初花期	盛花期	末花期	初果期	盛果期	末果期
西花蓟马	619.0±437.0a	856.5±495.5a	93.0±93.0a	3.5±1.1a	0d	1.0±1.0a
棕榈蓟马	40.5±17.5b	284.0±196.0b	0.5±0.5b	0.5±1.1a	6.0±0.0c	0a
花蓟马	2.0±0.0b	3.0±3.0b	0b	0a	3.0±3.0cd	5.0±5.0a
烟蓟马	0.5±0.5b	5.5±5.5b	0b	0a	0d	0a
黄蓟马	0.5±0.5b	6.0±6.0b	0b	0a	0.5±0.5d	3.0±1.1a
黄胸蓟马	0b	0b	0b	1.5±1.5a	13.0±0.0b	0a
茶黄硬蓟马	2.0±2.0b	1.5±1.5b	0.5±0.5b	2.5±2.5a	20.0±0.0a	1.5±1.5a
端大蓟马	6.0±6.0b	6.0±3.0b	0.5±0.5b	0a	0d	0a
华简管蓟马	2.0±1.0b	1.5±1.5b	0.5±0.5b	0a	0d	1.5±1.5a

注：同一列数据后不同字母表示差异显著

棕榈蓟马次之。初果期西花蓟马虫量最多。盛果期茶黄硬蓟马种群数量最大，占总虫量的 47.6%；其次是黄胸蓟马，占总量的 30.9%，而末果期则是花蓟马虫量最多。

3.3 石榴园杂草种类及蓟马种群动态相关性

3.3.1 石榴园杂草的主要种类

在云南省红河州甜石榴园与酸石榴园的研究表明，果园内杂草种类较多，包括豆科 Leguminosae、菊科 Compositae、十字花科 Cruciferae、茄科 Solanaceae 和马鞭草科 Verbenaceae 等 5 科。其中，菊科植物种类最多，有 7 种，十字花科有 2 种，其余均为 1 种。豆科有绿肥植物紫花苕 Vicia villosa var. glabrescens，菊科有三叶鬼针草 Bidens pilosa、小蓬草 Conyza canadensis、蒲公英 Taraxacum mongolicum、牛膝菊 Galinsoga parviflora、藿香蓟 Ageratum conyzoides、滇苦菜 Picris divaricata 和鼠麹草 Gnaphalium affine，十字花科有碎米荠 Cardamine hirsuta 和荠菜 Capsella bursa-pastoris，茄科有矮牵牛 Petunia hybrida，马鞭草科有马鞭草 Verbena officinalis 等。不同月份石榴园中杂草种类不同，5 月石榴园中有三叶鬼针草、小蓬草、牛膝菊、滇苦菜和蒲公英 5 种杂草，8 月石榴园中仅有 3 种杂草，即紫花苕、三叶鬼针草和藿香蓟，9 月和 10 月石榴园中杂草种类基本一致，除 9 月石榴园中有牛膝菊外，其余种类均一致，它们分别是紫花苕、三叶鬼针草、鼠麹草、藿香蓟、矮牵牛、荠菜、碎米荠、马鞭草和滇苦菜。

3.3.2 石榴园主要杂草种类上的蓟马种群动态

在酸石榴园石榴花期，园内的鬼针草、小蓬草、蒲公英、牛膝菊和紫花苕上蓟马种群密度分别为（0.78±0.17）头/花、（0.22±0.05）头/花、（0.40±0.13）头/花、（0.17±0.07）头/花、（2.28±0.72）头/花，紫花苕上蓟马种群密度显著高于其他杂草（$F=8.00$，$P<0.01$）。到了果实成熟收获期，鬼针草、小蓬草、牛膝菊和紫花苕上蓟马密度分别为（1.04±0.35）头/花、（0.20+0.10）头/花、（0.06±0.03）头/花、（3.33±0.69）头/花，4 种杂草上蓟马种群密度间差异极显著（$F=15.02$，$P<0.01$）。而在甜石榴园，鬼针草、藿香蓟、马鞭草、碎米荠、鼠麹草、荠菜和牛膝菊上蓟马密度间差异显著（$F=3.48$，$P=0.02$），分别为（1.43±0.39）头/花、（0.50±0.10）头/花、（0.14±0.05）头/花、（0.23±0.08）头/花、（0.98±0.36）头/花、（0.61±0.27）头/花、（0.27±0.14）头/花。

石榴园内 6 科杂草植物上蓟马虫量比较结果显示（图 3-1），豆科和石榴科的蓟马虫量远远高于其他科植物的虫量；茄科和马鞭草科植物上未采到蓟马若虫，蓟马若虫不适宜在这 2 科植物上生长；十字花科植物的蓟马若虫量高于成虫量，说明蓟马若虫更喜好此科植物，而其余科植物的蓟马虫量则相反。

从表 3-3 可以看出，石榴花期，有杂草石榴园与无杂草石榴园石榴花中蓟马的密度间无明显差异（酸石榴园：$F=1.03$，$P=0.40$。甜石榴园：$F=1.37$，$P=0.27$），而到了果实成熟收获期，有杂草石榴园与无杂草石榴园中石榴树上蓟马密度间仍无显著差异（酸石榴园：$F=1.94$，$P=0.22$。甜石榴园：$F=5.80$，$P=0.06$）。综合比较酸石榴园与甜石榴园、有杂草石榴园与无杂草石榴园中蓟马密度，结果表明甜石榴园有杂草园中蓟马密度最高[（1.69±0.25）头/枝]，酸石榴园无杂草园中蓟马密度最低[（0.18±0.04）头/枝]，差异极显著（$F=9.46$，$P<0.01$）。

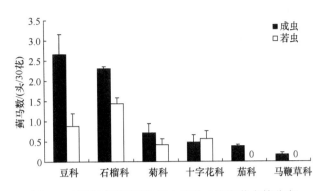

图 3-1　石榴园不同科杂草上蓟马成虫和若虫的分布

表 3-3　不同石榴园蓟马种群密度

不同植被石榴园	石榴部位	蓟马密度/（头/枝）	差异显著性比较
有杂草覆盖	酸石榴嫩梢	0.54±0.24	BC
无杂草覆盖	酸石榴嫩梢	0.18±0.04	C
有杂草覆盖	甜石榴嫩梢	1.69±0.15	A
无杂草覆盖	甜石榴嫩梢	1.12±0.29	AB

石榴花期石榴园有 6 种杂草，杂草上蓟马总虫量、成虫量和若虫量间差异不显著（$F=1.72$，$P=0.17$）。石榴果期石榴园有 10 种杂草，杂草上蓟马成虫和若虫量间差异极显著（$F=4.78$，$P<0.01$），且前者大于后者，其中，紫花苕上的蓟马虫量最多，滇苦菜上蓟马虫量最少。石榴成熟期有 9 种杂草，杂草上蓟马成虫和若虫量间差异极显著（$F=5.43$，$P<0.01$），且前者大于后者，其中，紫花苕上的蓟马虫量最多，碎米荠上蓟马虫量最少（图 3-2）。

从蓟马虫量来看，石榴园杂草上蓟马的成虫量和若虫量在 5 月（$F=2.02$，$P=0.18$）、8 月（$F=1.35$，$P=0.27$）和 9 月（$F=0.01$，$P=0.91$）差异均不显著，但成虫量均大于若虫量，而 10 月（$F=36.54$，$P<0.01$）则差异极显著（图 3-3）。蓟马成虫量由 5 月的（0.36±0.06）头/花逐渐降低至 10 月的（0.21±0.04）头/花；蓟马若虫量从 5 月的（0.25±0.06）头/花降低至 8 月的（0.08±0.03）头/花，9 月回升至（0.15±0.07）头/花，10 月降至（0.03±0.01）头/花。

3.3.3　石榴园蓟马天敌的种类多样性

石榴园中利用粘虫板诱捕蓟马的同时还诱捕到了天敌昆虫，其种类及取食类型见表 3-4。从表中可以看出，共诱捕到天敌昆虫 6 目 15 科，分别是膜翅目 Hymenoptera、双翅目 Diptera、脉翅目 Neuroptera、半翅目 Hemiptera、鞘翅目 Coleoptera 和缨翅目 Thysanoptera。取食类型有捕食性、寄生性和腐食性 3 种。其中，在粘虫板上虫量相对较多的两类天敌是草蛉和纹蓟马类。

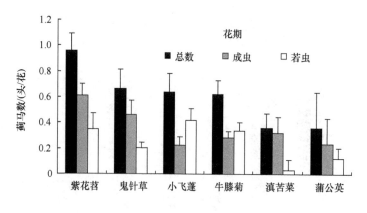

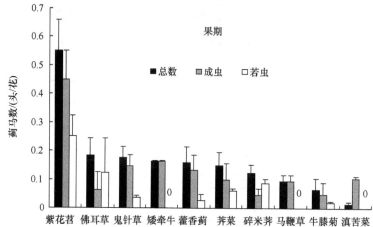

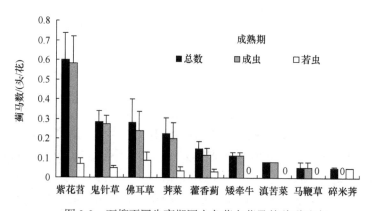

图 3-2　石榴不同生育期园内杂草上蓟马的种群动态

3.3.4　石榴园及其相邻植被多样性对蓟马种群动态的影响

石榴园相邻生境植被（如柑橘-石榴邻作、小枣-石榴邻作、花生-石榴邻作、蔬菜-石榴套种等）对石榴园蓟马种群的活动均有影响，其中套作系统较邻作系统的影响大。在邻作、套作系统中对石榴园蓟马种群影响大的均是矮秆作物如蔬菜（$F=0.01$，$P=0.93$）与石榴搭配种植，而影响差异不显著的均为邻作系统中高秆果树如柑橘（$F=0.98$，$P=0.52$）、小枣（$F=0.55$，$P=0.74$）。从总体上来说，与矮秆作物花生邻作的石榴地诱集到的蓟马虫量要明显少于柑橘邻作石榴地诱集到的蓟马。

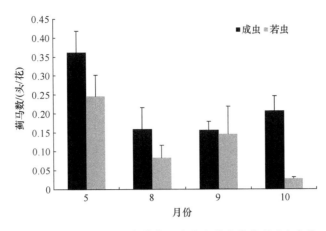

图 3-3　2008 年石榴园杂草蓟马成虫和若虫的种群动态变化

表 3-4　石榴园粘虫板诱捕的天敌昆虫

目名	科名	种名	取食类型
膜翅目 Hymenoptera	蚁科 Formicidae	未定名	捕食性
	小蜂科 Chalcididae	广大腿小蜂 *Brachymeria obscurata*	寄生性
	土蜂科 Scoliidae	未定名	寄生性
	胡蜂科 Vespidae	未定名	捕食性
	姬蜂科 Ichneumonidae	未定名	寄生性
	方头泥蜂科 Crabronidae	未定名	捕食性
双翅目 Diptera	大头泥蜂科 Philanthidae	未定名	捕食性
	虻科 Tabanidae	未定名	捕食性
	麻蝇科 Sarcophagidae	未定名	腐食性
脉翅目 Neuroptera	草蛉科 Chrysopidae	大草蛉 *Chrysopa septempunctata*	捕食性
半翅目 Hemiptera	花蝽科 Anthocoridae	花蝽 *Orius minutus*	捕食性
	猎蝽科 Reduviidae	未定名	捕食性
鞘翅目 Coleoptera	瓢甲科 Coccinellidae	异色瓢虫 *Leis axyridis*	捕食性
		龟纹瓢虫 *Propylaea japonica*	捕食性
	芫菁科 Meloidae	未定名	幼虫为捕食或寄生性
缨翅目 Thysanoptera	纹蓟马科 Aeolothripidae	白腰纹蓟马 *Aeolothrips albicinctus*	捕食性
6	15	16	

3.4　石榴园蓟马优势种的发生危害规律

3.4.1　石榴园蓟马优势种

2007～2008 年，通过对石榴园蓟马类取样调查，共采集蓟马类 7575 头，其中西花蓟马 6260 头，占总数的 82.6%，为石榴园蓟马类优势种。西花蓟马主要危害石榴的花和幼果，危害后留下褐色点状斑，造成花药、子房和柱头萎蔫干硬而失去功能甚至提前凋落，褐色点状斑的面积接近或超过一半的果实全部凋落，严重影响石榴的品质和产量。

石榴花期和果期的蓟马虫量差异极显著，盛花期种群密度最大，花期种群发生量最大的是西花蓟马，次之是棕榈蓟马，挂果初期、盛期和末期种群数量最大的分别是西花蓟马、茶黄硬蓟马和花蓟马。

3.4.1.1 石榴不同部位蓟马类优势种

从 2007～2008 年连续两年在花期和果期对酸、甜石榴树各部位总的调查结果来看，石榴叶、花、嫩梢和幼果 4 个部位上蓟马种类组成差异较大，其中，花朵中蓟马种类最丰富，采到 10 种，其次是嫩梢，采到 4 种，叶和幼果上只发现西花蓟马 1 种（表 3-5）。从采到的蓟马数量来看，花朵中采到的蓟马量最多，占总量的 99.54%，而叶、嫩梢和幼果上采集到的蓟马量较少，分别占总量的 0.15%、0.20%和 0.10%。由此表明，蓟马主要集中在石榴花内活动，极少量在叶、嫩梢和幼果上活动。

表 3-5 不同种类蓟马在石榴上的空间分布

蓟马种类	部位			
	叶	花	嫩梢	幼果
西花蓟马 *F. occidentalis*	12	6255	7	8
花蓟马 *F. intonsa*	0	640	0	0
黄蓟马 *T. flavus*	0	26	0	0
棕榈蓟马 *T. palmi*	0	566	1	0
烟蓟马 *T. tabaci*	0	12	0	0
黄胸蓟马 *T. hawaiiensis*	0	13	3	0
茶黄硬蓟马 *S. dorsalis*	0	24	5	0
端大蓟马 *M. distalis*	0	33	0	0
华简管蓟马 *H. chinensis*	0	5	0	0
杜鹃蓟马 *T. adrewsi*	0	200	0	0

花朵中不同蓟马种类所占比例有所不同，处于优势地位的是西花蓟马，占总量的 80.5%，其次是花蓟马和棕榈蓟马，分别占总量的 8.2%和 7.3%，其余蓟马种类较少，仅占总量的 4%。石榴嫩梢上所采的 4 种蓟马中，优势种为西花蓟马，占总量的 43.8%，其次是茶黄硬蓟马，占总量的 31.3%，而黄胸蓟马和棕榈蓟马分别占总量的 18.7%和 6.2%。石榴叶和幼果上采到的蓟马全为西花蓟马。从同种蓟马在不同部位所占比例来看，花朵中采到的西花蓟马量最多，占总量的 99.57%，其次是叶和幼果上采到的，分别占总量的 0.19%和 0.13%，而嫩梢上采到的非常少，仅占总量的 0.11%；棕榈蓟马、黄胸蓟马和茶黄硬蓟马 3 个种类只在花朵和嫩梢上有分布，在花朵中采到的虫量分别占总数的 99.8%、81.3%和 82.8%，而在嫩梢上所占比例分别为 0.2%、18.7%和 17.2%。其余如花蓟马、黄蓟马、烟蓟马、端大蓟马、华简管蓟马和杜鹃蓟马均只出现在石榴花朵中，其他部位上没有采到。

3.4.1.2 酸、甜石榴花朵的蓟马类优势种

在所研究的 2 年中，每年 4～6 月 240 朵石榴花每朵花中蓟马成虫的月平均虫量表明，不同种类蓟马在酸、甜石榴花朵上数量不同。不同蓟马种类在酸、甜石榴花朵上的分布情况见表 3-6。

酸、甜石榴花朵上西花蓟马虫口密度极显著高于其他蓟马（酸石榴：$F=10.90$，

$P<0.01$。甜石榴：$F=6.27$，$P<0.01$）。甜石榴上，西花蓟马虫口密度最高，其次是棕榈蓟马和花蓟马。而在酸石榴上，西花蓟马的虫口密度最高，其次是花蓟马和棕榈蓟马。不同蓟马种类在酸石榴和甜石榴花朵上的虫口密度间差异不显著，如西花蓟马（$F=0.39$，$P=0.54$）、棕榈蓟马（$F=2.22$，$P=0.15$）、花蓟马（$F=0.35$，$P=0.56$）。黄胸蓟马偏好甜石榴花，华简管蓟马则偏好酸石榴花（表3-6）。

表3-6 酸、甜石榴花中蓟马类的种群密度

蓟马种类	石榴花朵中蓟马的月平均虫量/头	
	酸石榴	甜石榴
西花蓟马 *F. occidentalis*	254.3±76.0a	346.5±129.5a
棕榈蓟马 *T. palmi*	4.62.0b	51.7±33.2b
花蓟马 *F. intonsa*	13.2±4.1b	29.5±18.7b
烟蓟马 *T. tabaci*	0.1±0.1b	1.1±1.1b
黄蓟马 *T. flavus*	0.3±0.2b	0.7±0.6b
黄胸蓟马 *T. hawaiiensis*	0	1.6±1.3b
茶黄硬蓟马 *S. dorsalis*	0.4±0.3b	2.0±2.0b
端大蓟马 *M. distalis*	2.2±1.0b	0.9±0.6b
华简管蓟马 *H. chinensis*	0.5±0.2b	0

注：同一列数据后不同字母表示差异显著

3.4.2 石榴园蓟马优势种的发生规律

西花蓟马 *Frankliniella occidentalis*，又称西方花蓟马或苜蓿蓟马 western flower thrips，隶属于缨翅目 Thysanoptera、锯尾亚目 Terebrantia、蓟马科 Thripidae、花蓟马属 *Frankliniella*。起源于北美洲，迄今已广泛分布于欧洲、亚洲、非洲、美洲和大洋洲等60多个国家和地区（戴霖等，2005），已成为世界性最重要的害虫之一（Parrella，1995）。该虫通常一年发生 10～15 代，世代重叠严重。雌成虫寿命长达 90d，营有性生殖和孤雌生殖，一头雌成虫平均产卵 20～40 粒（Lublinkoh and Foster，1977），可危害 60 余科 200 余种寄主植物（Robb，1989）。该虫不仅通过取食、产卵对植物造成直接危害，而且能够传播番茄斑萎病毒属（*Tospovirus*）的 5 种病毒（Jones et al.，2005），代表种番茄斑萎病毒（tomato spotted wilt virus，TSWV）每年在世界范围内造成数十亿美元损失，被列为世界危害性最大的 10 个植物病毒之一（Goldbach and Peters，1994；van de Wetering，et al.，1996）。由于西花蓟马属于典型的 r 型生态对策昆虫，生活周期短，繁殖率高，对环境适应能力强，而且极易对农药产生抗性，被世界许多国家列为重要的检疫对象。

西花蓟马于 2003 年传入我国（张友军等，2003），在北京、浙江、云南和山东等地均有分布（吴青君等，2007；郑长英等，2007）。云南是我国西花蓟马的主要发生和危害地。近年来，西花蓟马已成为云南省的重要害虫，并且已呈广泛分布状态，其发展动向值得高度关注（吴青君等，2007）。

西花蓟马成虫的发生危害有季节规律和日活动规律。

酸、甜石榴园西花蓟马成虫的季节动态变化规律一致，冬季较低，夏季最高，建水酸石榴园西花蓟马成虫全年种群消长呈单峰型增长，各年 5 月为该虫种群高峰期，而蒙

自甜石榴园西花蓟马成虫全年种群消长呈双峰型增长，各年 5～6 月为种群的高峰期。

石榴花朵中西花蓟马成虫在一天 7 个时段（20:00～次日 8:00、8:00～10:00、10:00～12:00、12:00～14:00、14:00～16:00、16:00～18:00、18:00～20:00）的种群数量差异显著，12:00～14:00 达到一天中虫量发生的最高峰；石榴园粘虫板上西花蓟马成虫在一天 7 个时段的种群日活动高峰期出现 2 次，次日活动高峰为 8:00～10:00，而主日活动高峰有所差异，蒙自石榴园是 16:00～18:00，建水石榴园则为 14:00～16:00。对这 7 个时段分别喷以同一浓度（200g/亩）的杀虫双，虫口减退率差异显著，10:00～12:00 和 14:00～16:00 时段在施药后 1d 和 2d，减退率就达 100%，14:00～16:00 时段施药后 1d 校正防效最高，为 98.46%，施药后 5d 校正防效为 98.56%。

3.4.3 石榴园蓟马优势种种群的季节动态

建水酸石榴园西花蓟马成虫全年种群消长呈单峰型增长，冬季较低，夏季最高（图 3-4）。各年间诱捕量无明显差异（$F=0.589$，$P>0.05$），但其规律一致，2008 年西花蓟马总诱捕量是 2007 年诱捕量的 1 倍多。4 个调查地点间的西花蓟马总诱捕量差异不显著（$F=0.849$，$P>0.05$）。

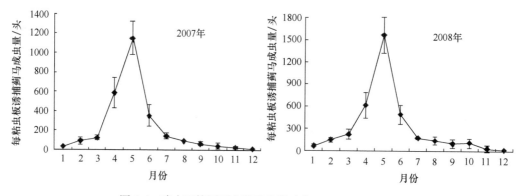

图 3-4　建水石榴园西花蓟马种群动态（2007～2008 年）

西花蓟马成虫种群数量从 3 月开始增加，3～5 月的月均诱捕量较高，如 2007 年 3 月的诱捕量仅为 5 月诱捕量的 11%，2008 年 5 月的诱捕量是 3 月诱捕量的 6.8 倍。各年 5 月均为西花蓟马种群的高峰期，2007 年和 2008 年的诱捕量分别为 1149.2 头和 1566.8 头，年度间差异不明显（$F=0.486$，$P>0.05$）。5 月以后，西花蓟马诱捕量开始下降。总体来看，3～7 月西花蓟马成虫诱捕量明显高于其他月份，表明 3～7 月是该地石榴园西花蓟马成虫盛发期。每年 7 月至翌年 2 月，西花蓟马成虫诱捕量较低，如 2007 年 7～12 月每粘虫板对西花蓟马成虫的诱捕量分别为 144.1 头、92.8 头、67.1 头、41.4 头、29.3 头和 14.6 头，2008 年 1 月和 2 月分别为 70.0 头和 147.0 头。7 月至翌年 2 月，年度间的诱捕量间无明显差异（$F=0.574$，$P>0.05$）。

蒙自甜石榴园西花蓟马成虫全年种群消长呈双峰型增长，冬季最低，夏季最高（图 3-5）。各年间诱捕量无明显差异（$F=0.462$，$P>0.05$），2008 年西花蓟马总诱捕量是 2007 年诱捕量的 2.7 倍多。4 个调查地点间的西花蓟马总诱捕量差异不显著（$F=0.082$，$P>0.05$）。

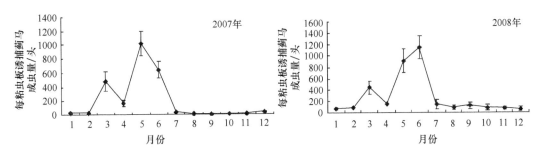

图 3-5 蒙自石榴园西花蓟马种群动态（2007～2008 年）

西花蓟马成虫种群数量从 3 月开始增加，4 月稍有降低，5 月、6 月的月均诱捕量较高，如 2008 年 3 月的诱捕量为 6 月诱捕量的 38.8%，2007 年 5 月诱捕量是 3 月诱捕量的 2.1 倍。各年 5～6 月均为西花蓟马种群的高峰期，2007 年 5 月的诱捕量最大，为 1022.8 头，2008 年 6 月的诱捕量最高，为 1142.6 头，年度间差异不明显（$F=0.087$，$P>0.05$）。6 月以后，西花蓟马诱捕量开始下降。总体来看，3～6 月西花蓟马成虫诱捕量明显高于其他月份，表明 3～6 月是该地石榴园西花蓟马成虫盛发期。每年 7 月至翌年 2 月，西花蓟马成虫诱捕量较低，如 2007 年 7～12 月每粘虫板对西花蓟马成虫的诱捕量均低于 31 头，2008 年 1 月和 2 月分别为 65.6 头和 87.8 头。7 月至翌年 2 月，年度间的诱捕量间无明显差异（$F=0.160$，$P>0.05$）。

3.4.4 石榴园蓟马优势种成虫的日活动规律

石榴花朵中西花蓟马成虫一天的活动变化曲线呈双峰型（图 3-6），石榴花朵中西花蓟马成虫在一天 7 个时段的种群数量差异显著（$F=2.760$，$P<0.05$）。8:00 后石榴花朵中西花蓟马虫量（0.081 头/花）开始增加，8:00～10:00 为 0.201 头/花，2h 后虫量趋于平缓，12:00 后虫量陡增，12:00～14:00 达到一天中虫量发生的最高峰，为 0.336 头/花，之后虫量则缓慢降低，18:00～20:00 时西花蓟马成虫量减退到一天中的最低量，为 0.047 头/花。一天内石榴花中西花蓟马成虫的总量最多达 85 头/花，最少为 5 头/花，平均为 32.67 头/花。

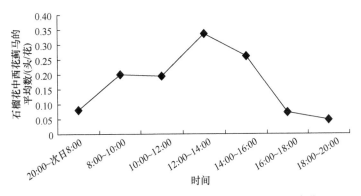

图 3-6 石榴花朵中西花蓟马成虫在一天中的活动变化

石榴园中粘虫板上西花蓟马成虫一天的活动变化曲线也呈双峰型（图 3-7），粘虫板上西花蓟马成虫在一天 7 个时段的种群数量差异在不同地区石榴园内不同，蒙自石榴园差异不显著（$F=0.476$，$P>0.05$），建水石榴园则差异极显著（$F=26.462$，$P<0.01$）。从两地石榴园粘虫板蓟马日活动变化图中可以看出，出现了 2 个明显的日活动高峰期，次日活动高峰蒙自石榴园为 10:00～12:00，建水石榴园为 8:00～10:00，而主日高峰有所差异，蒙自石榴园为 16:00～18:00，建水石榴园则为 14:00～16:00。20:00～次日 8:00 时段粘虫板上极少有蓟马，说明蓟马在这一时段内少有活动，或是由于光线、温度和湿度等原因不外出活动。

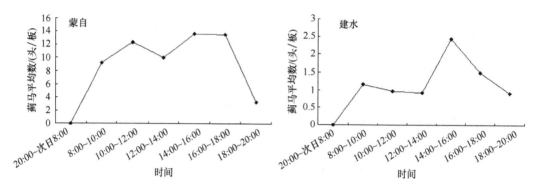

图 3-7 石榴园粘虫板上西花蓟马成虫在一天中的活动变化

从石榴园蓟马的不同时段活动量可以看出，蒙自石榴园蓟马最大发生量是 110.21 头/板，出现在 16:00～18:00，建水则为 34.05 头/板，出现在 14:00～16:00；从地点来看，杨家庄石榴园的蓟马发生量最大（113.12 头/板），其次是石灰窑石榴园（58.93 头/板），红墙院和石榴街石榴园则差异不明显，南庄 B 地石榴园的蓟马发生量最大（156.18 头/板），其次是南庄 A 地石榴园（148.18 头/板），而青龙 A 地和青龙 B 地石榴园分别为56.91 头/板和 77.82 头/板。

不论是石榴花朵中的蓟马虫量，还是粘虫板诱集的蓟马虫量，一天中各时段虫量均差异显著或极显著（花朵：$F=2.760$，$P<0.05$。粘虫板：$F=35.25$，$P<0.01$）。石榴花朵中的蓟马虫量高峰期出现在 12:00～14:00，而粘虫板诱集到的蓟马主要在 8:00～16:00 活动。粘虫板在 20:00～次日 8:00 几乎诱集不到任何蓟马（刘凌等，2009），而在此时段石榴花朵中的蓟马虫量并非最少。粘虫板诱集到的是在石榴园中飞行的蓟马，而花朵中的则是在其中栖息、取食或者产卵的蓟马。究其原因，可能是石榴园气候如温度、湿度、光照、风等条件变化，同时石榴花在一天内的泌蜜情况也不尽相同。例如，海南岛石榴花泌蜜一般在 9:00～16:00（何和明，2005），云南蒙自县的石榴则在温度 13.1～33.2℃、湿度 17%～88%条件下全天泌蜜（余玉生，2008）。

3.5 石榴园西花蓟马种群动态与气候及天敌的关系

3.5.1 发生动态与气候的关系

气候是影响许多生物分布的重要因素（Walther，2002），气象因素还对昆虫的种群数量及其变动有影响。气象因素综合影响节肢动物的群落特征指数，也可影响年度间、季节间和一日内昆虫的种群动态。有关气象因素对蓟马种群动态的影响，国外的研究报道结论不尽一致，如 Davidson 和 Andrewartha 研究发现，冬季温度是影响玫瑰花上蓟马（*Thrips imaginis*）种群变化的主要因子，而 Smith、Varley 等和 Mound 则认为除考虑气象因素外，还应考虑捕食、寄生和其他密度制约死亡率（Joe，2001）。国内研究结果表明，温度、湿度及降水综合影响蓟马种群动态。Boissot 等于 1998 年发现西花蓟马种群数量下降与不利温度或者环境因子没有关系，而其天敌 *Orius* sp.的数量是该虫数量下降的原因（Joe，2001）。

对云南省建水石榴园西花蓟马种群动态进行了系统调查，并采用回归分析（逐步回归分析、通径分析）、主成分分析及灰色系统分析就气象因子对该虫种群动态的影响进行了系统分析。

3.5.1.1 气象因素对西花蓟马成虫种群动态的相关分析

对 2007 年与 2008 年连续 2 年西花蓟马月均成虫量与同月平均气温（X_1）、月最高气温（X_2）、月最低气温（X_3）、月降水量（X_4）、月相对湿度（X_5）及月蒸发量（X_6）6 种气象因素进行相关性分析（表 3-7）。结果表明，西花蓟马成虫种群数量的月变化与月平均气温（X_1）、月最高气温（X_2）、月最低气温（X_3）、月降水量（X_4）、月相对湿度（X_5）及月蒸发量（X_6）间的相关系数分别为 0.4280、0.2181、0.4848、0.1493、–0.3561 和 0.6577，即种群数量的月变化与月相对湿度呈负相关，而与其他气象因子呈正相关。其中，种群数量与月相对湿度的相关性极显著（$P<0.01$），与月平均气温和月最低气温的相关性显著（$P<0.05$），与其他气象因素的相关性均不显著（$P>0.05$）。由此表明，西花蓟马种群动态与月平均气温、月最低气温和月相对湿度的变化密切相关，其中月相对湿度与该虫的数量变动关系最密切（$R=0.658$），而月最高气温、月降水量和月蒸发量 3 种气象因素对西花蓟马种群动态的影响较小。

表 3-7 云南石榴园西花蓟马种群动态与气象因素的相关关系

相关系数	X_1	X_2	X_3	X_4	X_5	X_6	Y	P 值
X_1	1.0000	0.9369**	0.9361**	0.7544**	0.2477	0.4854	0.4280*	0.0201
X_2		1.0000	0.8013**	0.6190*	0.0002	0.6644*	0.2181	0.1096
X_3			1.0000	0.8923**	0.5425*	0.2978	0.4848*	0.0184
X_4				1.0000	0.5580*	0.1014	0.1493	0.5378
X_5					1.0000	–0.7125	–0.3561	0.7538
X_6						1.0000	0.6577**	0.0093
Y							1.0000	0.0001

注：X_1 为月平均温度；X_2 为月最高气温；X_3 为月最低气温；X_4 为月降水量；X_5 为月相对湿度；X_6 为月蒸发量；Y 为月平均虫量，以下相同。*为差异显著（$P<0.05$）；**为差异极显著（$P<0.01$）

3.5.1.2 气象因素对西花蓟马成虫种群动态的逐步回归分析

各种气象因素间是相互影响和制约的，如降水量与气温、降水量与空气湿度均有密切关系。基于西花蓟马种群数量是受多因素的影响，因此排除月最高气温、月降水量和月蒸发量 3 种气候因子，以西花蓟马种群数量的月平均诱捕量（Y）为因变量，同月其余气候因子为自变量（X_i），就气候因子对西花蓟马种群数量变动的影响进行逐步回归分析。回归方程初始参数进入回归方程的 F 显著水平值为 $F≤0.05$，将其作为选择标准，

剔除回归方程式的 F 显著水平值为 $F \geq 0.01$，得到如下回归方程：

$$Y= -131.15+0.04X_1+22.71X_3-15.76X_5 \tag{3-1}$$

上述回归方程式，F 值为 13.007，显著性概率是 0.002，多元相关系数为 0.8752。结果表明，月平均气温（X_1）、月最低气温（X_3）和月相对湿度（X_5）综合影响西花蓟马种群的月变动。经偏相关分析进一步揭示，西花蓟马种群数量的月变动与月最低气温呈显著正相关，其偏相关系数为 0.8367，说明在该数据范围内月最低气温升高有利于西花蓟马种群数量增长。西花蓟马种群数量的月变动与月相对湿度呈显著负相关，其偏相关系数为 -0.8189，说明在该数据范围内月相对湿度升高不利于西花蓟马种群数量增长。西花蓟马种群数量的月变动与月平均气温呈正相关，但未达到显著水平（表 3-8）。

表 3-8　云南石榴园西花蓟马种群数量变动与气象因子的偏相关分析

参数	X_1	X_3	X_5
偏相关系数	0.5169	0.8367	-0.8189
t 检验值	1.7079	4.3217	4.0359
P 检验值	0.1218	0.0019	0.0029

3.5.1.3　影响西花蓟马成虫种群变动的气象因素通径分析

逐步回归分析结果表明，云南石榴园西花蓟马种群月变动主要是由月平均气温（X_1）、月最低气温（X_3）和月相对湿度（X_5）综合作用的结果。根据这些因素各相关系数的组成效应，将所选各气象因素（X_i）与种群数量（Y）的相关系数剖分为直接作用和通过其他因子（X_j）的间接影响两部分进行通径分析。如表 3-9 所示，月最低气温对西花蓟马种群数量变动的直接作用最大（$R=0.658$），且其直接作用大于间接作用，说明月最低气温的变化直接影响西花蓟马的种群动态。月平均气温和月相对湿度对西花蓟马种群动态的间接作用均大于各自的直接作用，且间接作用效应主要通过月最低气温而发生。由此表明，月最低气温可以作为一个非常重要的直接影响西花蓟马种群动态的参数。

表 3-9　影响云南石榴园西花蓟马种群动态的主要气象因素的相关与通径分析

性状	相关系数	直接作用	间接作用总和	间接作用		
				X_1	X_3	X_5
X_1	0.658	0.296	0.362	—	0.873	-0.512
X_3	0.665	2.040	-1.555	0.127	—	-1.682
X_5	-0.713	-1.797	1.994	0.084	1.910	—

3.5.1.4　气象因素对西花蓟马成虫种群动态的决定程度分析

决定系数是表示一个自变量对因变量的相对决定程度。月平均气温（X_1）、月最低气温（X_3）和月相对湿度（X_5）3 个气象因素及其交互效应对月种群动态的总决定系数为 $R^2=0.830$，即这 3 个变量决定了种群动态变化的 83.00%，可见这 3 个气象因素是影响种群动态的主要因素。

鉴于各气象因素对西花蓟马种群动态的直接影响和总影响排序可能会不同，因此用决定系数将各自变量对响应变量的综合作用进行排序，以确定主要决策变量和限制性变量。结果表明，月平均气温（X_1）、月最低气温（X_3）和月相对湿度（X_5）变量的决定

系数分别为 $R^2_{(1)}$ = –0.484、$R^2_{(3)}$ = 3.662 和 $R^2_{(5)}$ = –2.621。决定系数大小排序为 $R^2_{(3)}$ > $R^2_{(5)}$ > $R^2_{(1)}$。在这 3 个气象因素中，月最低气温（X_3）对应的决定系数为正值，表明最低气温对西花蓟马种群动态的综合作用最大，是影响西花蓟马种群动态的最主要的决定因素。而月平均气温（X_1）和月相对湿度（X_5）对应的决定系数为负值，说明这 2 个因子是影响种群数量变动的主要限制因素，其中，$R^2_{(1)}$ 最小，表明月平均气温（X_1）是最主要的限制因子，其次是月相对湿度（X_5）。

3.5.1.5 气象因素对西花蓟马成虫种群动态的主成分分析

将月平均气温、月最高气温、月最低气温、月降水量和月相对湿度 5 种气象因素进行主成分分析（表 3-10）。结果表明，第一个主成分的特征值为 3.654，方差贡献率为 73.072%，占总性状信息量的 73% 以上，是最主要的主成分；第二个主成分的特征值为 1.112，方差贡献率为 22.233%，代表全部信息性状的 22.233%，是仅次于第一主成分的重要主成分；其他主成分的方差贡献率逐渐减小，分别为 3.896%、0.716% 和 0.084%。前两个主成分累计方差贡献率达到 95.304%，表明前两个主成分已经反映出影响云南建水西花蓟马种群数量变动的气象因素 95% 的信息，因而可以作为气象因素选择的综合指标来分析建水西花蓟马的种群动态。

表 3-10　云南气象因素中 5 个主成分的方差贡献率和累计方差贡献率

主成分	均值	标准差	特征值	贡献率/%	累计贡献率/%
Y_1	18.783	4.187	3.654	73.072	73.072
Y_2	28.875	3.116	1.112	22.233	95.304
Y_3	10.204	5.392	0.195	3.896	99.200
Y_4	77.517	64.246	0.036	0.716	99.916
Y_5	142.792	46.597	0.004	0.084	100.000

根据各性状相关矩阵向量（表 3-11），前两个主成分的函数表达式如下。

$$Y_1 = 0.512X_1 + 0.003X_2 - 0.354X_3 + 0.331X_4 - 0.709X_5 \tag{3-2}$$

$$Y_2 = 0.491X_1 + 0.247X_2 - 0.319X_3 - 0.755X_4 + 0.163X_5 \tag{3-3}$$

在第一主成分中，月平均气温和月降水量是影响西花蓟马种群数量变动的主要气象因素，而这两个因子与当地气温密切相关，因此第一主成分值可视为气温指标。第二主成分中，月平均气温和月最高气温 2 个性状的系数值较大，表明月平均气温和月最高气温是构成第二主成分的主要因素（表 3-11）。

表 3-11　主要气象因素相关矩阵的特征向量

性状	X_1	X_2	X_3	X_4	X_5
Y_1	0.512	0.003	–0.354	0.331	–0.709
Y_2	0.491	0.247	–0.319	–0.755	0.163
Y_3	0.489	–0.303	–0.196	0.445	0.658
Y_4	0.429	–0.447	0.738	–0.214	–0.161
Y_5	0.269	0.804	0.436	0.279	0.111

注：X_1 为月平均温度；X_2 为月最高气温；X_3 为月最低气温；X_4 为月降水量；X_5 为月相对湿度

根据各气象因素的载荷（表 3-12），第一主成分代表了月最低气温和月降水量的作用，月平均气温（X_1）、月最高气温（X_2）、月最低气温（X_3）、月降水量（X_4）及月相对湿度（X_5）的载荷分别为 0.860、0.703、0.974、0.944 和 0.053，其中月最低气温的载荷最大，为 0.974。因此，在气象因素中，月最低气温是主要影响因素。而第二主成分中月平均气温（X_1）、月最高气温（X_2）、月最低气温（X_3）、月降水量（X_4）及月相对湿度（X_5）的载荷分别为 0.477、0.678、0.178、−0.009 和 0.978。因此，该主成分主要由月相对湿度决定，载荷为 0.978。

表 3-12　云南年气象因子主成分载荷

年气候因子	第一主成分	第二主成分
X_3	0.974	0.178
X_4	0.944	−0.009
X_1	0.860	0.477
X_2	0.703	0.678
X_5	0.053	0.978

3.5.1.6　石榴园蓟马成虫种群动态及气象因素的灰色系统分析

采用关联序列积分法，对 2007 年和 2008 年连续 2 年内不同季节西花蓟马种群数量（Y_1）及气象因素（X_i）进行灰色系统关联度分析，即关联序列排序第 1 的得 5 分，排序第 2 的得 4 分，依次递减，如此得到 5 个气象因素的关联序列积分和值 Σ（表 3-13）。

表 3-13　云南石榴园西花蓟马种群数量及其气象因素的季节性动态

年份	月份	Y_1	X_1	X_2	X_3	X_4	X_5
2007	1	36.75	11.8	22.0	2.8	25.5	73.0
	2	91.00	14.5	26.9	4.7	48.6	61.0
	3	124.25	20.1	31.6	7.8	0.5	48.0
	4	586.83	19.2	30.9	9.2	108.6	66.0
	5	1149.17	21.5	31.2	12.2	94.7	67.0
	6	352.92	24.6	33.2	16.9	82.7	69.0
	7	144.08	23.0	30.5	18.3	259.5	80.0
	8	92.75	22.6	30.7	17.8	215.4	82.0
	9	67.08	20.8	28.9	10.5	82.5	77.0
	10	41.42	19.1	29.2	11.0	5.4	76.0
	11	29.17	14.9	27.7	6.1	44.5	75.0
	12	14.58	14.6	25.4	5.3	0.1	69.0
2008	1	70.00	14.0	25.9	5.0	20.6	65.0
	2	147.00	10.2	24.0	2.6	25.5	76.0
	3	229.25	17.2	28.9	3.4	28.5	64.0
	4	614.25	22.0	33.0	12.4	38.6	59.0
	5	1566.83	22.4	31.8	13.5	67.6	66.0
	6	494.08	22.8	30.8	15.2	218.4	76.0
	7	176.75	22.8	30.2	16.8	124.4	78.0

续表

年份	月份	Y_1	X_1	X_2	X_3	X_4	X_5
	8	142.92	22.7	31.5	16.7	151.8	79.0
	9	105.00	22.2	32.4	16.1	55.8	77.0
2008	10	110.25	19.8	28.8	12.7	81.0	79.0
	11	33.25	15.1	25.6	4.7	73.4	75.0
	12	16.33	12.9	21.8	3.2	6.5	73.0

从积分和值看出（表 3-14），在各气象因素中，月相对湿度 X_5 积分 10 分，月最高温 X_2 积分 7 分，月降水量 X_4 积分 5 分，月平均气温 X_1 和月最低温 X_3 的积分均为 4 分。因此，对石榴园西花蓟马季节间种群数量影响最大的气象因素是月相对湿度，其次是月最高温和月降水量，影响最小的是月平均气温和月最低温。

表 3-14　蓟马种群数量 Y_1 与气象因子间 X_i 的关联度

Y_1	X_1	X_2	X_3	X_4	X_5
2007 年	0.891	0.946	0.835	0.493	1.005
2008 年	0.803	0.809	0.804	0.832	0.870
Σ	4	7	4	5	10

对石榴蓟马年种群数量（Y_2）及气象因素（X_i）因子进行灰色系统关联度分析（表 3-15），结果表明，年平均气温（X_1）、年最高温（X_2）、年最低温（X_3）、年总降水量（X_4）和年平均相对湿度（X_5）各因子的关联度分别为 0.912、1.0001、1.0000、1.012 和 1.0004，关联度顺序为 $X_4>X_5>X_2>X_3>X_1$。

表 3-15　蓟马种群发生量及其气候因子的年度间动态

年份	Y_2	X_1	X_2	X_3	X_4	X_5
2007	2730.00	18.89	33.20	2.80	968.00	70.25
2008	3705.91	18.68	32.40	2.60	892.10	72.25

注：Y_2 为年种群数量和；X_1 为年平均气温；X_2 为年最高温；X_3 为年最低温；X_4 为年总降水量；X_5 为年平均相对湿度

2007 年和 2008 年连续 2 年调查结果表明，云南建水石榴园蓟马有 10 种，分别为西花蓟马 *Frankliniella occidentalis*、棕榈蓟马 *Thrips palmi*、花蓟马 *F. intonsa*、端大蓟马 *Megalurothrips distalis*、华简管蓟马 *Haplothrips chinensis* 和茶黄硬蓟马 *Scirtothrips dorsalis* 等。在石榴花期和果期，这 6 种蓟马诱捕量呈季节性变化。在花期，各种类 2 年种群总数量分别为 3075.00 头、547.00 头、135.00 头、27.00 头、1.00 头和 4.00 头，差异显著（$F=4.438$，$P<0.05$）；在果期 3 月各种类种群总数量分别为 9.00 头、13.00 头、16.00 头、0.00 头、3.00 头和 45.00 头，差异不显著（$F=0.806$，$P>0.05$）。

石榴花期 6 种蓟马的种群数量及气象因素间灰色系统关联度分析结果表明：月平均相对湿度>月最高温>月平均气温>月最低温>月降水量。而石榴果期 6 种蓟马的种群数量及气象因素的关联度顺序为月最高温>月平均相对湿度>月平均气温>月最低温>月降水量（表 3-16）。

综合石榴花期和果期各蓟马的种群数量与气象因素的关联度顺序，气象因素对不同蓟马种类种群数量的影响是相同的。花期降水较少而温度较高，各蓟马的种群数量与气象因素间关联度最大的是月最低温。果期气温略有下降且降水丰富，各蓟马的种群数量与气象因素间关联度最大的是月降水量。

表 3-16   石榴花期与果期 6 种蓟马的种群数量及气象因素的关联度

种类	花期					果期				
	X_1	X_2	X_3	X_4	X_5	X_1	X_2	X_3	X_4	X_5
西花蓟马	0.817	0.877	0.661	0.510	0.984	0.842	0.903	0.694	0.645	0.886
棕榈蓟马	0.787	0.854	0.625	0.508	0.973	0.841	0.902	0.689	0.645	0.886
花蓟马	0.764	0.836	0.602	0.506	0.963	0.855	0.910	0.727	0.650	0.888
端大蓟马	0.811	0.883	0.693	0.533	0.996	0.859	0.936	0.749	0.633	0.916
华简管蓟马	0.750	0.826	0.581	0.504	0.958	0.849	0.908	0.703	0.646	0.888
茶黄硬蓟马	0.758	0.831	0.590	0.505	0.961	0.852	0.910	0.705	0.647	0.889

西花蓟马在建水石榴园常年发生，成虫全年种群消长呈单峰型，高峰期为 5 月。西花蓟马种群数量与月相对湿度间呈极显著正相关（$P<0.01$），与月平均气温和月最低温呈显著正相关（$P<0.05$），与月最高温、月降水量和月蒸发量间无相关性（$P>0.05$）。回归分析结果表明，石榴园西花蓟马种群动态的决定因子中影响最大的气象因素是月最低温，而月平均气温和月相对湿度是影响种群数量变动的主要因素。主成分分析表明，月最低温是主要成分，其累积方差贡献率达 73.03%。灰色系统分析结果表明，影响石榴园 6 种蓟马种群动态最关键的因子是月相对湿度；年度间影响最大的是年总降水量；石榴花期各蓟马的种群数量与气象因素间关联度最大的是月最低温；果期各种蓟马的种群数量与气象因素间关联度最大的是月降水量。

3.5.2   发生动态与天敌的关系

关于蓟马种群动态与天敌的关系系统的研究较少。邱辉宗（1984）报道了台湾的腹突皱针蓟马 *Rhipiphorothrips cruentatus* 在莲雾果园的发生动态与其寄生物——一种褁脚小蜂 *Ceranisus* sp. 发生动态的相互关系。结果表明，蓟马的田间数量除受温度、降水影响外，还受寄生蜂种群密度的影响，在温度低、雨量大、寄生蜂密度大的条件下，田间腹突皱针蓟马的数量就会下降。

在石榴果园中利用粘虫板诱捕到的虫量相对较多的两类天敌是草蛉和纹蓟马类。

石榴园粘虫板诱捕的西花蓟马成虫从 2008 年 11 月 6 日开始逐渐下降，12 月 5 日至 1 月 21 日虫量趋于平缓，每粘虫板诱捕到的平均虫量小于 9 头，之后则逐渐上升，到 2009 年 3 月 4 日虫量达到最高量，每粘虫板诱捕到的平均虫量为 70.33 头。石榴园粘虫板诱捕的草蛉成虫量差异不显著（$F=0.826$，$P>0.05$），每粘虫板诱捕到的平均虫量为 1.61 头，2009 年 3 月 4 日每粘虫板诱捕到的平均虫量达到最高量，为 7 头。西花蓟马和草蛉成虫在调查期间的相关系数为 0.897，$P<0.01$，草蛉成虫量随西花蓟马成虫量增加而升高（图 3-8）。

石榴园粘虫板诱捕的纹蓟马成虫从 2008 年 9 月 25 日开始出现，10 月 1 日达到最多，每天 12 块粘虫板总虫量为 20 头，此后虫量逐渐下降，之后的总虫量平均值为 2.8 头。粘虫板诱捕的纹蓟马在石榴园的垂直分布差异不显著（$F=2.658$，$P>0.05$），2m 高度粘虫板诱捕的纹蓟马虫量最多，1m 高度粘虫板诱捕的成虫量最少。粘虫板诱捕的草蛉成虫出现在 8 月 20 日至翌年 3 月 11 日，在石榴园的垂直分布差异极显著（F=12.875，P<0.01），1.5m 高度粘虫板诱捕的草蛉成虫量最多，其次是 1m 高度粘虫板诱捕的虫量，诱捕虫量最少的是 2m 高度诱捕量。

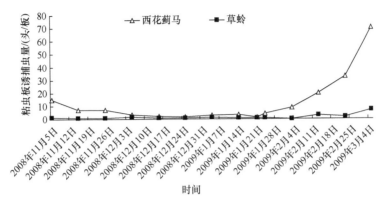

图 3-8　石榴园粘虫板上西花蓟马和草蛉成虫的活动变化

3.6　石榴蓟马类害虫的综合防治

3.6.1　种群动态监测

　　蓟马为害非常隐蔽，发生不严重时症状不明显，不易被察觉，一旦为害严重，损失已无法挽回。因此密切监测虫情，了解害虫的发生发展动态是及时、适时防治的基础。目前较通行的监测方法是通过定点悬挂色板（蓝板或黄板，每亩挂 10 片左右）诱捕或将植株上的虫子抖落到白瓷盘上进行记数。

3.6.2　经济危害水平

　　经济危害水平（ET）和经济阈值是有害生物综合防治（IPM）中的重要内容，是决定是否采取防治措施的重要指标。国外依据二斑叶螨对叶片的为害提出温室黄瓜上西花蓟马的 ET 为每中部叶片 1.7 头成虫或 9.5 头若虫，或者利用蓝板或黄板监测时每黄板 20～50 头成虫，或每花 3～5 头成虫。当然由于不同的蔬菜品种及其产品，不同的地方对有关产品的不同市场标准，以及是否在该作物上传播病毒病等的不同，其经济阈值也有明显的差异。

3.6.3　农业防治

　　由于蓟马个体小，一般潜伏在石榴花瓣内取食危害。在使用化学药物防治时不易把蓟马杀死。在调查期间正值蓟马活动高峰期，由于其种群数量大且危害严重，果农不得不在短期内（一般每隔 7～10d）喷施大量的农药。大量投入化学药剂虽可暂时保持果园产量较高水平，降低蓟马的危害，但增加了果品的农药残留，破坏了生态环境（全国农业技术推广服务中心，2003；于毅和王少敏，2003）；而盲目地使用农药，不仅起不到防治害虫的效果，反而增加其抗药性。

合理的间套作模式造就了农业系统在时间与空间上的多样性，而植物多样性往往导致虫害减轻（Altieri and Letourneau，1982）。目前在国内外文献中，关于在果园中种植豆科牧草的效果已有多方报道（孟林，2004；高九思等，2004；马国辉等，2005；郝淑英，2006），并已在许多国家和地区推广应用。果园中除了果树之外，还有许多可供利用的土地和光热资源，许多作物都可以和果园间作种植（于毅和王少敏，2003）。在果园种植其他作物，无论对于果园生态系统的平衡和恢复，对于无公害生态果品的生产，还是对于增加农民收入都具有十分重要的现实意义。

3.6.3.1 农田生态系统

由于生态系统具有自我修复的功能，目前已有研究证明在农田生态系统中通过种植多种作物，提高生境的植被有利于提高生物群落，降低害虫的危害（Wrubel，1984；Gold et al.，1990）。例如，在混作中，其他植物可能为靶标作物提供掩护，使害虫对靶标作物的侵染减轻。Wrubel 发现，在混合种植的玉米/大豆中，由于玉米的视觉掩护作用，墨西哥豆甲对大豆侵染率比纯作大豆低。大豆与燕麦混合种植比纯作大豆较少感染蚜虫（*Aphis fabae*），但把纯作大豆密植以使大豆在蚜虫到来之前封行，也能达到减少蚜虫侵染的目的。这表明多样化可能只是起着掩护的作用，充填靶标作物间的空隙，从而使得它们不被裸露的土壤突显出来。混作中害虫减轻也可能不是直接对害虫影响的结果，而是通过影响寄主作物的生长发育状况间接地影响害虫侵染率。Gold 等在对木薯粉虱研究中发现，长势好的地块上粉虱数量总是高于长势差的地块，而纯作木薯总比混作木薯长势旺盛。这是由于混作改变了田间微气候及水肥条件。

现代农田生态系统中，多样性与稳定性间的关系可归结为植物多样性的增大是否导致害虫种群的下降，并使害虫种群维持在较低水平而不出现大的波动。然而，现代农业由于为数不多的农作物品种追求大面积种植的做法降低了农田生态系统中的多样性，使环境结构在很大程度上呈现出简单化，从而存在基因流失与退化、土壤养分过分耗竭、地力退化和连作障碍、病虫害大量暴发等问题，造成农田生态系统脆弱化。农田系统中生物多样性降低受影响最大的莫过于害虫防治领域，破坏自然植被的单作模式，导致有害生物的日趋严重，造成了农业生态系统的不稳定。生态学研究已经揭示，害虫危害单作作物比危害混作作物或自然植被更严重（侯茂林和盛承发，1999），而且传统农业更有利于促进农业生态系统的可持续发展（Cromarcie，1991；Francisco et al.，2006）。农林结合、农牧结合、轮作和间套作等都是农业生态系统中生物多样性的体现。其中，间套作又是农田生态系统中植物多样性的典型。

3.6.3.2 间套作优点和方式

合理的间套作模式造就了农业系统在时间与空间上的多样性，而植物多样性往往导致虫害减轻（Altieri and Letourneau，1982）。

间套作是指两种或两种以上作物隔畦、隔行或隔株有规则栽种的种植制度（石建国，2000）。间作，两种作物共同生长的时间长；套作，主要是在一种作物生长的后期，种上另一种作物，其共同生长的时间短（张俊平等，2005）。间作套种是我国传统精耕细作农业的重要组成部分，有着悠久的历史。据记载，在中国汉代间套作已有萌芽，在南北朝得到了初步发展，是中国农业生产的传统栽培方法（吴存浩，1996）。间套作模式的目的是发挥作物的种间竞争与互补作用。不同作物种间的相互作用可能是相互抑制，也可能是相互促进。采用间套作模式时，要尽可能避免种间的相互抑制作用，同时最大限度地发挥种间的相互促进作用（Francis et al.，1976）。间套作的优点表现在以下几方面：增加耕地复种指数；提高土地利用率；提高光能利用率；提高土壤肥力，改良土壤理化性状；改善田间小气候，减轻病虫害，抑制杂草生长；稳产保收，增加综合效益（何世龙和艾厚煜，2001）。

我国目前的间套作方式很多，在生产中发挥作用的有：冬小麦/玉米或蚕豆套作（华北、鄂西、西南等），小麦/棉花套作（南方棉区），春小麦/玉米间作（河西走廊、内蒙古后套、银川平原及东北南部），麦套玉米再套甘薯（西南丘陵旱地），棉花/西瓜、棉花/蒜、麦/西瓜/棉花、棉花/绿豆、早春菜/棉花等以棉花为基础的间套作（适于棉区），粮饲间套作（南方稻田套种紫云英、北方小麦/箭舌豌豆或毛苕子等），还有粮菜间套作、稻田复合林、林果间作等（陈阜和逢焕成，2000）。此外，间套作在非洲和亚洲国家应用较多，在南美洲和欧洲一些国家也有分布。在尼日利亚约有99%的豇豆、95%的花生、80%的棉花和76%的玉米采取间作形式；在乌干达，84%的玉米、81%的豆类和56%的花生也采用间作（Francia，1989；Vandermeer，1989）。

3.6.3.3 石榴邻作系统中蓟马种群动态

在石榴果园中采用合理的间套作栽培模式种植其他作物是防治石榴园蓟马的一个简单而操作性极强的方式。

（1）柑橘-石榴邻作果园蓟马种群活动

柑橘-石榴邻作果园生态系统中，柑橘园与石榴园诱集到的蓟马数量差异不显著（$F=0.98$，$P=0.52$）。当距离分别为 0m、10m、20m 时，石榴地诱集到的蓟马量分别为25.4 头/板、27.0 头/板、32.6 头/板，差异不显著（$F=1.27$，$P=0.99$），但当距离为30m、40m 时，石榴地诱集到的虫量分别为96.7 头/板、17.5 头/板，差异极显著（$F=0.05$，$P=0.01$）。柑橘地在距离为40m、50m、60m 时，诱集到的蓟马数量分别为34.1 头/板、21.1 头/板、9.9 头/板，差异显著（$F=9.7$，$P=0.05$）。而且在两种作物相互靠近的地方（即在距离为0～30m 时石榴蓟马平均头数为 45.4 头/板，柑橘蓟马平均头数为 42.5 头/板，两地各自诱集到的蓟马数大于两者距离远（即 40m 以后，石榴蓟马平均头数 17.5 头/板，柑橘蓟马平均头数 21.7 头/板）时诱集到的蓟马数（图 3-9）。说明这两种作物对蓟马种群的活动有促进作用，不宜将这两种作物套种或邻种在一起。

（2）小枣-石榴邻作果园蓟马种群活动

从图 3-10 可以看出，小枣-石榴邻作果园生态系统中，石榴果园诱集的蓟马虫数与小枣地诱集的蓟马虫数差异不显著（$F=0.55$，$P=0.74$），当距离为 0m、10m、20m、30m、40m、50m 时，石榴园和小枣地中各自诱集到的蓟马虫量差异亦不显著（小枣：$F=0.74$，$P=0.59$。石榴：$F=0.11$，$P=0.99$）。从总体上看，石榴园诱集到的蓟马虫量（平均为 138.0 头/板）大于小枣地诱集到的虫量（平均为 115.13 头/板）。说明这两种作物邻种的距离对蓟马种群数量没有影响，可以将这两种作物邻种在一起。

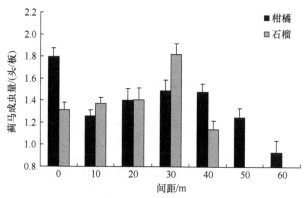

图 3-9　柑橘-石榴邻作果园蓟马种群活动
图中数据进行了 log（x+1）转换

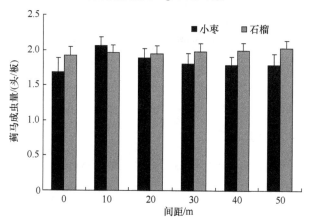

图 3-10　小枣-石榴邻作果园蓟马种群活动
图中数据进行了 log（x+1）转换

（3）花生-石榴邻作果园蓟马种群活动

花生-石榴邻作果园生态系统中（图 3-11），从总体看，花生地诱集的蓟马种群数量明显多于石榴园诱集到的蓟马种群数。诱集的蓟马总量在花生地和石榴园差异不显著（F=0.36，P=0.73）。当间距分别为 5m、10m 和 15m 时，花生地和石榴园诱集的蓟马总

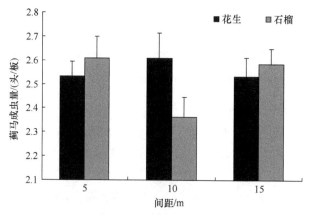

图 3-11　花生-石榴邻作果园蓟马种群活动
图中数据进行了 log（x+1）转换

量差异不显著（花生 F=0.27，P=0.76；石榴 F=1.11，P=0.33）。说明这两种作物邻种的距离对蓟马种群数量没有影响，可以将这两种作物邻种在一起。

（4）蔬菜-石榴套种果园蓟马种群活动

由图 3-12 可知，在蔬菜-石榴套种果园生态系统中，菜地 A（套种韭菜、薄荷）与菜地 B（套种茄、豆、姜、莴苣、芋头和山药）石榴上的蓟马总虫口数差异极显著（F=0.93，P=0.01），从总体看，后者的虫量明显多于前者。说明对蓟马种群活动的影响作用菜地 B 强于菜地 A。

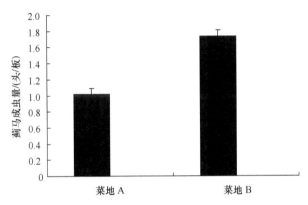

图 3-12　不同蔬菜-石榴套种果园蓟马种群活动

图中数据进行了 log（x+1）转换

蔬菜-石榴套种果园 A、B 菜地的蓟马总数差异极显著（F=0.93，P=0.01），菜地 B 蓟马总数平均为 64.03 头/（板·d），而菜地 A 蓟马总数平均为 11.37 头/（板·d）；菜地 B 蓟马总数最大值为 193 头/（板·d），而菜地 A 蓟马总数最大值为 28 头/（板·d）（图 3-13）。

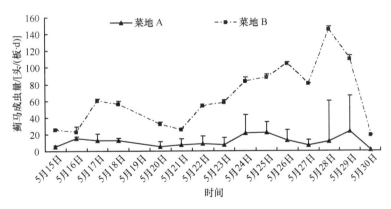

图 3-13　蔬菜-石榴套种果园蓟马种群季节活动

图中数据进行了 log（x+1）转换

由以上结果可以看出，在选取的 3 块邻作系统中花生-石榴邻作系统对蓟马种群的活动影响最大，花生对蓟马的诱集力显著高于石榴；其次是在柑橘-石榴的邻作系统中，两者对蓟马的诱集差异不显著，但两者近距离时的蓟马数量要显著高于其远距离时各自诱集到的蓟马数量；在小枣-石榴邻作系统中，两者对蓟马的诱集差异不显著，但石榴果园诱集的蓟马略高于小枣地的虫量。这可能是邻作系统中柑橘、小枣等果树与石榴的长势或化学物质组成相近，故影响差异不显著。从总体上来说，与矮秆作物花生邻作的石榴地诱集到的蓟马数量要明显少于柑橘-石榴地诱集到的蓟马数量。上述这些问题有待于进一步研究。

本研究选取了两块与石榴套种模式的石榴园，通过对两块菜地的观察，发现菜地A与菜地B对蓟马种群的活动有极显著差异，且在种群的日变化中A、B两地对蓟马的活动差异亦显著。进一步观察，菜地A套种的是韭菜和薄荷，菜地B套种的则是茄、大豆、姜、莴苣、芋头和山药。这可能是菜地A中蓟马的食物比较单一或不喜好韭菜、薄荷，而菜地B蔬菜种类较多，蓟马的食物来源丰富，随之而来蓟马的活动数量就多。这一情况可能是各蔬菜种类间对蓟马具有不同的引诱或趋避作用，亦须进行深入研究。

3.6.3.4 果园覆草技术

果园生草是指果树行间（株间）长期种植多年生豆科或禾本科草作为土壤覆盖物的土壤管理措施。国外研究成果较多，主要有：①增加了天敌数量和多样性，天敌假说（the enemies hypothesis）在一定程度上解释了这一机制（Root，1973）；②增强寄主作物的抗虫性，即分类上不同的植物间作种植可比单一植物种遭受更少的取食；③非寄主作物的存在阻碍害虫对寄主的寻找，从而控制害虫；④间作改变了植被状况和田间小气候，使其不利于害虫种群的增长。第二次世界大战后果园生草在国外得到迅速发展。到20世纪80年代后期我国才开始推广果园覆草技术，并对杏、苹果、核桃、柑橘等生草的生理生态效应等进行相关研究（郭裕新等，1994）。果园生草在改善果园生态、栽培条件、促进果品高产优质等方面有重要作用，为果园的持续发展创造了条件（郭裕新等，1994；谭承来，1993）。

3.6.3.5 具有引诱作用的杂草种植

云南省石榴园植被物种丰富，菊科植物种类最多。杂草上蓟马种类以西花蓟马为优势种，采集量占总量的75.5%，其中菊科植物尤以鬼针草和藿香蓟上蓟马虫量最多。研究发现，鬼针草和藿香蓟对西花蓟马的吸引作用较石榴要强。如果将对西花蓟马有较强吸引作用的这类杂草或诸如紫花苕等绿肥植物种植于果园内，让其先于保护植物开花前开放，用于吸引蓟马，之后将其连同植株一同杀灭，这将大大减少化学农药的施用和对环境的污染。

西花蓟马对石榴（黄蕊红花）、藿香蓟（蓝紫色花）和鬼针草（黄蕊白花）的花色和挥发物选择性差异极显著（$F=24.649$，$P<0.01$）。图3-14表明，未覆盖纱布花朵中的西花蓟马成虫量明显高于覆盖纱布花朵中的虫量，即颜色是西花蓟马对花朵定位选择的主要因素。对3种寄主的花色进一步分析，结果表明西花蓟马对不同花色的选择性差异极显著（$F=7.852$，$P<0.01$）。其中，黄蕊白花吸引蓟马的平均虫量最多，为2.533头/花，其次是蓝紫色花，为2.411头/花。西花蓟马对不同气味花朵的选择性差异不显著（$F=2.021$，$P>0.05$），每朵花中西花蓟马的平均虫量为1.276头。

寄主花朵提取物对西花蓟马成虫的吸引作用明显高于对照组，处理与对照间差异极显著（$F=75.74$，$P<0.01$）。比较各植物花朵挥发物对西花蓟马成虫的吸引率，在同一浓度下，鬼针草花朵提取物的吸引作用最强，其次是藿香蓟，各处理间差异极显著（$F=13.50$，$P<0.01$）。而对照间差异不显著（$F=4.50$，$P>0.05$）。有选择行为的虫数与无选择的虫数间差异极显著，无选择的虫数仅占总数的 2.5%（表 3-17）。

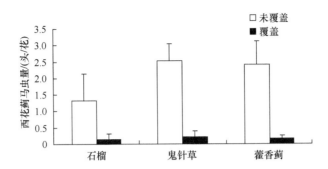

图 3-14　西花蓟马成虫对不同植物花朵颜色和气味的选择反应

表 3-17　西花蓟马成虫对花朵提取物的选择反应（Y 型嗅觉仪）

花朵提取物	供试虫数/头	进入气味臂虫数/头	处理对照	反应率/%
石榴	80	47	31	60.26
鬼针草	80	56	23	70.89
藿香蓟	80	53	24	68.83

3.6.4　物理防治

物理防治是一种环保型防治手段，具有使蓟马不会产生抗药性、不污染环境等优点。但它只适合于小范围内蓟马的防治，且只对成虫效果明显，对于若虫不起作用。国内外对粘虫板诱捕技术做过很多研究（表 3-18，表 3-19）。

据段登晓、李江涛等对色板进行研究，其结果显示，单一蓝色对西花蓟马成虫引诱效果最强，显著高于黄色、紫色和褐色。混合色对西花蓟马成虫的引诱效果显著低于单一蓝色和黄色。利用黄色色板监测西花蓟马田间种群动态的准确性要明显优于蓝色色板。

使用粘虫板监测飞行昆虫的种群数量是普遍提倡的温室 IPM 的关键（Brodsgaard，1993；Vernon and Gillespie，1990）。蓟马对蓝色、黄色、白色、粉红色粘虫板有一定趋性，但不同颜色粘虫板诱集效果的比较结果不尽一致。到目前为止，粘虫板诱捕是对蓟马种群动态进行测报和防治最为简单有效的方法之一。然而粘虫板的颜色、大小、形状、黏着剂、设置高度、设置方式、设置方向、设置间距、设置时段和设置密度对蓟马的诱捕效果均有不同程度影响（Chang，1990；Brodsgaard，1993；Cho，1995；Chu et al.，2000；Chang et al.，2006）。

不同种类蓟马对颜色有不同趋性，如西花蓟马和华简管蓟马对蓝色趋性最强，波长 437.5～506.6nm 蓝色粘虫板诱集西花蓟马的效果最好（任洁等，2008；吴青君等，2007）。Cho 等报道在番茄上，黄色粘虫板诱捕的西花蓟马虫量明显多于蓝色粘虫板。Gillespie 等报道蓝色粘虫板和黄色粘虫板上诱到的西花蓟马数量没有显著性差异。4700～4750Å 蓝色和白色粘虫板诱集棕榈蓟马的效果最好（任洁等，2008；吴青君等，2007）。茶黄硬蓟马、花蓟马和台湾花蓟马对白色的趋性明显高于其他颜色的趋性（魏远安等，1999；Moffitt，1964；Webb，1970）。烟蓟马对蓝色和黄色的趋性强于其他颜色的趋性（祝前根，1982；任向辉和王运兵，2008；贝亚维等，2004）。牛角花齿蓟马对黄色、白色、

表 3-18 诱捕蓟马的粘虫板材料

寄主名称	蓟马种类	颜色	材料	黏着剂	大小	参考文献
三叶草(坪) 桃(园) 棉花(地) 辣椒(地) 番茄(温室)	缨翅目	蓝	色板	机油和凡士林 5：1	20cm×30cm 40cm×30cm 25cm×20cm	蒋月丽, 2007
茄(大棚)	棕榈蓟马	蓝	油光纸	不干胶	18cm×27.8cm	陈华平等, 1997
一品红(温室)	蓟马	黄	塑料垫写板	猪油、机油、黄油、花生油、凡士林	30cm×20cm	梁萍等, 2007
黄瓜(温室)	西花蓟马	蓝	色卡	粘蝇胶	10cm×15cm	任洁等, 2008
苜蓿(地)	牛角花齿蓟马	黄、白、苜蓿花紫	油光纸+PVC板	机油	15cm×25cm	任智斌和王森山, 2007
辣椒(大棚)	西花蓟马	海蓝	硬塑料板	黏胶	21cm×15cm	吴青君等, 2007
甜椒(温室)	西花蓟马	黄、蓝	硬纸板	粘虫胶	21cm×15cm	肖长坤等, 2007
茄(地)	棕榈蓟马	浅蓝	方块彩纸	凡士林	20cm×15cm	赵锐, 2003
茄(大棚)	棕榈蓟马 华简管蓟马	黄	PVC诱虫板		20cm×25cm	贝亚维等, 2004
豇豆(地) 花生(地) 棉花(田)	茶黄硬蓟马 棕榈蓟马 烟蓟马	蓝 白	诱捕器			魏远安等, 1999
康乃馨(大棚)	西花蓟马	白 蓝、蓝黄	纸板 蜡光纸	石蜡油	55cm×45cm 长10cm	祝前根, 1982 李江涛等, 2009
蔬菜(地)	棕榈蓟马	蓝	胶合板、纸板	不干胶	直径4.5cm 100cm×30cm	张玉坤等, 1998
黄瓜(温室)	西花蓟马 大多数种类	蓝、黄 锌白	圆柱筒状物		20cm×30cm	Gillespie and Vemonr, 1990 Webb, 1970

续表

寄主名称	蓟马种类	颜色	材料	黏着剂	大小	参考文献
黄瓜（温室）	棕榈蓟马	蓝				Broedsgaard, 1989 Kawai and Unger, 1983
黄瓜（温室）	豆花蓟马	白	色胶板			Chandler, 1962
菜豆	花蓟马 花蓟马					
菜豆	西花蓟马 西花蓟马	白、黄、蓝、粉 蓝				Moffitt, 1964 Cloyd, 2003 Cho et al., 1995
康乃馨	西花蓟马	黄	圆柱形粘板			Vernon and Gillespie, 1995
番茄		淡紫背景黄				
黄瓜（温室）	西花蓟马 西花蓟马	黄 黄				Ekrem and Rammazan, 2004 Steiner, 1999
草莓（温室）	蓟马科	蓝、黄	色板			Wyatt et al., 1999
海滨盐草		蓝				

表 3-19　诱捕蓟马的粘虫板设置方式

寄主名称	蓟马种类	放置方式	高度和方向	时段	间距	参考文献
茄（大棚）	棕榈蓟马	垂直	植株上方，正北向	5:00～8:00	1.8m	陈华平等，1997
一品红（温室）	蓟马	垂直	植株上方 0cm、10cm、20cm、30cm、40cm，东西向、南北向			梁萍等，2007
黄瓜（温室）	西花蓟马	筒状垂直	最低处与植株平齐			任洁等，2008
苜蓿（地）	牛角花齿蓟马		距地面 60cm	5d		任智斌和王森山，1997
辣椒（大棚）	西花蓟马		植株上方 20cm			吴青君等，2007
甜椒（温室）	西花蓟马		植株上方 15cm			肖长坤等，2007
蔬菜（大棚）	烟蓟马	70°斜摆	0cm	1h、6h		任向辉等，2008
茄（地）	棕榈蓟马					赵钢，2003
茄（大棚）	棕榈蓟马		植株上方	5d	15m²/块、5m²/块	贝亚维等，2004
棉花（田）	烟蓟马		离地 50cm，南	10:00～12:00	4 块/地，7m	祝前根，1982
茄（温室）	棕榈蓟马	悬挂空中	10～15cm		10m	贝亚维等，2004
四季豆（地）	烟蓟马 花蓟马					
甘蓝（地）	蓟马	筒状悬挂	植株上方 15～20cm		4m×4m	韩群营，2006
康乃馨（大棚）	西花蓟马		植株上方 10cm			李江涛等，2009
蔬菜（地）	棕榈蓟马	垂直悬挂	植株中部偏上方		2～3m、3～5m	张玉坤等，1998
黄瓜（温室）	西花蓟马		离地 2.4m			Gillespie and Vernonr，1990
棉花（地）	西花蓟马		离地 120cm			Ekrem and Rammazan，2004

苜蓿花紫色的趋性最强（任智斌和王森山，2007）。在农业上经常使用的主要是黄色和蓝色粘虫板，另有研究表明，蓝色粘虫板更易诱捕到雌性蓟马，而黄色粘虫板诱捕到的雄性蓟马更多（Gillespie and Vernonr，1990）。西花蓟马聚集于板的一侧和上部边缘（Steiner，1999）。粘虫板常用的颜色有蓝、黄和白色。

所用粘虫板大小规格不一，长和宽分别为 7.6～55cm 和 10.5～45cm。任洁等（2008）研究表明，10cm×15cm 粘虫板诱捕温室黄瓜上西花蓟马的效果最好，也有研究表明，粘虫板大小对蓟马的诱捕效果无影响（蒋月丽，2007；梁萍等，2007）。较常用的粘虫板大小约为 20cm×15cm（贝亚维等，2004；赵钢，2003；肖长坤等，2007；吴青君等，2007）。

粘虫板的设置高度影响其对蓟马的诱捕效果。根据不同寄主种类，设置高度有所差别，前人对在植株上方 0～40cm 高度的粘虫板的诱捕效果进行研究。梁萍等（2007）研究表明在温室一品红上诱捕的蓟马量无明显差异；任洁等（2008）研究表明粘虫板底端与温室黄瓜植株上方齐平的高度诱捕西花蓟马的效果最好；而陈华平等（1997）研究表明，粘虫板在茄上方 1.95cm 和 15.85cm 高度诱捕棕榈蓟马的效果最好。飞行的西花蓟马更多地在植株上空出现（Ekrem and Rammazan，2004）。一般来说，粘虫板设置在与植株齐平或上方效果较好（任洁等，2008）。

粘虫板的设置方向对其诱捕效果有一定影响。有研究表明，粘虫板在茄地正北向诱捕棕榈蓟马效果最好（陈华平等，1997），而在棉田南向诱捕到的烟蓟马最多（祝前根，

1982）。在温室一品红上，梁萍等（2007）对粘虫板设置方向的诱捕效果研究表明，东西向和南北向诱捕蓟马的效果无差异。这些结果间存在矛盾，故粘虫板最佳设置方向尚无定论。

粘虫板在不同时段诱捕到的蓟马虫量有所差别，而田间和温室的结果有明显差异。8:00～16:00，每2h观测棉田粘虫板上烟蓟马虫量，发现10:00～12:00是烟蓟马的迁飞盛期和高峰期（祝前根，1982）。5:00～20:00，每3h观测温室茄粘虫板上棕榈蓟马虫量，5个时段诱捕到的虫量差异不显著，但5:00～8:00时虫量最多（陈华平等，1997）。

粘虫板的设置间距对其诱捕效果也有影响。根据不同寄主种类，设置间隔距离有所差别，前人对粘虫板间隔1～10m距离的诱捕效果进行研究，结果表明，棉田诱捕烟蓟马的粘虫板有效间隔距离是7m（祝前根，1982）。温室中，一般间距设定在2～5m（张玉坤等，1998；韩群营等，2006；陈华平等，1997）。

粘虫板的设置密度对其诱捕效果影响的研究不多。祝前根（1982）对棉田进行粘虫板密度的诱捕效果研究表明，1块/地、4块/地、6块/地、8块/地中4块/地诱捕烟蓟马的效果最佳。贝亚维等（2004）对温室茄粘虫板密度的诱捕效果研究表明，5块/m^{2}诱捕蓟马的效果较15块/m^{2}诱捕蓟马效果好，但两者差异不显著。

另据报道，将烟碱乙酸酯和苯甲醛混合在一起制成诱芯在田间使用，能够准确预测西花蓟马的发生及为害时期，并能大量诱杀成虫。将茴香醛与上述2种化合物混合后制成粘虫板，防治大棚内的西花蓟马效果良好。在黄色粘虫板上涂上茴香醛诱集到的雌性西花蓟马比黄色粘虫板多11～15倍，诱集到的雄虫比粘虫板多3～20倍。在蓝色粘虫板上按1:1涂NM［(S)-2-甲基丁酸橙花酯］，或NM:LA［(R)-乙酸薰衣草酯］时都能显著增强蓝色色板对西花蓟马的诱集力（吴树松和肖春，2009）。

以云南省石榴主产区蒙自市和建水县石榴园为实验地点，用不同颜色、高度、位置和时段的粘虫板对石榴园的优势蓟马种群数量进行监测，明确粘虫板在石榴园对蓟马诱捕的影响，以期为石榴园蓟马防治提供理论依据。

3.6.4.1 粘虫板颜色的诱捕作用

从图3-15可以看出，石榴园中粘虫板颜色诱捕效果差异极显著，甜石榴 $F=43.87$，$P<0.01$；酸石榴 $F=19.22$，$P<0.01$。两类石榴园中蓝色粘虫板诱捕的蓟马数量最多。甜

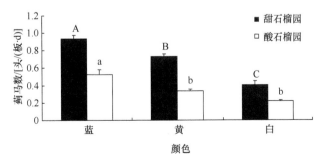

图3-15 粘虫板颜色对酸、甜石榴园蓟马的诱捕作用

不同字母（A～C，a～b）表示差异显著（$P<0.05$），下同

石榴园中各色粘虫板诱捕蓟马效果显示：蓝色>黄色>白色，而酸石榴园中黄色和白色粘虫板的诱捕效果差异不显著。

蒙自市 4 个甜石榴园各色粘虫板诱捕效果一致，蓝色和黄色粘虫板的诱捕效果差异不显著，而白色粘虫板的诱捕效果最差。建水县 4 个酸石榴园各色粘虫板诱捕效果一致，除青龙 B 地 3 种颜色粘虫板诱捕效果无差异外，其余 3 个酸石榴园中蓝色和白色粘虫板的诱捕效果差异显著，蓝色最好，白色粘虫板诱捕效果最差（表 3-20）。

表 3-20　不同石榴园粘虫板颜色的诱捕作用

地点		蓟马数/［头/（板·d）］		
		蓝色	黄色	白色
蒙自市	红墙院村	0.904±0.140a	0.689±0.114a	0.336±0.067b
	石榴街村	0.889±0.122a	0.704±0.109a	0.378±0.061b
	石灰窑村	0.880±0.145a	0.708±0.114a	0.361±0.072b
	杨家庄村	1.059±0.193a	0.820±0.155ab	0.538±0.115b
建水县	南庄 A 地	0.612±0.100a	0.377±0.073ab	0.283±0.077b
	南庄 B 地	0.624±0.113a	0.366±0.074b	0.283±0.063b
	青龙 A 地	0.391±0.063a	0.290±0.045ab	0.239±0.029b
	青龙 B 地	0.475±0.076a	0.305±0.063a	0.282±0.047a

注：同一列数据后不同字母表示差异显著

3.6.4.2　粘虫板高度的诱捕作用

酸石榴和甜石榴园中粘虫板挂置 3 个高度的监测效果差异不显著(酸石榴园：$F=0.1$，$P>0.05$。甜石榴园：$F=0.71$，$P>0.05$)。青龙酸石榴园中粘虫板挂置 2.0m 处效果最好，挂置 1.5m 和 1.0m 处效果差异不显著。南庄酸石榴园中粘虫板挂置 3 个高度的诱捕效果差异不显著。甜石榴园中除杨家庄地外，其余三地各高度间差异不显著，而杨家庄地中 1.5m 高度的诱捕效果较好（图 3-16）。

3.6.4.3　粘虫板位置的诱捕作用

从图 3-17 可知，挂置阳面的粘虫板诱捕效果显示，蓝色强于黄色和白色，差异显著（$F=8.69$，$P<0.01$），黄色和白色差异不显著，而各色粘虫板在阴面的诱捕效果差异不显著（$F=1.21$，$P>0.05$）。挂置阳面的蓝色粘虫板诱捕到的蓟马虫量是阴面诱捕虫量的 2 倍以上。

从图 3-18 可以看出，石榴园挂置在阳面的粘虫板颜色诱捕效果差异极显著，甜石榴园 $F=4.43$，$P<0.05$；酸石榴园 $F=40.54$，$P<0.01$。挂置在阴面的粘虫板颜色诱捕效果差异不显著，甜石榴园 $F=1.70$，$P>0.05$；酸石榴园 $F=0.71$，$P>0.05$。

3.6.4.4　粘虫板设置时段的诱捕作用

从表 3-21 可知，粘虫板设置的时段间诱捕作用差异极显著（$F=35.25$，$P<0.01$），各时段诱捕作用显示：8:00～10:00>10:00～12:00、14:00～16:00、16:00～18:00>12:00～14:00>18:00～20:00>20:00～次日 8:00。不同品种石榴园设置的时段间诱捕作用差异极显著，甜石榴园 $F=16.34$，$P<0.01$；酸石榴园 $F=20.98$，$P<0.01$。2007 年

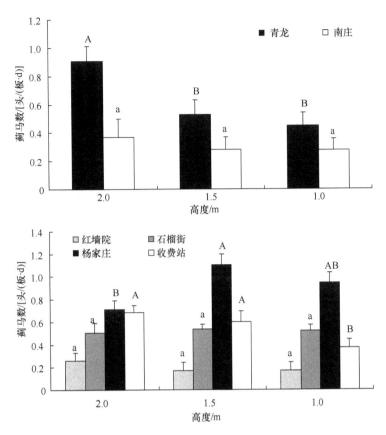

图 3-16　石榴园不同高度粘虫板的诱捕作用

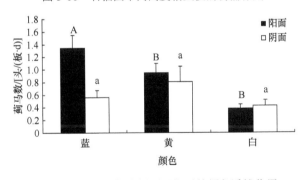

图 3-17　石榴园粘虫板不同位置的颜色诱捕作用

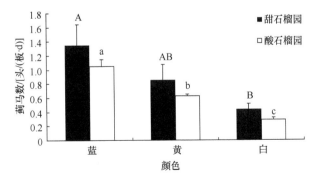

图 3-18　酸、甜石榴园粘虫板设置位置的颜色诱捕作用

表 3-21 粘虫板设置时段的诱捕作用

时段	蓟马数/（头/板）
20:00～次日 8:00	0.003±0.002d
08:00～10:00	0.780±0.045a
10:00～12:00	0.736±0.061ab
12:00～14:00	0.604±0.064b
14:00～16:00	0.734±0.064ab
16:00～18:00	0.719±0.043ab
18:00～20:00	0.324±0.037c

注：同一列数据后不同字母表示差异显著

和 2008 年粘虫板设置的时段间诱捕作用差异极显著，2007 年 $F=16.16$，$P<0.01$；2008 年 $F=27.71$，$P<0.01$。

甜石榴和酸石榴园不同地点的粘虫板颜色诱捕效果均显示，蓝色诱捕效果明显优于其他两种颜色，黄色和白色差异不显著，这与 Gillespie 和 Vernonr（1990）及任洁等（2008）的结果一致，但蒋月丽（2007）的研究表明，白色诱捕效果优于黄色，本研究发现，蓝色粘虫板更易诱捕到雌性蓟马，而黄色粘虫板诱捕到的雄性蓟马更多，这与 Gillespie 和 Vernonr（1990）所做研究结果相吻合。因此，在果园中诱捕蓟马，选择蓝色和黄色粘虫板搭配使用较好。

缨翅目昆虫聚集于粘虫板的一侧和上部边缘，这与 Marilyn 等在澳大利亚温室得出的结论一致（Steiner et al.，1999）。石榴树植株下方 3 个高度间诱捕效果差异不明显。此研究在果林中完成，为了操作方便，设置高度均为石榴植株下方。有研究报道，粘虫板高度在温室植株上方效果较好（任洁等，2008；Vernon and Gillespie，1995），温室飞行的西花蓟马更多地在植株上空出现（Ekrem and Rammazan，2004）。因此，林间诱捕粘虫板高度以花朵集中高度并且操作方便为宜。

本研究发现，蓝色粘虫板在阳面的诱捕虫量是阴面诱捕虫量的 2 倍。这与 Wyatt 等（1999）的研究结果正相反，究其原因，可能是粘虫板设置位置的温度有差异。本研究的粘虫板悬挂于空中，在阴影或阳光下粘虫板的温度接近，而 Wyatt 等则是把粘虫板水平放在土层表面，地表温度在阴影（10℃）和阳光（60℃）下差异很大。因此，果园中粘虫板可随机挂置于阳面和阴面，而放置在地表，则应选择阴影处。

粘虫板在不同时段诱捕到的蓟马虫量有所差别，而田间和温室的结果有明显差异。本研究发现，石榴园蓟马的活动期出现在 8:00～18:00，其中，在 8:00～10:00，蓟马虫量最大，这比田间烟蓟马的活动高峰期提前 2h（祝前根，1982），与温室茄上的棕榈蓟马活动高峰期相比，推迟 3h（陈华平等，1997），而在 20:00～次日 8:00，蓟马几乎没有飞行活动。因此，结果差异的原因有待进一步研究。

在石榴园设置不同颜色、高度、位置和时段的粘虫板，对石榴园的蓟马种群数量进行监测，结果表明，石榴园粘虫板颜色诱捕效果差异极显著，蓝色粘虫板诱捕的蓟马数量最多，甜石榴园中黄色粘虫板诱捕效果优于白色，而酸石榴园中这两种颜色的诱捕效果差异不显著；酸石榴和甜石榴园中粘虫板挂置 3 个高度（1.0m、1.5m、2.0m）的监测效果差异不显著；挂置阳面的粘虫板蓝色诱捕效果强于黄色和白色，差异显著，各色粘虫板在阴面的诱捕效果差异不显著;粘虫板设置的 7 个时段间诱捕效果差异极显著,其中,8:00～10:00 粘虫板诱捕虫量最多,而在 20:00～次日 8:00,蓟马几乎没有飞行活动。

3.6.5 化学防治

化学防治的效果比物理防治快,可以防治西花蓟马的若虫和成虫。但化学防治存在污染环境、容易产生抗药性、防治成本比较大等问题。化学防治时应该注意的事项:一是根据蓟马的放生规律来确定农药的喷洒时间;二是选择高效低毒低残留的农药,每种杀虫剂使用 2 次后必须更换,以防止害虫的抗药性或推迟抗药性的发生时间等。

用 18%杀虫双水剂 150g/亩对石榴花朵部位均匀喷雾,8:00～20:00 每隔 2h 共 6 次处理,以喷清水作为对照。每个处理随机选 10 棵树,重复 3 次,共 180 棵树。分别于施药前和施药后 1d、2d、3d、4d、5d 调查各处理虫口数量。

在一天的不同时段喷以同一浓度(200g/亩)的杀虫双,不同时段施药后的减退率差异极显著($F=0.076$,$P<0.01$),防效也表现出极显著性差异($F=0.106$,$P<0.01$)。其中,10:00～12:00 和 14:00～16:00 时段在施药后 2d 和 1d,减退率就达到了 100%,施药后 5d,其减退率再一次达到 100%,12:00～14:00 时段在施药后 4d,减退率也达到了 100%。14:00～16:00 时段施药后 1d 校正防效最高,为 98.46%,施药后 5d 校正防效仍为 98.56%。从表 3-22 可知,施药后前 3d 各时段的减退率和防效均不稳定,之后趋于稳定,减退率和防效平均值分别为 92.96%和 94.46%。综合各时段的减退率和防效,10:00～16:00 期间施药的效果较理想。

表 3-22 18%杀虫双在一天不同时段的防治效果

时段	施药后 1d		施药后 2d		施药后 3d		施药后 4d		施药后 5d	
	减退率/%	防效/%	减退率/%	防效/%	减退率/%	防效/%	减退率/%	防效/%	减退率/%	防效/%
8:00～10:00	68.57	70.59	68.57	74.23	65.71	72.67	94.29	95.34	88.57	89.57
10:00～12:00	73.08	74.22	100.00	98.12	84.62	91.26	96.15	97.31	100.00	98.35
12:00～14:00	62.50	65.36	50.00	51.33	50.00	48.57	100.00	98.45	93.75	96.84
14:00～16:00	100.00	98.46	75.00	78.64	81.58	83.50	90.18	94.27	100.00	98.56
16:00～18:00	54.55	56.37	36.36	38.39	90.91	94.76	81.82	86.33	81.82	85.35
18:00～20:00	74.07	76.26	48.15	49.97	81.48	88.38	96.30	97.32	92.59	95.42
清水(CK)	−11.18	—	−33.33	—	−31.52	—	−22.28	—	−0.79	—

毒死蜱、甲基毒死蜱、马拉硫磷和喹硫磷的效果最好;昆虫生长调节剂灭幼脲、吡丙醚、氟虫脲等能够阻止若虫蜕皮和成虫产卵,但作用速度较慢;植物性杀虫剂如楝素、烟碱、藜芦碱等对蓟马也有一定防效;新型杀虫剂阿维菌素类药剂、多杀菌素对西花蓟马的效果显著。同时,由于西花蓟马的预蛹及蛹期通常都在土壤中度过,因此喷洒药剂往往对它不起作用。为了有效控制西花蓟马的发生,推荐在若虫和成虫期每隔 3～5d 喷药 1 次,重复 2 或 3 次,可取得良好的防治效果。1.8%阿维菌素防治西花蓟马效果显著,2.5%菜喜悬浮剂、48%乐斯本乳油和 0.3%印糠素乳油防效可达到 90.0%左右,金龟子绿僵菌对西花蓟马成虫和若虫有较高的防效,尤其是与农药"灭多虫"联合使用时,能迅

速降低成虫和若虫的种群数量。球孢白僵菌对西花蓟马也具有较高的防效。在农业生产中，可以施用分别稀释 2250 倍、2500 倍、2750 倍的百佳，而稀释 2750 倍的百佳在喷药后第 1 天校正防效达 95.61%。说明其见效快，第 7 天的校正防效仍达 71.06%，可见其持效期长。从经济成本角度考虑推荐使用稀释 2750 倍的百佳。

何平等于 2010 年用美国陶氏益农公司生产的 48% 乐斯本（毒死蜱）乳油 750 倍、6.3% 高效氯氟氰菊酯（佳田奔腾）乳油兑水稀释 1500 倍液，3% 啶虫脒乳油 750 倍液来防治石榴花期的西花蓟马。结果表明，48% 乐斯本乳油、3% 啶虫脒乳油的防治效果较理想，施药后 7d 虫口减退率分别达到 56.2%、63.8%，防效分别达到 70.0%、75.2%。而 6.3% 高效氯氟氰菊酯乳油的前期防治效果较好，施药后 1d 虫口减退率 12.8%、防效 20.3%，与 3% 啶虫脒乳油的防效相当；但是施药后 7d 防效明显下降。所以，在生产中应急防治西花蓟马主要选用 48% 乐斯本乳油和 3% 啶虫脒乳油，可达到较好的防治效果。

目前，对何时施用药剂来防治西花蓟马尚没有明确结论，农户根据经验普遍在石榴开花前及幼果期，一天中 10:00 后和 16:00 后施药。本调查的结果显示，一天 7 个时段中，10:00～16:00 期间施药的效果较理想，这也验证了农户经验的正确。鉴于石榴花朵中蓟马虫量的高峰期、果园中飞行蓟马的活动密集期及实际操作的情况，建议在 10:00～16:00 时段施药。

3.6.6 生物防治

云南丰富的天敌资源对抑制石榴害虫的大量发生发挥了一定作用，通过对自然天敌的保护，利用害虫天敌、作物抗性、生防制剂、栽培管理等综合手段将害虫控制在经济允许的损失水平以下，以减少化学农药的使用，保护生态环境。

保护利用本地天敌是害虫生物防治的基本途径和方法。石榴害虫及天敌资源的调查、天敌与害虫的自然种群结构、数量变动规律等方面的研究工作是开展石榴害虫生物防治的基础，是提出本地自然天敌保护利用的依据。

在蓟马的生物防治中利用捕食性天敌是有效的手段之一，目前西花蓟马的捕食性天敌种类 30 余种，国外利用且取得显著成效的主要包括半翅目的蝽科和捕食螨。蝽科包括肩毛小花蝽 Orius niger（Deligeorgidis，2002）、无毛小花蝽 Orius laevigatus（Sanchez and Lacasa，2002）、浅白翅小花蝽 Orius albidipenni（Sanchez and Lacasa，2002）、狡小花蝽 Orius insidiosus（Funderburk et al.，2000）、小黑花蝽 Orius strigicollis（Shibao and Tanaka，2000）、刺小花蝽 Orius armatus（Cook et al.，1995）、美洲小花蝽 Orius majusculus（Arnó et al.，2008）、东亚小花蝽 Orius sauteri（Zhang et al.，2008）、塔烟盲蝽 D. tamaninii（Ghabeish et al.，2008）等。其中塔烟盲蝽对西花蓟马的控制最为有效（Castañé et al.，1996）。张安盛等（2007）报道的东亚小花蝽对西花蓟马的捕食作用中发现，在所设定的西花蓟马密度下，1 头东亚小花蝽成虫日捕食西花蓟马成虫为 33.33 头，这表明东亚小花虫对西花蓟马有相当强的捕食能力。Blaeser 等（2004）在试验中发现 D. tamaninii、M. pymaeus、O. albidipennis 和 O. majusculus 能有效控制温室大棚中不同寄主上西花蓟马的种群数量。另外，Xu 等（2006）在利用 O. insidiosus 防治豇豆上的西花蓟马时得出，在西花蓟马初始若虫的密度为 100 头或 160 头时，释放 1 龄或 2 龄的 O. insidiosus 可以使西花蓟马若虫的密度分别减少62.5%、87.9%和46.3%、71.9%。捕食螨包括黄瓜钝绥螨 *Amblyseius cucumeris*、胡瓜钝绥螨 *Neoseiulus cucumeris* 和巴氏钝绥螨 *Amblyseius barkeri* 等（Jones et al.，2005；Skirvin et al.，2006；Jarosik and Pliva，1995），其中胡瓜钝绥螨在欧美等地已商品化生产并广泛应用于防治多种植物上的西花蓟马，对于控制西花蓟马的为害起了巨大作用。我国福建省植物保护研究所于1997年从英国引入该螨，成功地研制了该螨的人工饲料配方并实现了工厂化生产。郅军锐和任顺祥（2007）在实验中发现释放胡瓜绥钝螨下西花蓟马的危害水平明显低于没有释放胡瓜绥钝螨的处理。Shipp和Wang（2003）在评价大棚番茄中黄瓜钝绥螨对西花蓟马的种群控制中发现，在每株番茄上释放1小袋（约1000头）黄瓜钝绥螨可以使番茄的受害率在足够低的水平。

参 考 文 献

贝亚维, 高春先, 陈笑芸, 等. 2004. 黄色诱虫板在温室和露地诱虫谱的比较研究. 浙江农业学报, 16(5): 340-342

陈阜, 逄焕成. 2000. 冬小麦/玉米/夏玉米间套作复合群体的高产机理探讨. 中国农业大学学报, 5(5): 12-16

陈华平, 贝亚维, 顾秀慧, 等. 1997. 棕榈蓟马(*Thrips palmi*)对不同颜色粘卡的嗜好及其蓝色粘卡诱虫量的研究. 应用生态学报, 8(3): 335-337

戴霖, 杜予州, 鞠瑞亭, 等. 2005. 危险性害虫西花蓟马的传播现状. 华东昆虫学报, 14(2): 150-154

董应才. 1995. 西藏芒缺翅蓟马为害小麦穗的空间分布型. 西北农业大学学报, 23(4): 40-44

冯纪年, 侯有明, 袁锋, 等. 1991. 烟田烟蓟马种群空间分布型及序贯抽样技术的研究. 西北农业大学学报, 19(4): 69-73

高九思, 陈玮, 李卫东, 等. 2004. 苹果园生草利弊浅析及应对策略研究. 河南科技大学学报(农学版), 24(3): 42-44

郭裕新, 王斌, 姚胜蕊. 1994. 枣圃地嫁接育苗技术. 落叶果树, (1): 30-32

韩群营, 黄明生, 曾学军, 等. 2006. 不同色板诱虫试验初报. 湖北植保, 6: 53-63

韩运发. 1997. 中国经济昆虫志(第五十五册缨翅目). 北京: 科学出版社: 45-287

郝淑英. 2006. 果园生草制试验. 果农之友, (4): 9

何和明. 2005. 海南岛石榴泌蜜涂粉规律观测. 蜜蜂杂志, 4: 34

何世龙, 艾厚煜. 2001. 玉米、马铃薯间套作模式评价. 作物杂志, (3): 18-20

侯茂林, 盛承发. 1999. 农田生态系统植物多样性对害虫种群数量的影响. 应用生态学报, 10(2): 245-250

蒋月丽. 2007. 不同颜色诱捕器诱集昆虫多样性及诱捕效果研究. 杨凌: 西北农林科技大学硕士学位论文: 3-6, 12-27

李江涛, 邓建华, 段登晓, 等. 2009. 西花蓟马在康乃馨不同品种上的田间分布. 昆虫知识, 46(2): 276-279

梁萍, 黄艳花, 陈丹. 2007. 棚室诱虫黄板不同设置的诱杀效果比较. 广西植保, 20(1): 20-21

刘乐芹. 1994. 旱地作物蓟马种类及空间分布型研究. 云南农业大学学报, 9(1): 61-64

刘凌, 陈斌, 李正跃, 等. 2009. 不同设置模式粘虫板对石榴园蓟马的诱捕效果研究. 动物学研究(昆虫学专辑), 30: 231-237

马国辉, 曾明, 王羽玥, 等. 2005. 果园生草制研究进展. 中国农学通报, 21(7): 273-277

孟林. 2004. 果园生草技术. 北京: 化学工业出版社: 2

卿贵华. 2008. 石榴黄蓟马生物学特性研究. 山地农业生物学报, 27(5): 402-406

卿贵华, 高元媛, 高杨, 等. 2007. 石榴新害虫——黄蓟马研究初报. 中国植保导刊, 27(9): 20-21

邱辉宗. 1984. 腹钩蓟马(*Rhipiphorothrips cruentatus* Hood)之生物学及化学防治. 植物保护学会会刊, 26(4): 365-378

全国农业技术推广服务中心. 2003. 无公害果品生产技术手册. 北京: 中国农业出版社: 10

任洁, 雷仲仁, 花蕾. 2008. 色卡对西花蓟马诱捕作用的研究. 中国植保导刊, 28(4): 34-35

任向辉, 王运兵. 2008. 水溶黏着剂色板的田间诱虫试验. 安徽农业科学, 36(14): 6065

任智斌, 王森山. 2007. 9种颜色诱虫板对牛角花齿蓟马的诱集作用. 草原与草坪, 6: 49-54

石建国. 2000. 河西灌区玉米间套作吨粮栽培综合农艺措施数学模型的研究及应用. 玉米科学, 8(3): 46-50

谭承来. 1993. 幼龄果园间作套种生产模式. 落叶果树, (4): 48

魏远安, 杜布亚, 曾东强, 等. 1999. 不同颜色CC诱捕器对叶蝉和蓟马的诱捕作用. 广西科学, 6(1): 65-68

吴存浩. 1996. 中国农业史. 北京: 警官教育出版社: 554

吴青君, 徐宝云, 张友军, 等. 2007. 西花蓟马对不同颜色的趋性及蓝色粘板的田间效果评价. 植物保护, 33(4): 103-105

吴树松, 肖春. 2009. 西花蓟马在烟草植株上的分布特点及防治技术. 现代农业科技, (15): 169-170

肖长坤, 郑建秋, 师迎春, 等. 2007. 西花蓟马对不同颜色的嗜好及其诱虫效果. 植物检疫, 21(3): 155-157

谢永辉, 张宏瑞, 刘佳, 等. 2013. 传毒蓟马种类研究进展(缨翅目, 蓟马科). 应用昆虫学报, 50(6): 1726-1736

于毅, 王少敏. 2003. 果园新农药300种. 北京: 中国农业出版社: 8

余玉生, 张学文, 赵洪木, 等. 2008. 云南蒙自石榴蜜蜂授粉蜂群的管理. 中国蜂业, 10(59): 49-50

张安盛, 于毅, 李丽莉, 等. 2007. 东亚小花蝽成虫对西花蓟马若虫的捕食功能反应与搜寻效应. 生态学杂志, 26(8): 1233-1237

张俊平, 韩建明, 杨爱国, 等. 2005. 中农系列黄瓜新品种引种试验初报. 中国瓜菜, (6): 29-30

张永平. 2009. 石榴上西花蓟马的危害及防治方法. 果农之友, (1): 40

张友军, 吴青君, 徐宝云. 2003. 危险性外来入侵生物——西花蓟马在北京发生危害. 植物保护, (4): 58-59

张玉坤, 刘云虹, 徐风勇. 1998. 保护地蔬菜棕黄蓟马发生特点及综合防治技术. 吉林蔬菜, 4: 10

赵钢. 2003. 蔬菜棕榈蓟马灾变规律及监控技术研究. 扬州: 扬州大学硕士学位论文: 19-20, 35-37

郑长英, 刘云虹, 张乃芹, 等. 2007. 山东省发现外来入侵有害生物——西花蓟马. 青岛农业大学学报(自然科学版), 3(24): 172-174

郢军锐, 任顺祥. 2007. 凤仙花品种, 胡瓜钝绥螨和花粉对西花蓟马为害水平的影响. 华南农业大学学报, 28(2): 34-37

祝前根. 1982. 白色板涂油诱杀棉蓟马的初步研究. 浙江农业科学, 5: 272-273

Altieri M A, Letourneau D K. 1982. Vegetation management and biological control in agroecosystem. Crop Protection, 1: 405-406

Arnó J, Roig J, Riudavets J. 2008. Evaluation of *Orius majusculus* and *O. laevigatus* as predators of *Bemisia tabaci* and estimation of their prey preference. Biological Control, 44(1): 1-6

Atakan E, Canhilal R. 2004. Evaluation of yellow sticky traps at various heights for monitoring cotton insect pests. J Agric Urban Entomol, 21(1): 15-24

Blaeser P, Sengonca C, Zegula T. 2004. The potential use of different predatory bug species in the biological control of *Frankliniella occidentalis* (Pergande)(Thysanoptera: Thripidae). Journal of Pest Science, 77(4): 211-219

Brodsgaard H F. 1993. Coloured sticky traps for thrips (Thysanoptera: Thripidae) monitoring in glasshouse cucumbers. Bulletin IOBC/WPRS, 16: 19-22

Castañé C, Alomar O, Riudavets J. 1996. Management of western flower thrips on cucumber with *Dicyphus tamaninii* (Heteroptera: Miridae). Biological Control, 7(1): 114-120

Chandler A D. 1962. Strategy and structure: chapters in the history of the industrial enterprise. Baston: M. I. T. Press

Chang C C, Matthew A C, Niann-Tai C, et al. 2006. Developing and evaluating traps for monitoring *Scirtothrips dorsalis* (Thysanoptera: Thripidae). Florida Entomologist, 89(1): 47-54

Chang N T. 1990. Color preference of thrips (Thysanoptera: Thripidae) in the Adzuki bean field. Plant Prot Bull, 32: 307-316

Cho K, Eckel C S, Walgenbach J F, et al. 1995. Comparison of colored sticky traps for monitoring thrips populations in staked tomato fields. Journal of Entomological Science, 30: 176-190

Chu C C, Pinter P J, Henneberry T J J R, et al. 2000. Use of CC traps with different trap base colors for silver leaf whiteflies (Homoptera: Aleyrodidae), thrips (Thysanoptera: Thripidae), and leaf-hoppers (Homoptera: Cicadellidae). Journal of Economic Entomology, (93): 4: 1329-1337

Cloyd R A. 2003. Effect of insect growth regulators on citrus mealybug [*Planococcus citri* (Homoptera: Pseudococcidae)] egg production. Hort Science, 38: 1397-1399

Cook D F, Houlding B J, Steiner E C, et al. 1995. The native anthocorid bug (*Orius armatus*) as a field predator of *Frankliniella occidentalis* in western Australia. Tospoviruses and Thrips of Floral and Vegetable Crops, 431: 507-512

de Geer C. 1744. Beskrifning på en Insekt af ett nytt Slägte (Genus), kallad Physapus. Kongl. Sweneska Wettenskaps Akademiens Handlingar för monaderne januar. Februar ock Mart, 5: 1-9

Deligeorgidis P N. 2002. Predatory effect of *Orius niger* (Wolff)(Hem., Anthocoridae) on *Frankliniella occidentalis* (Pergande) and *Thrips tabaci* Lindeman (Thysan., Thripidae). Journal of Applied Entomology, 126(2-3): 82-85

Erkem A, Rammazan C. 2004. Evaluation of yellow sticky traps at various heights for monitoring cotton insect pests. J Agric Urban Entomol, 21(1): 15-24

Francia C K. 1989. Biological efficiencies in mixed multiple-cropping systems. Advances in Agronomy, 42: 1-42

Francis C A, Flor C A, Temple S R. 1976. Adapting varieties for intercropped systems in the tropics. In Multiple Cropping: 235-254

Francisco E, Contreras G, Kenneth A A, et al. 2006. Spring yield and silage characteristics of kura clover, winter wheat and in mixtures. Agron, 98: 781-787

Funderburk J, Stavisky J, Olson S. 2000. Predation of *Frankliniella occidentalis* (Thysanoptera: Thripidae) in field peppers by *Orius insidiosus* (Hemiptera: Anthocoridae). Environmental Entomology, 29(2): 376-382

Ghabeish I, Saleh A, Al-Zyoud F. 2008. *Dicyphus tamaninii*: establishment and efficiency in the control of *Aphis gossypii* on greenhouse cucumber. Journal of Food, Agriculture & Environment, 6(3-4): 346-349

Gillespie D R, Vernonr S. 1990. Trap catches of western flower thrips (Thysanoptera: Thripidae) as affected by color and height of sticky traps in mature greenhouse cucumber crops. Journal of Economic Entomology, 83: 971-975

Gold C S, Altieri M A, Bellotti A C. 1990. Response of the cassava whitefly, Trialeurodes variabilis (Quaintance), (Homoptera: Alyerodidae) to host plant size: implication for cropping system management. Acta Oecol, 11(1): 35-41

Goldbach R, Peters D. 1994, Possible causes of the emergence of tospovirus diseases. Seminars in Virology, 5(2): 113-120

Heming B S. 1993. Structure, function, ontogeny, and evolution of feeding in thrips. *In*: Schaefer C W. Lescher R A B. Functional Morphology of Insect Feeding. Lanham: Thomas Say Publications in Entomology Proceedings.

Jarosik V, Pliva J. 1995. Assessment of *Amblyseius barkeri* (Acarina: Phytoseiidae) as a control agent for thrips on greenhouse cucumbers. Acta Societatis Zoologicae Bohemicae, 3(4): 177-186

Joe F. 2001. Ecology of Thrips. *In*: Marullo R, Mound L A. Thrips and tospoviruses: proceedings of the 7th international symposium on thysanoptera. Italy: 121-128

Jones T, Shipp J L, Scott-Dupree C D, et al. 2005. Influence of greenhouse microclimate on *Neoseiulus* (*Ambyseius*) *cucumeris* (Acari: Phytoseiidae) predation on *Frankliniella Occidentalis* (Thysanoptera:

Thripidae) and oviposition on greenhouse cucumber. Entomology Society of Ontari, 136: 71-83

Kawai K, Unger R H. 1983. Effects of gamma-aminobutyric acid on insulin, glucagon, and somatostatin release from isolated perfused dog pancreas. Endocrinology, 113(1): 111-113

Lublinkhof J, Foster D E. 1977, Development and reproductive capacity of *Frankliniella occidentalis* (Thysanoptera: Thripidae) reared at three temperatures. Journal of the Kansas Entomological Society, 50(3): 313-316

Marullo R, Mound L A. 2001. Thrips and tospoviruses: proceedings of the 7th international symposium on thysanoptera. Italy: 121-128

Mirab-balou M, Tong X L, Feng J N, et al. 2011. Thrips(Insecta: Thysanoptera)of China. Check List, 7(6): 720-744

Moffitt H R. 1964. A color preference of the western flower thrips, *Frankliniella occidentalis*. Journal of Economic Entomology, 57(4): 604-605

Mound L A. 2005. Thysanoptera: diversity and interactions. Annual Review of Entomology, 50: 247-269

Mound L A. 2016. Thysanoptera(Thrips)of the World–a checklist. http: //www. ento. csiro. au/thysanoptera/worldthrips. html[2016-3-20]

Palmer J M. 1992. *Thrips* (Thysanoptera) from Pakistan to the Pacific: a review. Bull Br Mus nat Hist (Ent.), 61(1): 1-76

Parrella M P. 1995. IPM — approaches and prospects. Thrips Biology and Management: 357-363

Robb K L. 1989. Analysis of *Franklimella occidentalis* (Pergande) as a pest of floricultural crops in California greenhouses. PhD dissertation, California, University of Riverside

Root R B. 1973. Organization of a plant—arthropod association in simple and diverse habitats: the fauna of collards (*Brassica oleracea*). Ecol Monogr, 43: 95-124

Sanchez J A, Lacasa A. 2002. Modelling population dynamics of *Orius laevigatus* and *O. albidipennis* (Hemiptera: Anthocoridae) to optimize their use as biological control agents of *Frankliniella occidentalis* (Thysanoptera: Thripidae). Bulletin of Entomological Research, 92(1): 77-88

Shibao M, Tanaka H. 2000. Control of the western flower thrips, *Frankliniella occidentalis* (Pergande) on greenhouse eggplant by releasing *Orius strigicollis* (Poppius). Proceedings of the Kansai Plant Protection Society, 42: 27-30

Shipp J L, Wang K. 2003. Evaluation of *Amblyseius cucumeris* (Acari: Phytoseiidae) and *Orius insidious* (Hemiptera: Anthocoridae) for control of *Frankliniella occidentalis* (Thysanoptera: Thripidae) on greenhouse tomatoes. Biological Control, 28: 271-281

Skirvin D, Kravar-Garde L, Reynolds K, et al. 2006. The influence of pollen on combining predators to control *Frankliniella occidentalis* in ornamental chrysanthemum crops. Biocontrol Science and Technology, 16(1): 99-105

Stannard L J. 1968. The Thrips, or Thysanoptera, of Illinois. Illinois Natural History Survey Bulletin, 29(4): 213-552

Steiner M Y, Spohr L J, Barchia I, et al. 1999. Rapid estimation of numbers of whiteflies (Hemiptera: Aleurodidae) and thrips (Thysanoptera: Thripidae) on sticky traps. Australian Journal of Entomology, 38: 367-372

Steiner M Y, Spohr L J, Barchia I, et al. 1999. Rapid estimation of numbers of whiteflies (Hemiptera: Aleurodidae) and thrips (Thysanoptera: Thripidae) on sticky traps. Australian Journal of Entomology, 38: 367-372

van de Wetering F, Goldbach R, Peter D, et al. 1996. Tomato spotted wilt tospovirus ingestion by first instar larvae of Frankliniella occidentalis is a prerequisite for transmission. Phytopathology, 86(9): 85-91

Vandermeer J. 1989. The Ecology of Intercropping. Cambridge: Cambridge University Press: 237

Vernon R S, Gillespie D R. 1990. Spectral responsiveness of *Frankliniella occidentalis* (Thysanoptera: Thripidae) determined by trap catches in greenhouses. Environmental Entomology, 19: 1229-1241

Vernon R S, Gillespie D R. 1995. Influence of traps shape, size, and background color on captures of *Frankliniella occidentalis* (Thysanoptera: Thripidae) in a cucumber greenhouse. Journal of Economic Entomology, 88(2): 288-293

Walther G R. 2002. Ecological responses to recent climate change. Nature, 416: 389-395

Webb E K. 1970. Profile relationships: The log-linear range, and extension to strong stability. Quarterly Journal of the Royal Meteorological Society, 96(407): 67-90

Wrubel R P. 1984. The effect of intercropping on the population dynamics of the arthropod community associated with soybean (*Glycine max*). M. S. thesis, University of Virginia, Charlottesville, Virginia: 77

Wyatt W H, Tina M S, Stephen M S, et al. 1999. Trap color and placement affects estimates of insect family-level abundance and diversity in a Nebraska salt marsh. Entomologia Experimentalis et Applicata, 91: 393-402

Xu X N, Borgemeister C, Poehling H M. 2006. Interactions in the biological control of western flower thrips *Frankliniella occidentalis* (Pergande) and two-spotted spider mite *Tetranychus urticae* Koch by the predatory bug *Orius insidiosus* Say on beans. Biological Control, 36(1): 57-64

Zhang A S, Yu Y M, Xing Y, et al. 2008. Predation of *Orius sauteri* nymphs on *Frankliniella occidentalis* nymphs. Acta Phytophylacica Sinica, 1: 3

Zhang W Q, Tong X L. 1993. Checklist of thrips (Insecta: Thysanoptera), from China. Zoology (Journal of Pure and Applied Zoology), 4: 409-443

4 云南石榴蛀螟类害虫及其防治

石榴蛀螟类害虫是影响石榴产量和品质的主要因子之一（冯玉增和陈德均，2000）。目前国内报道的为害较为严重的石榴蛀螟类害虫是桃蛀螟和井上蛀果斑螟，同时有少量关于高粱穗隐斑螟为害石榴的报道，同时，石榴螟作为一种重要的检疫害虫，近年内已在一些口岸通道发现，但尚未见在石榴果实上的为害报道。本章将重点介绍云南省重要的石榴蛀果类害虫井上蛀果斑螟的生物学特性、生态学特性和防治方法；其次介绍国内常见的蛀果类害虫桃蛀螟和高粱穗隐斑螟、石榴螟的生物学特性和对石榴的为害。

4.1 井上蛀果斑螟的形态特征

蛀果斑螟类昆虫广布于世界各大动物区系，其中蛀果斑螟属（*Assara*）在世界六大动物区系中，除了非洲区没有分布外，其他五区（古北区、东洋区、澳洲区、新北区、新热带界）均有分布。蛀果斑螟属于 1863 年建立，其模式昆虫是白缘蛀果斑螟（*A. albicostalis* Walker），迄今全世界已报道有 34 种。我国该属昆虫有 11 种，其中新种 2 个，新记录种 3 个。井上蛀果斑螟是近年来在云南省石榴上发生为害严重的一种害虫，该虫成虫从石榴开花期开始发生，幼虫在石榴结果到成熟期均有发生。

井上蛀果斑螟（*Assara inounei* Yamanaka 1994）隶属鳞翅目、螟蛾科、斑螟亚科、蛀果斑螟属。该虫于 1994 年由日本人发表为新种，自 2002 年起，云南省红河州建水县多个石榴园中发现该虫危害，研究者将其在中国的地理分布扩充到甘肃、湖北、贵州、云南。该虫能严重危害石榴果实，发生时会导致虫果率、落果率锐增，其中虫果率可高达 60%以上，落果率达 30%以上，使石榴品质下降，产量锐减，造成较大的经济损失（白玲玲，2005；杜艳丽等，2002；Ynmanaka，1994）。

4.1.1 卵的形态特征

卵表面光滑，椭圆形，散产，少数有 2～6 粒呈长轴纵排（刘莹静，2006）。受精卵初产乳白色，扁片状，形似干后的鱼鳞，相对两边同向。未受精卵瓷白色，光照下有珍珠光泽，卵圆形。未受精卵的颜色将长时间不会改变，只是随时间的延长由于缺乏营养没有光泽而变干，并且不会孵化出幼。受精卵 1～5d 后孵化，颜色由白色到淡粉色再到粉色，孵化前可清晰见到幼虫的头及淡红色的血腔（白玲玲，2005）。邵淑霞（2007）研究得出井上蛀果斑螟卵的平均长度为 0.486mm，平均宽度为 0.346mm（表 4-1）。

4.1.2 幼虫的形态特征

初孵幼虫通体半透明，低龄幼虫白色，也有粉色、灰色，与其生活的场所、取食寄主的颜色有关。老熟幼虫体长 1.0～1.2cm，乳白至淡黄色，粉红色或灰色。前胸背板有深褐色半环斑纹；臀板浅褐色并附有黑褐色斑点；胸足浅褐色，顶端色稍深；刚毛浅褐色；毛片黑色（邵淑霞，2007）。

表 4-1 卵的形态

雌虫编号	所产卵的平均长度/mm±SD	所产卵的平均宽度/mm±SD
1	0.504±0.059	0.352±0.048
2	0.466±0.050	0.346±0.047
3	0.488±0.063	0.340±0.052
平均值	0.486±0.060	0.346±0.050

头部（图 4-1A，图 4-1B）：P_1、P_2、A_1、A_2 几乎在一条线上；P_1 是 P_2 的 3 倍长，也是头上最长的一根刚毛；A_1 和 A_3 长度相当，但长于 A_2；上颚 4 齿（图 4-1C），第三和第四个齿比较小；单眼 5 个；每根触角的顶端都有两根刚毛。

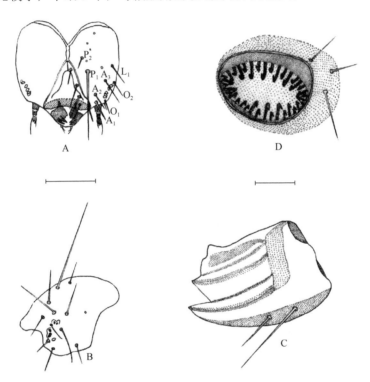

图 4-1 井上蛀果斑螟幼虫头部与腹足结构图

A. 头部正面观；B. 头部侧面观；C. 右上颚内面观；D. 腹足趾钩。比例尺：A，B 为 0.5mm；C，D 为 50μm

胸部（图 4-2A）：前胸节上 XD_1 长于 XD_2，但与 SD_1 相当，D_1 位于 D_2 的前上方，L_1 是 L_2 的 2 倍长；中胸节上 D_2 比 SD_1 长，D_1 在 D_2 的上方；SV_2 不存在；后胸毛序与中胸的相似。

腹部（图 4-2B～图 4-2D）：SD_2 不存在；第 1 至第 6 节有 3 根 SV，第 7 至第 9 节有 2 根；第 1 至第 6 节，D_1 位于 D_2 的前上方，在第 7 和第 8 节上，D_1 与 D_2 几乎位于同一水平；第 9 节，D_2 位于 D_1 的后上方，并且 D_1 和 SD_1 着生在同一毛片上，三根 L 垂直排列。腹足趾钩为双序环式（图 4-1D），大小趾钩均为 18 个，臀足趾钩为双序中带式，趾钩数大约为 16 个。

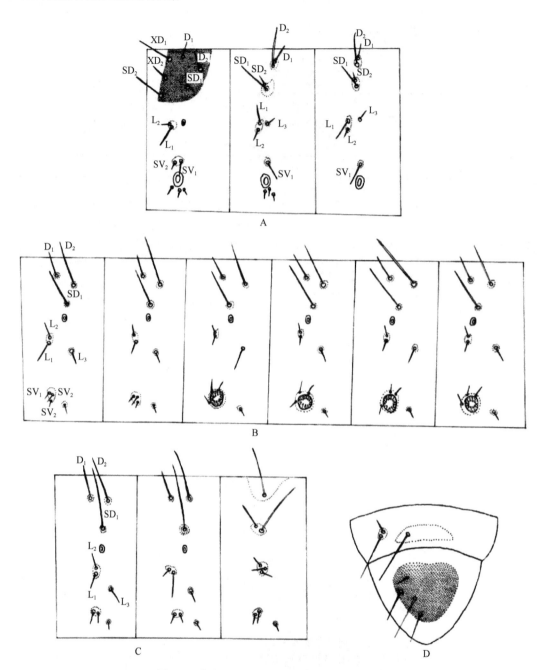

图 4-2　井上蛀果斑螟幼虫胸部与腹部结构图

A. 胸部毛序（前、中、后胸）；B. 第 1 至第 6 腹节；C. 第 7 至第 9 腹节；D. 第 9 和第 10 腹节背面观

4.1.3　蛹的形态特征

雌蛹体长 5.7～7.5mm，体宽 1.9～2.4mm，重 0.009～0.020g；雄蛹体长 5.7～6.9mm，体宽 1.7～2.1mm，重 0.008～0.018g（表 4-2）。蛹期 5～7d，初期淡黄色，随时间推移颜色逐渐变深，羽化前呈深棕色。雄性第 9 腹节腹面中央有一生殖孔，为一"↑"形纵裂纹，周围椭圆形区域略突起（图 4-3B），雌性第 9 腹节腹面中央有一生殖孔，为倒"Y"形，呈裂缝状，并无突起（图 4-3A）（白玲玲，2005；邵淑霞，2007）。

表 4-2 雌蛹、雄蛹的外部形态

性别	数目	长度/mm		宽度/mm		体重/g	
		范围	平均值	范围	平均值	范围	平均值
雌蛹	50	5.7～7.5	6.91	1.9～2.4	2.15	0.009～0.020	0.0156
雄蛹	50	5.7～6.9	6.45	1.7～2.1	1.91	0.008～0.018	0.0115

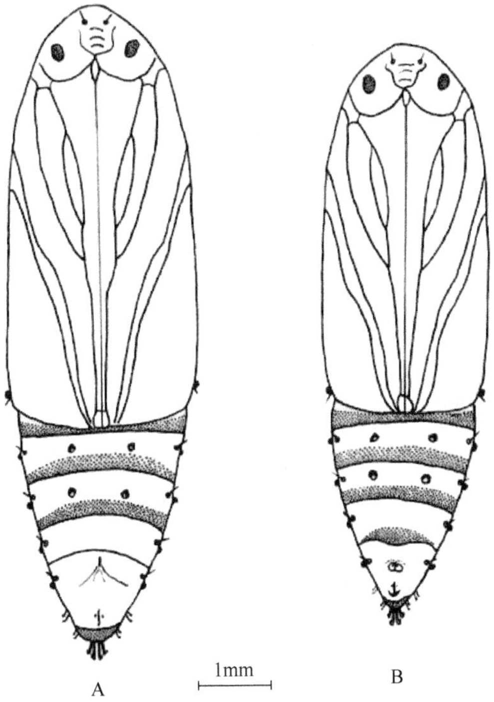

图 4-3 井上蛀果斑螟雌蛹和雄蛹

A. 雌蛹腹面观；B. 雄蛹腹面观

井上蛀果斑螟化蛹前不食不动，虫体开始吐丝、收缩，乳白色，进入预蛹。化蛹时，体表的蜡丝聚在一起披在蛹体上，初蛹浅黄色，随着蛹的发育，蛹的颜色加深，由浅黄色依次变为黄棕色、红棕色，最后，蛹的头及胸部变成黑色、腹深棕色，大约14h成虫羽化而出。

4.1.4 成虫的形态特征

成虫体长 9～12mm，前翅长度 8～10mm，下唇须基节白色，有两节，端部一节暗褐色，有褐色毛环。下颚须发达，但较下唇须细，顶端尖、浅褐色，腹面白色。额部苍白色鳞片均匀覆盖，顶端略有暗褐色鳞片点缀，触角鞭节细丝状，由少量褐色与苍白色鳞片覆盖。腿节白色，腿节、胫节部分混杂有深褐色，跗节暗褐色，每跗节边缘有灰白色短边。腹部背面浅褐色，每一腹节后面边缘有灰白色鳞片；腹部腹面灰白色，基部二节深褐色（白玲玲，2005）（图 4-4）。

4.1.4.1 成虫翅的特征

成虫前翅长三角形，翅面灰黑色，翅前缘有一白色条斑，从翅基部直达外缘。白色

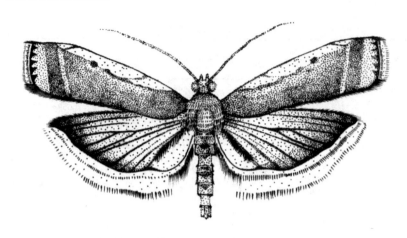

图 4-4　井上蛀果斑螟成虫（雄性）

斑中有一个小黑斑，内外侧有两条斜线。后翅为棕灰色，较前翅色淡，上部深灰色，翅脉颜色较深，近翅缘区色更深，后翅缘毛较前翅色淡。前翅 R_3 与 R_4 共柄，M_2 与 M_3 于中室下角接近；前翅 A 脉两条（2A 与 3A）。基色为深褐色，在其上，中横线色深，外部倾斜，中部成角度；后中线窄（后横线，外横线）、灰色，与前缘脉较近处向外成角度，几乎呈笔直下降至后缘，R_4 至 C_{u1} 近翅缘处有 5 个三角形的黑色斑点缘毛淡褐色。后翅 S_C+R_1 与 R_S 于中室外上方有较长距离合并；M_3 与 C_{u1} 于中室下角外共柄（图 4-5）（白玲玲，2005）。

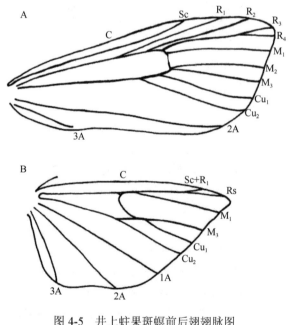

图 4-5　井上蛀果斑螟前后翅翅脉图
A. 前翅；B. 后翅

4.1.4.2　成虫生殖器特征

雄性生殖器：爪形突成角，除顶部外，背面被毛浓密，端部狭圆形，颚形突中央突起，细并骨化，末梢细钩状。抱握器背基突狭窄，呈弓形，具有短而又分叉的中央突起；

抱器瓣很窄，略向腹部弯曲，端缘光滑并圆阔，抱器腹短且窄。阳茎端基环深裂成两瓣。基腹弧宽明显，末端边缘平截。阳茎短，相当宽，具有一群具角的短针状刺。第八腹节末背板和腹板的构造见图 4-6（白玲玲，2005）。

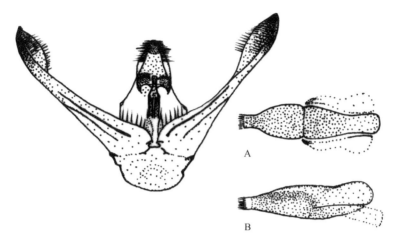

图 4-6 井上蛀果斑螟雄性生殖器
A. 阳茎（腹面）；B. 阳茎（侧面）

雌性生殖器：前表皮突起几乎与后表皮突等长，第八腹节短宽，交配孔及交配囊导管简单，交配囊导管膜质狭窄，较交配囊短，交配囊椭圆形，略弯曲，近新月形，前面有钝齿（图 4-7）（白玲玲，2005）。

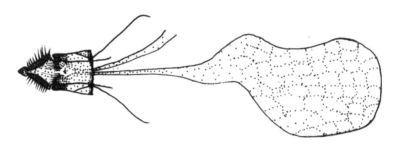

图 4-7 井上蛀果斑螟雌性生殖器（腹面观）

4.1.4.3 成虫触角的超微结构

（1）雌雄触角的一般结构

井上蛀果斑螟雌雄成虫触角均由 1 节柄节、1 节梗节和 50 节鞭节组成，共计 52 节。触角鞭节表面具有网纹结构，从第一节开始逐渐变长变细，其中第 13～28 节最长。触角背面和内侧面覆盖有鳞片，层层相叠，鞭节每亚节有两排鳞片，排列规则，后排鳞片前缘盖着前排鳞片基部。感觉器主要集中在鞭节的腹面和外侧面，柄节和梗节除 BÖhm 氏鬃毛外，无其他感器分布。主要有 7 种感觉器，以毛形感器数量最多，其次为锥形感器、刺形感器、耳形感器、腔锥形感器、腔乳头状感器及 BÖhm 氏鬃毛。其中，腔乳头状感器只在雌虫触角上有分布，雄虫触角末节毛形感器数量多于雌虫（图 4-8A，图 4-8B）。雌雄触角长度间也存在细微差别，雌虫触角长于雄虫，但柄节和梗节的长度及直径多数短于雄虫的，具体见表 4-3（邵淑霞，2007）。

表 4-3　井上蛀果斑螟雌雄触角比较

触角结构	雌虫		雄虫	
	长度/μm	直径/μm	长度/μm	直径/μm
柄节	262.93	150.86	309.48	181.03
梗节	94.83	106.035	90.52	125
端突	12.86	5	12.14	5
整体	4.34mm		3.71mm	

（2）触角感觉器的类型、特征及分布

毛形感器（sensilla trichodea）：是触角上数量最多的一类感受器，在柄节和鞭节各节均有分布。根据其外形特征可以分为Ⅰ型（ST1）和Ⅱ型（ST2）。Ⅰ型感器较长，基部呈凹状，平均长度为 15.71μm，基部直径为 1.9μm，向鞭节端部倾斜，顶端弯曲，几乎与触角表面平行（图 4-8C），主要分布于触角的腹面（图 4-8D）；Ⅱ型感器比Ⅰ型感器稍短，基部凹陷，平均长度为 14.57μm，基部直径为 2μm，倾斜但顶端不弯曲（图 4-8E），主要分布于触角的外侧面。

刺形感器（sensilla chaetica）：与毛形感器相似，呈直立的刺形，基部有一向上突起的臼状窝（图 4-8F），这是毛形感器所没有的，主要分布于触角鞭节的背面和内侧面，数量较毛形感器少，鞭节的第 3 亚节至第 40 亚节几乎均有分布，每节 1 或 2 个，末节也有分布。长 17.43μm，臼状窝直径为 3.14μm。

锥形感器（sensilla basiconca）：散生于鞭节 2～34 亚节，各节 4～6 个，较毛形感器短，长约 13.62μm，根部呈臼状凹，凹的直径为 3.33μm，顶部较钝（图 4-8C）。

耳形感器（sensilla auricillica）：是触角上分布较多的一种感器，几乎鞭节的各亚节均有分布，每节 1～8 个，靠近鳞片的地方分布较多。形状似人耳，耳状凹槽下陷深度在 2.86μm 左右，长约 10.86μm，顶部钝圆（图 4-8G）。

腔锥形感器（sensilla coeloclnica）：是由表皮凹陷形成的一类感觉器，凹陷直径为 7.9μm，四周长有环毛，每根长约 4.29μm，向中间倾斜，环毛呈锥状，感器整体侧观呈宝塔糖状（图 4-8C，图 4-8E，图 4-8F）。此类感器主要分布于鞭节的腹面和内侧面，腹面主要分布在第 1～21 亚节，每节 3～7 个，21 节后几乎没有，只在倒数第 3～12 亚节才稀疏出现；内侧面分布数量较少，总计 11 个。

腔乳头状感器（sensilla cavitata-peg）：根据腔边缘突起物呈乳头状的特点，定名为腔乳头状感器（图 4-8G）。腔的直径约 10.86μm，其内侧边缘有一个乳头状突起，高 2.86μm，直径为 1.14μm。四周着生 3 或 4 个耳形感器，腔内有皱褶的舌状突，端部钝圆。主要分布在触角鞭节第 1～32 亚节腹面的端部，大约有 23 个，每节至多有一个。

BÖhm 氏鬃毛（BÖhm bristle）形如短刺，垂直于触角表面，比锥形感器细，比毛形感器短，呈簇状分布于柄节基部（柄节靠近头部的部位）的背面和腹面，背面较多，有 40～50 个（图 4-8H），腹面较少，有 14 个左右（图 4-8I）；此外，梗节基部外侧面也分布有少量 Böhm 鬃毛，10 根左右（图 4-8J）。

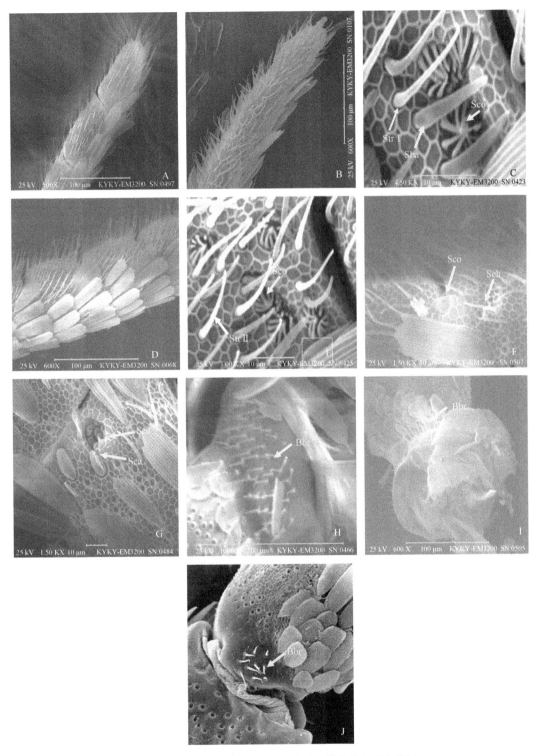

图 4-8　井上蛀果斑螟成虫触角感觉器的种类和形态特征

A. 雌虫触角末节毛形感器；B. 雌虫触角末节毛形感器；C. 毛形感器 I、腔锥形感器和锥形感器；D. 毛形感器 I 和 II 在触角上的分布；E. 毛形感器 II 和腔锥形感器；F. 刺形感器和腔锥形感器；G. 耳形感器和腔乳头状感器；H. 柄节基部背面的 Böhm 氏鬃毛；I. 柄节基部腹面的 Böhm 氏鬃毛；J. 梗节基部背面的 Böhm 氏鬃毛。Str 为毛形感器；Sco 为腔锥形感器；Sba 为锥形感器；Sch 为刺形感器；Sca 为腔乳头状感器；Sea 为耳形感器；Bbr 为 Böhm 氏鬃毛

4.2 井上蛀果斑螟的生态学特性

4.2.1 井上蛀果斑螟的生活周期及习性

井上蛀果斑螟除了成虫以外，其他虫态均在石榴果实上完成。成虫将卵产在石榴果实的表面，幼虫在果实内取食，化蛹在萼筒内或有大孔洞的果实内完成，以老熟幼虫或蛹在田间风干的石榴果实中越冬。井上蛀果斑螟完成一代所需时间为31～61d，时间差距大，达30d之久，有世代重叠现象（白玲玲，2005）。

4.2.1.1 卵

该虫将卵散产于石榴的花萼、萼筒周围、果梗周围或石榴表面粗糙部，少数有2～4粒直线排列产卵。卵可于产后12h孵化，最长时间因温度不同而异，有的4d内仍有幼虫孵化，随着时间的推移受精卵颜色由白色变为橘红色，孵化前可清晰见到幼虫的黑色或淡棕色的头壳及淡红色血腔（刘莹静，2006；白玲玲，2005）。

4.2.1.2 幼虫

初孵幼虫一边用头试探，一边慢慢爬行15～30min，多从花丝、萼筒附近或果皮薄弱处蛀入果实，找到满意的钻蛀处后，先慢慢啃咬石榴果实表面，并一点点将头深入表皮内，直到整个身体都钻入果实内，这个过程依不同幼虫的情况不同而有所不同，约需40min至1.5h。幼虫边钻蛀边排粪便，新鲜果实的蛀孔表面可有湿润的褐色颗粒状虫粪混着果汁流出。低龄幼虫较活泼，越到老龄，行动越缓慢，取食量越大，外界刺激头部可倒退行走。老熟幼虫行动最缓慢，几乎不取食，只是缓慢爬行，寻找化蛹地点。一个石榴果实内平均有5～10头幼虫，整个幼虫期时间因个体因素而不同，为23～45d（白玲玲，2005）。

4.2.1.3 蛹

井上蛀果斑螟的老熟幼虫刚化蛹时大体呈淡黄色，随后体色逐渐变深，在羽化前蛹上半部分变为黑色（韩伟君，2008），其老熟幼虫选择化蛹地点，喜新鲜石榴果实萼筒内底部较硬处，或落果表面上较大孔洞内部附近。老熟幼虫从静止、吐丝到化蛹用时1～2d，蛹期4～7d（白玲玲，2005）。

4.2.1.4 成虫

成虫体长9～12mm，前翅长度8～10mm，下唇须基节白色，有两节，端部一节暗褐色，有褐色毛环。下颚须发达，但较下唇须细，顶端尖，浅褐色，腹面白色。额部苍白色鳞片均匀覆盖，顶端略有暗褐色鳞片点缀，触角鞭节细丝状，有少量褐色与苍白色鳞片覆盖。腿节白色，腿节、胫节部分混杂有深褐色，跗节暗褐色，每跗节边缘有灰白色短边。腹部背面浅褐色，每一腹节后面边缘有灰白色鳞片；腹部腹面灰白色，基部两节深褐色。

（1）成虫羽化行为

邵淑霞（2007）从云南省红河州建水县哼啰冲石榴园中捡拾有虫果，带回实验室用新鲜石榴在温度为 26℃、光暗比为 16∶8、湿度为（60±5）%的条件下进行饲养，观察了其羽化特性和性比等，研究发现：羽化前，蛹在茧内收缩腹部，不断运动，用头部顶破薄薄的虫茧。当蛹的头部从茧里完全伸出后，头部蛹壳开裂，尚未展翅的成虫借助蛹内体液的润滑作用，顺利从蛹壳内爬出。刚刚羽化的成虫，翅较软，向腹侧弯曲，长度不及腹末，静止不动，后急促爬行至合适的地方，慢慢呼吸并展翅，7～10min 翅完全展开垂直于身体，同时前翅顶角微微下卷，大约 5min 后，前翅伸平，前后翅慢慢平放于背部。

（2）雌雄比例与羽化时间差异

井上蛀果斑螟于 12 月 20 日开始羽化，至 12 月 28 日羽化结束，共羽化出成虫 413 头，其中雌虫 190 头，雄虫 223 头，♀∶♂=1∶1.17。从图 4-9 井上蛀果斑螟雌雄成虫羽化差异也可以看出，雌雄成虫在 12 月 20 号均开始羽化，但雄成虫每日的羽化数目在多数情况下要多于雌成虫当日的羽化数量。以加权平均法计算雌雄成虫羽化时间差：

$$M\text{ 差异（}d\text{）}= \text{雌虫羽化 }M\text{♀}-\text{雄虫羽化 }M\text{♂} \qquad (4\text{-}1)$$

$$M =（x_1×1 + x_2×2 +, \cdots, + x_n×n）/（x_1 + x_2 +, \cdots, + x_n） \qquad (4\text{-}2)$$

X_n 为第 n 天（自羽化初日算起）的羽化数量。

结果表明，雄成虫要比雌成虫早羽化 0.21d。

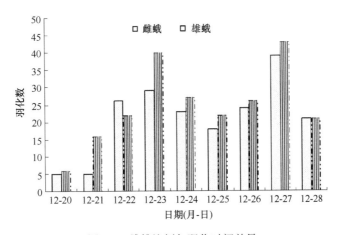

图 4-9　雌雄比例与羽化时间差异

（3）成虫羽化节律

邵淑霞（2007）的研究结果发现，井上蛀果斑螟雌雄成虫对环境光周期反应均不敏感，在光照和黑暗条件下都可羽化。雌雄成虫羽化节律变化趋势相似，均集中在 19:00～次日 1:00 羽化，在此期间又各存在两个羽化高峰期，雌虫的为 20:00～21:00 和 23:00～24:00，分别占总羽化数量的 9%和 11%；雄虫为 21:00～22:00 和 23:00～次日 0:00，羽化率分别为 14%和 17%。另外，在 19:00～24:00，雄虫的羽化率均高于雌虫的羽化率；而在其他时段，雄虫的羽化率总体低于雌虫的羽化率。

而韩伟君（2008）的研究结果与其略有不同，其研究结果显示井上蛀果斑螟羽化发生在 16:00～次日 8:00，羽化的高峰主要集中在晚上 22:00～次日 1:00，此时雌虫羽化率为 57.1%，雄虫的羽化率为 61.1%。雌虫羽化有 4 个高峰，分别为 16:00～18:00 羽化率为 5.7%、18:00～20:00 羽化率为 6.7%、22:00～次日 1:00 羽化率为 24.8%、5:00～7:00 羽化率为 6.7%。雄虫也有 4 个高峰，分别为 18:00～20:00 羽化率为 6.7%、22:00～次日 1:00 羽化率为 23.3%、2:00～4:00 羽化率为 7.8%、4:00～6:00 羽化率为 5.6%。雌雄虫在 22:00～次日 1:00 的羽化率为 59.0%（图 4-10）。

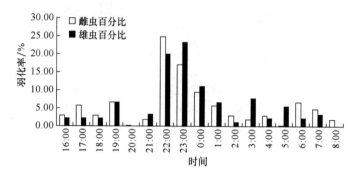

图 4-10　井上蛀果斑螟成虫羽化节律

造成以上研究差异的原因可能是饲养条件的不同，前者的饲养温度为 26℃、光暗比为 16∶8，湿度为（60±5）%，而后者饲养温度为（27±1）℃，光暗比为 12∶12，湿度为（80±5）%。

4.2.2　井上蛀果斑螟生长发育研究

温度是影响昆虫生长发育的关键性因子之一，刘莹静（2006）在相对湿度为（60±0.5）%，光暗比为 16∶8 的 8 组恒定温度（10℃、14℃、17℃、22℃、26℃、29℃、32℃、35℃）条件下，测定了取食酸、甜石榴井上蛀果斑螟的生长发育、存活和繁殖情况，其结果如下。

4.2.2.1　发育历期比较

从表 4-4 可知，在 10℃、14℃、17℃、22℃、26℃、29℃、32℃和 35℃条件下，取食酸石榴的井上蛀果斑螟各虫态发育历期随温度的升高而缩短，继而又延长，10℃时井上蛀果斑螟卵不孵化。在 14℃时，井上蛀果斑螟卵、幼虫、蛹的发育历期均较长，分

表 4-4　不同温度下取食酸石榴井上蛀果斑螟各虫态的发育历期

温度/℃	卵期±标准误/d	幼虫期±标准误/d	蛹期±标准误/d	雌成虫±标准误/d
10	0	0	0	0
14	12.88（0.98）	45.66（4.71）	17.18（4.158）	11.75（8.30）
17	8.94（0.98）	26.65（2.56）	10.38（1.11）	15.71（5.65）
22	6.00（0.98）	18.74（1.27）	9.60（0.99）	8.83（3.35）
26	5.15（0.36）	16.12（2.37）	8.33（1.03）	6.63（2.39）
29	4.14（0.34）	14.02（1.66）	6.83（1.14）	4.67（2.58）
32	4.70（1.93）	15.87（2.42）	6.6（1.19）	3.00
35	4.75（0.43）	——	——	——

注：括号中表示标准误

别为 12.88（0.98）d、45.66（4.71）d 和 17.18（4.158）d。22℃和 26℃时井上蛀果斑螟的卵、幼虫、蛹的发育历期差异不大，卵的历期分别为 6.0（0.98）d 和 5.15（0.36）d；幼虫的历期分别为 18.74（1.27）d 和 16.12（2.37）d；蛹的历期分别为 9.60（0.99）d 和 8.33（1.03）d。32℃时有的虫态发育速率逐渐减慢，卵和幼虫的发育历期较 29℃时有所延长，分别为 4.70（1.93）d 和 15.87（2.42）d。35℃时只有少量的卵能孵化，其余各虫态均不能存活。

由表 4-5 可知，在 10℃、14℃、17℃、22℃、26℃、29℃、32℃和 35℃时，取食甜石榴井上蛀果斑螟各虫态的发育历期同取食酸石榴的发育历期趋势类似，其历期随温度的升高而缩短，继而又延长。10℃时各虫态均不能存活。在 14℃时，井上蛀果斑螟卵、幼虫、蛹的发育历期均最长，分别为 13.07d、46.89d 和 17.76d。26℃时井上蛀果斑螟卵的发育历期最短，为 3.94d，幼虫和蛹的发育历期分别为 21.04 和 9.65d；29℃时蛹和幼虫的发育历期最短，分别为 7.67d 和 19.23d。32℃时，卵、幼虫和蛹的发育历期都较 29℃时有所延长，分别为 5.28d、19.68d 和 9.45d。35℃时只有少量的卵能孵化。

表 4-5 不同温度下取食甜石榴各虫态的发育历期

温度/℃	卵期/d	幼虫期/d	蛹期/d	卵期-蛹/d
10	0	0	0	0
14	13.07	46.89	17.76	77.73
17	12.18	29.37	12.74	54.29
22	6.48	22.45	11.19	40.12
26	3.94	21.04	9.65	34.63
29	5	19.23	7.67	31.90
32	5.28	19.68	9.45	34.41
35	5.29	—	—	—

综上所述，不论在甜石榴还是在酸石榴中井上蛀果斑螟卵和蛹的历期都随温度的升高而减少，继而随温度的再升高历期又增加；但取食甜石榴的井上蛀果斑螟各虫态的历期几乎均长于取食酸石榴的井上蛀果斑螟各虫态的历期。

4.2.2.2 发育速率比较

取食酸石榴的井上蛀果斑螟的各虫态发育速率随温度的升高而增加，再随温度的升高而降低。卵和幼虫在约 29℃时发育速率最大，到 32℃、35℃时卵的发育速率减小，幼虫在 35℃时不发育，速率为 0。各虫态中卵的发育速率最快，其次是蛹，幼虫发育所需的时间最长。

取食甜石榴的井上蛀果斑螟的各虫态发育速率随温度的升高而增加，再随温度的升高而降低。卵在约 26℃时发育速率最大，到 29℃、32℃时卵的发育速率减小，幼虫在 35℃时不发育，速率为 0。各虫态中卵的发育速率最快，其次是蛹，幼虫发育所需的时间最长。

综上所述，温度对取食酸、甜石榴的井上蛀果斑螟各虫态发育历期的影响一致，即随温度的升高而增加，再随温度的升高而降低。其幼虫在 35℃时均不发育，速率为 0。各虫态中卵的发育速率最快，其次是蛹，幼虫发育所需的时间最长。

4.2.2.3 存活率比较

由表 4-6 可以看出,在 14~35℃时取食酸石榴井上蛀果斑螟的各虫态存活率随温度升高而上升,然后随温度的继续升高而下降。卵孵化率由 14℃的 62.09%上升到 22℃的87.27%。然后随温度的继续升高,孵化率有所下降,到 35℃时井上蛀果斑螟卵的孵化率仅为 28.50%。幼虫的存活率在 26℃时最大,为 75.64%,随温度的升高或降低存活率随之而减小。蛹在 14℃时存活率最大,为 87.93%。35℃时井上蛀果斑螟的幼虫和蛹均不能存活。在 22℃时全代存活率最高为 53.94%。取食甜石榴情况下,14~35℃井上蛀果斑螟的各虫态存活率随温度升高而上升,然后随温度的继续升高而下降。卵孵化率由14℃的 51.94%上升到 26℃的 84.38%。然后随温度的继续升高,孵化率有所下降,到 35℃时井上蛀果斑螟卵的孵化率仅为 21.79%。幼虫的存活率在 26℃时最大,为 67.90%,随温度的升高或降低存活率随之而减小。蛹在 26℃时存活率最大,为 78.18%。35℃时井上蛀果斑螟的幼虫和蛹,以及 10℃时各虫态均不能存活。在 26℃时全代存活率最高,为 44.79%。

表 4-6 8 组温度下各阶段存活率

寄主	温度/℃	卵		幼虫		蛹		卵-蛹
		重复(n)	存活率/%	重复(n)	存活率/%	重复(n)	存活率/%	存活率/%
酸石榴	10	213	—	—	—	—	—	—
	14	211	62.09	131	44.27	58	87.93	24.17
	17	140	75	105	57.14	60	75	32.14
	22	165	87.27	144	75	108	82.40	53.94
	26	92	84.78	78	75.64	59	86.44	55.43
	29	107	69.16	74	66.22	49	83.67	38.32
	32	160	53.75	86	60.47	52	67.31	21.85
	35	214	28.50	61	—	—	—	—
甜石榴	10	169	—	—	—	—	—	—
	14	129	51.94	67	41.18	28	75	16.28
	17	144	70.14	101	50.50	51	66.67	23.61
	22	136	76.47	104	66.35	69	75.36	38.24
	26	96	84.38	81	67.90	55	78.18	44.79
	29	106	67.92	72	59.72	43	55.81	28.30
	32	160	50	80	47.5	38	52.63	12.5
	35	156	21.79	34	—	—	—	—

综上所述,酸、甜石榴中的井上蛀果斑螟卵和幼虫的存活率随温度的变化都比较大,都在 22℃和 26℃时存活率比较高,随温度的升高或降低随之降低,而蛹的存活率随温度的变化不大,但取食酸石榴的井上蛀果斑螟的卵、幼虫和蛹的存活率始终都高于取食甜石榴的井上蛀果斑螟的卵和幼虫的存活率。

4.2.2.4 发育起点温度和有效积温比较

各虫态的发育起点温度和有效积温如表 4-7 所示,在 14~35℃时,取食酸石榴井上蛀果斑螟的发育速率与温度之间呈线性相关性，通过直线回归法，用所得的发育速率和处理温度建立回归方程 $y=a+bx$，y 为发育速率 v，x 为温度 T。发育起点温度可由 $c=-a/b$ 算出，有效积温可以经 $k=1/b$ 得到。计算出井上蛀果斑螟的发育起点温度和有效积温，结果表明发育速率与温度之间为显著直线相关关系（$r>0.95$）。取食甜石榴井上蛀果斑螟卵的发育起点温度为 10.12℃，有效积温 67.73 日度。井上蛀果斑螟幼虫的发育起点温度为 6.89℃，有效积温为 376.86 日度。蛹的发育起点温度为 6.63℃，有效积温为 170.77 日度。整代的发育起点温度为 7.16℃，有效积温为 644.58 日度。

表 4-7 井上蛀果斑螟的发育起点温度和有效积温

寄主	发育阶段	回归方程式	R 值	发育起点温度/℃	有效积温/日度
酸石榴	卵期	$y=0.011\,832x-0.100\,59$	0.99	8.50	84.52
	幼虫期	$y=0.003\,614x-0.030\,05$	0.98	8.32	276.69
	蛹期	$y=0.006\,215x-0.036\,5$	0.95	5.87	160.90
	卵-蛹	$y=0.001\,97x-0.015\,76$	0.98	8.00	507.66
甜石榴	卵期	$y=0.014\,765x-0.149\,44$	0.978 323	10.12	67.73
	幼虫期	$y=0.002\,653x-0.018\,28$	0.952 424	6.89	376.86
	蛹期	$y=0.005\,856x-0.038\,79$	0.950 339	6.63	170.77
	卵-蛹	$y=0.001\,551x-0.011\,11$	0.966 803	7.16	644.58

4.2.2.5 雌雄成虫寿命比较

在 6 组温度下取食酸石榴井上蛀果斑螟成虫，在高低温两端寿命较短，中间温度范围寿命较长，见表 4-8。雌虫平均寿命在 32℃时最短，为 3d，其次为 29℃时的 4.67（2.58）d。最长为 17℃时的 15.71（5.65）d。从 17～32℃，井上蛀果斑螟雌虫寿命随温度的升高逐渐缩短，分别为 15.71（5.65）d、8.83（3.35）d、6.63（2.39）d、4.67（2.58）d、3d。雄虫寿命变化趋势大致与雌虫相似。32℃时最短，为 3.50（0.71）d，其次为 29℃的 6.00（2.94）d，最长为 17℃时的 13.80（2.28）d。但温度对井上蛀果斑螟雌雄成虫寿命的影响相差并不明显，在 22℃以下雌虫的寿命长于雄虫，高于 26℃雄虫的寿命长于雌虫，雌雄成虫均在 17℃时寿命最长（表 4-8）。

表 4-8 6 组温度下成虫的雌雄成虫的寿命

温度/℃	雄虫寿命/d	雌虫寿命/d
14	10.75（9.60）	11.75（8.30）
17	13.80（2.28）	15.71（5.65）
22	7.74（1.94）	8.83（3.35）
26	7.21（1.90）	6.63（2.39）
29	6.00（2.94）	4.67（2.58）
32	3.50（0.71）	3

注：表中括号内为 SD（标准误）

4.2.2.6 补充营养对井上蛀果斑螟雌雄成虫寿命的影响

邵淑霞（2007）挑选 3h 内羽化的雌雄成虫，在 26℃、光周期 16：8、相对湿度

（60±5）%的条件下分别用蒸馏水和10%蜂蜜水饲养，每组100只，雌雄各半，每6h统计一次成虫死亡数目，并计算成虫寿命，研究了补充营养对井上蛀果斑螟成虫寿命的影响，其结果如下。

（1）补充营养对未交配雌雄成虫寿命的影响

从表4-9中可以看出：取食10%蜂蜜水和蒸馏水对未交配井上蛀果斑螟雌雄成虫间的半数死亡时间、平均寿命、最高寿命、最低寿命均有不同的影响。取食蒸馏水的雌雄成虫半数死亡时间（6.57d和7.98d）、平均寿命（9.45d和10.63d）、最高寿命（13.60d和14.78d）、最低寿命（4.77d和7.15d）均显著高于取食10%蜂蜜水的半数死亡时间（3.91d和3.13d）、平均寿命（5.90d和5.93d）、最高寿命（10.28d和10.69d）和最低寿命（2.23d和2.34d）。同时取食10%蜂蜜水时，雄虫除半数死亡时间略低于雌虫外，其平均寿命、最高寿命和最低寿命均高于雌虫，但两者之间差异均不显著；同时取食蒸馏水时，雄成虫的平均寿命和最高寿命均略高于雌虫的，差异不显著，但半数死亡时间和最低寿命均显著高于雌虫的。

表4-9 补充营养对未交配井上蛀果斑螟雌雄成虫寿命的影响

处理		半数死亡时间/d	平均寿命/d	最高寿命/d	最低寿命/d
10%蜂蜜水	♀	3.91±1.90c	5.90±3.38b	10.28±2.37b	2.23±0.74c
	♂	3.13±0.78c	5.93±3.16b	10.69±0.58b	2.34±0.65c
蒸馏水	♀	6.57±2.82b	9.45±3.99a	13.60±2.13a	4.77±2.12b
	♂	7.98±1.38a	10.63±3.39a	14.78±1.73a	7.15±1.10a

（2）补充营养对交配雌雄成虫寿命的影响

从表4-10中可以看出：取食蒸馏水对已交配井上蛀果斑螟成虫的半数死亡时间、平均寿命、最高寿命、最低寿命和取食10%蜂蜜水的影响各不相同。取食蒸馏水的雌雄成虫除最高寿命略低于取食10%蜂蜜水的雌雄成虫外，其半数死亡时间、平均寿命及最低寿命均高于取食10%蜂蜜水的雌雄成虫，但又存在细微差别，具体表现在：取食蒸馏水的雌雄成虫的半数死亡时间和最低寿命均显著高于取食10%蜂蜜水的雌雄成虫；取食蒸馏水的雄虫的平均寿命（10.15d）显著高于取食10%蜂蜜水的雄虫的平均寿命（7.57d），但雌虫间差异不显著。在相同取食条件下，雌雄成虫之间半数死亡时间、平均寿命、最高寿命和最低寿命差异均不显著。

表4-10 补充营养对已交配井上蛀果斑螟雌雄成虫寿命的影响

处理		半数死亡时间/d	平均寿命/d	最高寿命/d	最低寿命/d
10%蜂蜜水	♀	5.57±1.62b	8.33±3.48ab	13.30±0.64a	3.86±1.16b
	♂	5.71±1.37b	7.57±2.71b	11.65±2.29a	4.43±1.14b
蒸馏水	♀	8.09±2.66a	10.37±3.22a	13.01±2.02a	7.18±2.36a
	♂	9.19±1.62a	10.15±1.20a	11.24±0.54a	8.90±0.68a

4.2.2.7 不同饲料对井上蛀果斑螟生长发育的影响

刘莹静（2006）研究了井上蛀果斑螟幼虫对不同饲料的选择及生长发育情况，其食料来源分别为人工配制饲料 [饲料配方：石榴汁（120g），麦胚（20g），干酪素（64g），蔗糖（64g），纤维素（10g），韦氏盐（10g），氯化胆碱（3g），山梨酸（3g），尼泊金甲脂（3g），琼脂（30g），维生素混合粉（8g）]、新鲜酸石榴和新鲜甜石榴。实验结果表明，取食饲料的井上蛀果斑螟幼虫的发育速率均小于取食新鲜酸石榴和甜石榴的井上蛀果斑螟幼虫的发育速率。但在缺少新鲜石榴的情况下，饲料能够维持井上蛀果斑螟幼虫的生长发育过程及正常的存活率。试验中对饲料的不同保湿方法也影响着井上蛀果斑螟的幼虫对饲料的喜好程度，用冷藏石榴汁对石榴进行保湿，其饲料效果好于用清水和蜂蜜水保湿。

此外，秦卓（2008）在 $T=（27\pm2）$ ℃，$RH=（75\pm5）$ %，L：D=12：12 的人工气候箱条件下研究了 3 种不同饲料对井上蛀果斑螟生长发育的影响。饲料配方见表4-11。

表 4-11　3 种不同井上蛀果斑螟的饲料配方

配方	蒸馏水/mL	酵母粉/g	琼脂/g	尼泊金甲酯/g	山梨酸/g	胆固醇/g	
人工饲料Ⅰ	500	2	9.5	0.2	0.2	0.3	酸石榴汁65g
人工饲料Ⅱ	500	2	9.5	0.2	0.2	0.3	甜石榴汁65g
天然饲料	以整个酸石榴果实为饲料						

实验结果如下（$\alpha=0.05$ 水平）。

不同饲料饲养的井上蛀果斑螟生长发育情况存在显著性差异。其中天然饲料饲养的幼虫成活率高达82%，人工饲料Ⅰ为49%，人工饲料Ⅱ为28%；天然饲料饲养的幼虫发育期最短，为19.84d，人工饲料Ⅱ饲养的最长，为34.38d，人工饲料Ⅰ饲养的幼虫发育期为27.23d，说明人工饲料Ⅰ和Ⅱ相对于天然饲料在营养含量上要少得多，致使幼虫为了获得足够的营养化蛹从而延长了幼虫取食时间；天然饲料饲养的蛹期为6.2d，蛹重为0.0190g/头，明显重于其他两种人工饲料饲养的蛹，说明天然饲料提供的营养可以促使井上蛀果斑螟从上一个虫态发育到下一个虫态，而两种人工饲料饲养的则显得要脆弱一些；天然饲料和人工饲料Ⅰ饲养的羽化率分别是 95.20%和 87.00%，与人工饲料Ⅱ的51.60%存在着显著的差异。实验结果表明，3 种不同饲料饲养井上蛀果斑螟对其生长发育的影响存在显著的差异。从各指标来看，3 种不同饲料下井上蛀果斑螟的生长发育情况为天然饲料>人工饲料Ⅰ>人工饲料Ⅱ。

可见，因人工饲料Ⅰ和Ⅱ仅提供了井上蛀果斑螟生长所必需的营养物质，缺少一些其他特有的物质，导致经人工饲料饲养和经天然饲料饲养的井上蛀果斑螟在同一时期存在显著的不同。

4.2.3　井上蛀果斑螟实验种群生命表研究

4.2.3.1　室内饲养条件

刘莹静等于 2005 年 4 月在云南省红河州建水县哼啰冲、羊街、青龙镇石榴园虫果中剥得井上蛀果斑螟幼虫、蛹。配置人工饲料进行室内饲养，选用宁波仪器厂生产的RXZ 型人工气候箱（误差 0.5℃）进行室内饲养。饲料配方和配置方法如下。

饲料配方：石榴汁（120g），麦胚（20g），干酪素（64g），蔗糖（64g），纤维素（10g），韦氏盐（10g），氯化胆碱（3g），山梨酸（3g），尼泊金甲脂（3g），琼脂（30g），维生素混合粉（8g）。

配置方法：琼脂加水 2000mL，煮沸，将维生素置于小烧杯中，加水 50mL，搅拌溶化，其他所有成分加水 600mL，导入磨浆机中磨匀，然后置于一个大容器中，将琼脂倒入大容器中，边倒边搅拌，最后倒入小烧杯中的维生素液。把已做好的饲料放入 4℃的冰箱内待用。饲喂时将饲料拿出，按划好的槽取出块状饲料放入饲有井上蛀果斑螟幼虫的培养皿中，供其取食。为使幼虫顺利地钻蛀、取食，保持饲料的性状，此后要一直保持饲料的湿度。保湿方法：将 15%的蜂蜜水、清水和榨好的冷藏石榴汁分别用毛笔轻轻蘸在饲料上，使之慢慢渗入饲料中，直至湿度近于饱和。

4.2.3.2 生命表参数

环境温度对井上蛀果斑螟存活和繁殖有显著影响。根据不同温度处理下各发育期存活资料，组建了井上蛀果斑螟的实验种群生命表。表 4-12 中井上蛀果斑螟各虫态的存活数和羽化成虫数均由实际观测值计算而得。

表 4-12　井上蛀果斑螟各发育期虫数

发育期	进入各发育期虫数					
	14℃	17℃	22℃	26℃	29℃	32℃
卵	211	140	165	92	107	160
幼虫	131	105	144	78	74	86
蛹	58	60	108	59	49	52
羽化数	51	45	89	51	41	35

根据不同温度处理下各发育期存活资料，组建 14℃、17℃、22℃、26℃、29℃、32℃和 35℃ 7 种温度条件下的种群生殖力。计算出种群的净增殖率（R_0）、世代平均周期（T）、内禀增长率（r_m）、周限增长率（λ）和种群加倍时间（td）。如表 4-13 所示，在 14～29℃，世代平均周期随温度升高而缩短。但 32℃的 T 值稍长于 29℃。26℃和 22℃的周限增长率（λ）较大，分别为 1.094 和 1.105。32℃时 $\lambda<1$，表明种群在此温度下不会增长。种群加倍时间（td）与周限增长率（λ）相反。种群净增殖率（R_0）与内禀增长率（r_m）变化趋势相似（图 4-11，图 4-12），26℃时 rm 观察值最大为 0.100，是井上蛀果斑螟生长发育的最适温度，22℃时 R_0 的观察值最大为 21.38，29℃平均世代周期最短为 23.35d。

表 4-13　不同温度下的井上蛀果斑螟种群参数

温度/℃	净增殖率（R_0）	世代平均周期（T）	内禀增长率（r_m）	周限增长率（λ）	种群加倍时间（td）
14	9.39	69.69	0.032	1.033	21.567
17	9.29	36.05	0.062	1.064	11.212
22	21.38	33.94	0.090	1.094	7.682
26	17.03	28.34	0.100	1.105	6.929
29	4.38	23.35	0.063	1.065	10.951
32	0.72	33.40	—	0.990	—
35	—	—	—	—	—

以抛物线方程拟合观察值，结果如下：

$$R_0 = -0.1819t^2 + 7.9217t - 62.056, \quad r_m = -0.001t^2 + 0.0467t - 0.4251 \qquad (4\text{-}3)$$

式中，R_0 为种群净增殖率；t 为环境温度；r_m 为内禀增长率。

当环境温度为 21.77℃时，种群净增殖率取得理论上的最大值为 21.1910（图 4-11）；当环境温度为 23.35℃时，内禀增长率取得理论上的最大值 0.120（图 4-12）。

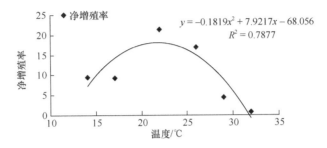

图 4-11　井上蛀果斑螟净增殖率随温度的变化

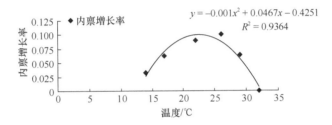

图 4-12　井上蛀果斑螟内禀增长率随温度的变化

4.2.3.3　井上蛀果斑螟 Lactin 模型

根据实验数据，在 14～32℃，取食酸石榴的井上蛀果斑螟各虫态发育历期与温度呈负相关，卵期的发育速率最大，蛹期次之，幼虫期最小。但当温度上升到一定程度后，井上蛀果斑螟的发育速率会受到发育上限温度的抑制，根据 Lactin 模型，应用非线性回归迭代来拟合发育速率与温度的关系，得出井上蛀果斑螟卵的发育上限温度为 39.71℃，幼虫的发育上限温度为 36.28℃，蛹的为 45.93℃，井上蛀果斑螟全代的发育上限温度为 37.38℃（表 4-14）。在取食酸石榴的井上蛀果斑螟的所有虫态中，蛹的发育上限温度较高，而幼虫的发育上限温度比其他虫态的都低，说明蛹的耐高温能力较强。

表 4-14　井上蛀果斑螟 Lactin 模型参数及发育上限温度

虫态	Lactin 模型
卵	$y = \exp(0.1209t) - \exp[0.1209 \times 39.7061 - (39.7061 - t)/8.2257]$
幼虫	$y = \exp(0.1411t) - \exp[0.1411 \times 36.2810 - (36.2810 - t)/7.0814]$
蛹	$y = \exp(0.0900t) - \exp[0.0900 \times 45.9251 - (45.9251 - t)/11.0302]$
全代	$y = \exp(0.1311t) - \exp[0.1311 \times 37.3781 - (37.3781 - t)/7.6227]$

由图 4-13 看出，卵在 27℃时发育速率最大为 0.23，幼虫在 28℃时发育速率最大为 0.078，蛹在 31℃时发育速率最大为 0.15。

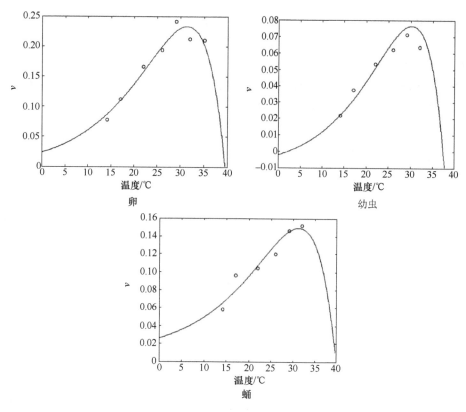

图4-13 温度与井上蛀果斑螟发育速率拟合曲线图

根据 Lactin 模型，应用非线性回归迭代来拟合发育速率与温度的关系，如表 4-15 所示，得出取食甜石榴的井上蛀果斑螟卵的发育上限温度为 38.60℃，幼虫的发育上限温度为 37.43℃，蛹的发育上限温度为 37.84℃，井上蛀果斑螟全代的发育上限温度为 37.35℃。其上限温度略不同于酸石榴中井上蛀果斑螟的上限温度。

表4-15 井上蛀果斑螟 Lactin 模型参数及发育上限温度

虫态	Lactin 模型
卵	$y=\exp(0.1269t)-\exp\left[0.1269\times38.6047-(38.6047-t)/7.8473\right]$
幼虫	$y=\exp(0.1193t)-\exp\left[0.1193\times37.4337-(37.4337-t)/8.3665\right]$
蛹	$y=\exp(0.1138t)-\exp\left[0.1138\times37.8413-(37.8413-t)/8.7530\right]$
全代	$y=\exp(0.1225t)-\exp\left[0.1225\times37.3507-(37.3507-t)/8.1544\right]$

综上所述，温度对井上蛀果斑螟发育、存活和繁殖的影响符合生物学的一般规律。即在一定的温度范围内，井上蛀果斑螟各虫态的发育历期随温度的升高而缩短，发育速率随温度的升高而加快，超过适宜的温度时发育又变缓慢，发育历期又有所延长，低温和过高的温度对井上蛀果斑螟的发育都有抑制作用。温度对井上蛀果斑螟存活率的影响也大致如此，适宜温度下存活率最高，温度过高或过低都会导致存活率下降。

4.2.4 井上蛀果斑螟生殖行为研究

昆虫的生殖行为包括求偶、交配行为和交配后的雌虫产卵行为。对昆虫生殖行为的记录和描述不仅有利于全面了解该种昆虫，更有利于这些昆虫的生物防治。昆虫在求偶交配和产卵过程中，需要接受来自多方面的刺激。这些刺激大都具有种的特异性，对于雌雄识别及是否接受交配起重要作用。对昆虫的生殖行为机制的研究能够找到昆虫生殖时的信号化合物，在此基础上能够开拓出新的防治方法。

4.2.4.1 雌虫的求偶行为

雌虫羽化后，静伏下来。尾部向内弯起，伸出一乳白色囊状物，雌虫伸出的囊状物一直在作连续的幅度较小的抖动或伸缩。这与已报道的鳞翅目昆虫以脉冲方式释放性信息素的现象一致。在雌虫囊状物伸出后几分钟内，放在同室的雄虫便表现出突发性行为变化，显得十分活跃。这一现象表明雌虫的囊状物伸出是求偶的信号。

4.2.4.2 雄虫的反应行为

雄虫羽化后便可以爬行，大多数飞向光源。当光强度分布均匀时，爬行或飞行均无明显方向性。但当同室雌虫伸出囊状物时，雄虫大多急速爬行或起飞，触角前后摆动。雄虫到达雌虫附近时，一边剧烈振翅，一边急速向伸出囊状物的雌虫爬去，随后交配。其他没有交配的雄虫也具有明显垂直振翅和急速爬行寻觅配偶的表现。有的在振翅时生殖孔已张开，更甚者已伸出阳具准备交配。

4.2.4.3 雌雄虫的交配行为

（1）蛾龄与交配率

邵淑霞（2007）用同一天羽化的雌雄成虫观察其交配行为，实验结果如图 4-14 所示，雌雄成虫从刚羽化至交配发生所需时间为 7～142h，其平均时间约为 40.233h。如图 4-14 所示，羽化的第二天，发生交配行为的概率最大，为 44%，此后，随蛾龄的增加，交配率逐渐降低，羽化 4d 后，交配率低至 4%。此外，在实验过程中还发现，井上蛀果斑螟雌雄成虫的交配能力均不强，65 对交配成虫中，只有 8 对进行了第二次交配，即二次交配率仅为 12.31%，这有可能是因为实验中雌雄比例搭配不当造成的。

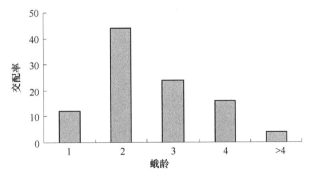

图 4-14 井上蛀果斑螟成虫性成熟时间与交配率

（2）性比与交配率

为了明确成虫的交配能力及雌雄比的变化对雌雄成虫交配能力的影响，韩伟君（2008）设定了雌雄比为 1∶1、1∶2、1∶3、2∶1 和 3∶1 共 5 个处理，雄蛾羽化后立即将其与相应数量的初羽化雌蛾放在一起，直至成虫全部死亡，研究了不同性比对井上蛀果斑螟成虫交配率的影响，结果从表 4-16 可以看出，井上蛀果斑螟成虫交配发生在羽化后 1～4d，成虫羽化后第一天交配率为 6.25%，第 2 天为交配的高峰期，交配率为50.0%，第三天交配率为 37.5%，第四天交配率为 32.0%。雌虫一生只发生一次交配，雄虫发生 1～3 次交配，发生一次交配的雄虫最多，占总数的 43.75%，发生两次交配的雄虫占总数的 37.5%，三次交配的雄虫占总数的 18.75%（表 4-16）。

表 4-16　不同性比井上蛀果斑螟成虫交配率观察

天数	处理（雌雄比例，羽化天数）	交配率/%
第一天	1♂2♀（第一天）	6.25
第二天	3♂1♀（第一天）	50.0
	1♂2♀（第一天）	
第三天	1♂3♀（第一天）	37.5
	1♂2♀（第二天）	
第四天	2♂1♀（第三天），1♂1♀（第二天）	32.0
	1♂2♀（第二天），1♂2♀（第一天）	
	3♂1♀（第三天）	
	1♂2♀（第二天）	
	1♂1♀（第三天），1♂3♀（第一天）	
第五天	1♂2♀（第二天）	0
	1♂2♀（第四天）	
	1♂1♀（第四天）	

（3）成虫交配的昼夜节律

邵淑霞（2007）研究发现（图 4-15），成虫交配主要发生在夜晚熄灯（23:00）后 6～8h 和开灯（次日 7:00）1h 之内，并在开灯后 1～2h 仍有交配发生，在其他光照时间均不进行交配。由图 4-15 可知，成虫交配存在两个高峰期：一个大峰和一个小峰。在熄灯 2～3h 之后便陆续有交配发生，熄灯 4h 之后即 3:00～4:00 达到第一个峰值，但

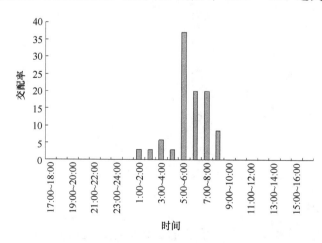

图 4-15　井上蛀果斑螟交配活动的昼夜节律

交配发生率很低,仅为 5.71%,而后交配发生率降低,但很快交配发生率便呈直线上升,在 5:00~6:00 达到最大峰值,为 37.14%,占交配发生总数量的 1/3。开灯前后各 1h 之内,交配发生率均达 20%,总数占总交配发生数的 2/5。开灯 1h 之后,交配发生的频率又明显降低,开灯 2h 即早上 9:00 之后无交配发生。从整个夜晚来看,交配主要发生在 5:00~8:00,发生的概率达 77.14%,而 5:00 前和 8:00 后,交配发生的概率较低,分别为 14.29% 和 8.57%。

(4) 成虫交配的持续时间

邵淑霞(2007)也研究了成虫交配持续时间,其结果如图 4-16 所示,井上蛀果斑螟成虫交配一次的平均持续时间为(68.83±4.22)min,但个体间的变异较大,范围为 20~160min。将交配持续时间跨度按 10min 一个等级进行划分时发现,雌雄成虫交配持续时间为 60~70min 的发生概率最大,与韩伟君(2008)的研究结果一致,为 30%;交配持续时间为 70~80min 的次之,发生概率接近 27%。交配持续时间主要集中于 50~90min,而只有少数(10%)成虫的交配持续时间短于 50min,一些个体(约 6.67%)的交配持续时间可超过 100min。

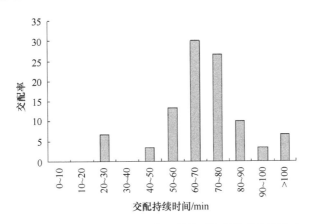

图 4-16　井上蛀果斑螟不同交配持续时间的发生概率分布

(5) 成虫交配持续时间长短与其寿命的关系

邵淑霞(2007)研究了成虫交配持续时间长短与其寿命的关系,随交配持续时间的延长,雌虫寿命持续升高,当交配过程持续 30~60min 时,雌虫寿命达到最高值 218.68h,此后,雌虫寿命随着交配时间的延长而降低;雄虫的变化趋势与雌虫的相似,但较缓和,亦存在一个峰值,即当交配持续 30~60min 时,雄虫的寿命达到最高值 213.33h;从整体来看,交配持续时间长短对雌虫寿命的影响重于对雄虫的影响。当交配持续 30~90min 时,雌虫的寿命长于雄虫的寿命,但差异不显著;当交配持续时间少于 30min 时,雄虫的寿命要长于雌虫的;当交配时间大于 90min 时,雄虫的寿命显著长于雌虫的(表 4-17)。

4.2.4.4　产卵行为

邵淑霞(2007)将刚羽化未交配的雌雄成虫配对后置于已编号的 500mL 塑料烧杯中,每瓶一对,共 65 对,用纱布封闭瓶口,用 10% 蜂蜜水饲养,并每天定时换取新鲜的蜂蜜水。交配发生后，取出雄虫，雌虫继续饲养，记录交配发生的时间，同时开始记录产卵活动情况，每天 24h 观察，期间每隔 2h 记录一次产卵的个数，连续观察，直至雌虫全部死亡。其实验结果如下。

表 4-17　交配持续时间对井上蛀果斑螟雌雄成虫寿命的影响

持续时间	雌虫寿命/h	雄虫寿命/h
0～30min	132.40ab	155.75a
30～60min	218.68a	213.33a
60～90min	213.39a	191.17a
>90min	87.33b	181.33a

注：在同一列数据中，具有不同字母的为 Duncan 多重比较差异显著（$P<0.05$）

（1）成虫产卵日节律

井上蛀果斑螟雌性成虫在一天中的产卵量存在 3 个高峰期，第一个高峰在 14:00～16:00，此期间的产卵率占日产卵总量的 7.03%；第二个高峰在 24:00～次日 2:00，产卵率为 47.35%；第三个高峰在 6:00～8:00，产卵率仅为 8.07%。因此可以看出，产卵主要集中在 22:00～次日 4:00，此时间段的产卵量占日产卵总量的 68.78%。

（2）性成熟早晚与单雌产卵量的关系

由表 4-18 可知，羽化后 2d 交配的雌虫，其单雌产卵量最高，约产 143 粒卵，稍高于羽化后 3d（130.26 粒）、4d（131.08 粒）才交配的雌虫所产的卵量，三者之间差异不显著，但都显著高于羽化后 1d 和羽化 4d 后交配的雌虫所产的卵量，羽化 4d 后才交配的雌虫一生的产卵量最低，仅可产 30.33 粒卵。由此可知，成虫达性成熟时间的早晚影响着雌虫一生的产卵量，羽化后 2d 是井上蛀果斑螟成虫的最佳交配时间，能够获得最大的产卵量。

表 4-18　性成熟时间对单雌产卵量的影响

羽化-交配发生时间/d	交配对数/对	平均单雌产卵量/粒	差异显著性（5%）
1	9	71.00±7.60	b
2	32	142.91±15.37	a
3	19	130.26±16.64	a
4	12	131.08±17.32	a
>4	3	30.33±20.50	b

（3）产卵历期与产卵量

井上蛀果斑螟雌性成虫羽化后平均（2.04±0.90）d 便开始产卵，每对成虫平均每日产卵（10.72±0.36）粒，产卵期长达 6.42d（表 4-19）。数据分析所得标准差较大，说明交配的对数有较大差异，雌虫的产卵量也有较大的差异。将 10 对成虫每天产卵率的平均值进行分析，结果见图 4-17，部分成虫羽化后第 2 天开始产卵，产卵率仅为 1.26%。羽化的第三天产卵率明显升高，在羽化后第 5 天时，产卵量达到最高值，占整个生育期产卵量的 28.40%。羽化后 3～7 天的产卵量为整个生育期产卵量的 82.12%，这表明羽化后 3~7d 为主要产卵期。产卵过程可持续到羽化后的第 15 天，但羽化后第 8~15 天的产卵量仅占整个生育期产卵量的 16.62%。

表 4-19　井上蛀果斑螟雌虫的产卵参数

羽化-产卵时间/d	每日产卵量/对	产卵期/d
2.04±0.90	10.72±0.36	6.42±1.06

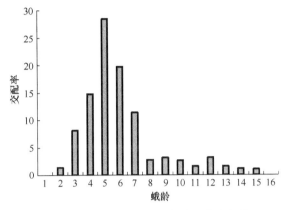

图 4-17　井上蛀果斑螟雌性成虫产卵规律

（4）气味对产卵量的影响

邵淑霞（2007）选取置于无任何气味的人工气候箱中羽化的雌雄成虫各 7 对，转入 500mL 的塑料烧杯中，用纱网封口。分别进行 3 个处理：处理 I 在装有成虫的烧杯内放入一小块石榴和浸有 10%蜂蜜水棉球的瓶盖，石榴用纱网罩住，以防成虫取食；处理 II 在烧杯内放入浸有 10%蜂蜜水棉球的瓶盖；处理III在烧杯内放入浸有蒸馏水棉球的瓶盖。结果如图 4-18 所示：3 个处理的变化趋势相似，但又有其不同点：只提供 10%蜂蜜水的雌虫在开始产卵的第 2 天日产卵量便达到最高值，也是 3 组处理的最高值，约为 64粒，但是其产卵历期最短，仅能持续 6d；同时提供石榴和 10%蜂蜜水的雌虫在开始产卵的第 3 天日产卵量达到最高值，约为 45 粒，产卵历期在 3 组处理中最长，可持续产卵达 11d；提供蒸馏水的雌虫在开始产卵的第 2 天日产卵量达到最高值，为 23 粒，在 3组处理中最低，可持续产卵 8d。为了进一步了解 3 个处理间产卵量是否存在显著差异，每天对 7 对井上蛀果斑螟成虫产卵量的变化进行 t 检验，如表 4-20 所示。

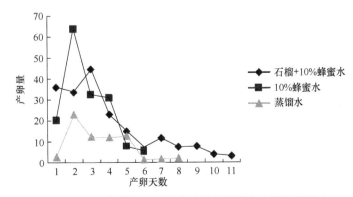

图 4-18　不同气味物质对井上蛀果斑螟雌虫产卵量的影响

表4-20 不同处理对井上蛀果斑螟雌虫产卵量变化的 *t* 检验结果

处理	待测虫/对	平均日产卵量/粒±SD	平均单雌产卵量/粒±SD	孵化率/%±SD
处理Ⅰ	7	122.91±10.20ab	193.14±13.52a	86.61±2.88a
处理Ⅱ	7	186.67±14.09a	160.00±18.66ab	86.34±9.53a
处理Ⅲ	7	59.75±14.28b	68.29±18.28b	45.27±10.69b

石榴挥发性气味对井上蛀果斑螟雌雄成虫间的交配没有影响，在没有石榴组织存在的情况下，雌雄成虫同样可以交配，且交配为有效交配，即交配后所产的卵均孵化，但食物营养的优劣显著影响雌虫的生殖力，结果见表4-20。处理Ⅰ的平均日产卵量和平均单雌产卵量分别为122.91粒和193.14粒，孵化率为86.61%，处理Ⅱ的平均日产卵量和平均单雌产卵量分别为186.67粒和160粒，孵化率为86.34%，两者间孵化率差异不显著，但均显著高于处理Ⅲ。由此说明，成虫期的生活状况将影响井上蛀果斑螟的种群增长能力。

（5）寄主不同部位对产卵选择行为的影响

秦卓（2008）利用"Ⅰ"型嗅觉仪研究了寄主不同部位对井上蛀果斑螟产卵行为的影响，结果如图4-19所示，井上蛀果斑螟雌成虫对石榴不同部位表现出明显的趋向性。在处理Ⅲ中，井上蛀果斑螟雌成虫对石榴花挥发物的趋向性显著；处理Ⅰ中，井上蛀果斑螟雌成虫对石榴花的挥发物的选择性明显大于石榴叶。3个处理中，井上蛀果斑螟雌成虫选择结果明显不同，差异性显著，以井上蛀果斑螟雌成虫对不同味源选择的个体数来评测，井上蛀果斑螟选择性最高的是石榴花，其次是石榴叶和石榴果实。

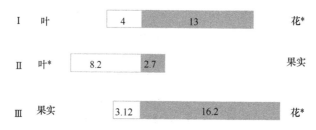

图4-19 井上蛀果斑螟对石榴3个不同部位挥发物的行为反应（*为卡方检验，*P*<0.05）
柱内数据表示井上蛀果斑螟对各个处理作出行为反应的个体数，未反应的未列出

（6）石榴提取物对产卵行为的影响

秦卓（2008）研究了石榴花、叶和果实正己烷提取液对井上蛀果斑螟产卵行为的影响，试验结果表明，经48h后观察，3种提取物中石榴花正己烷提取液对井上蛀果斑螟产卵量的影响最为显著，在其吸引下产卵量最多，总计高达174粒，而在石榴果实、石榴叶提取液及对照重蒸正己烷吸引作用下，产卵量分别为33.25粒、36.5粒和17.25粒。石榴花提取液与其他两种提取液及对照重蒸正己烷在影响井上蛀果斑螟产卵量方面有着显著差异性。

4.2.5 井上蛀果斑螟性信息素释放及其动态节律

韩伟君（2008）单独饲养同一天羽化的雌虫，喂其蜂蜜水，保证其未交配，并明确虫龄，以用于性信息素试验的研究，其研究结果如下。

4.2.5.1 井上蛀果斑螟雌虫腹部剪取

在雌虫羽化后第二天，交配开始的前 1h，剪取同一天羽化未交配雌虫的腹部 1/2 处放入正己烷中，待剪取的雌虫总数达到 100 头时，用搅拌器把雌虫腹部和正己烷混合均匀，用滤纸过滤，放入药品保存箱中保存。

由表 4-21 可知，剪取的井上蛀果斑螟雌虫共 144 头，将以上剪取的雌虫和正己烷混合液从药品保存箱中取出，在特制塑料桶（桶 5L，底部 2~3cm 处开一个直径 1cm 左右的洞，在洞口放入长 1cm 的玻管，桶底放入塑料瓶盖，里面放入浸满蜂蜜水的棉球）中放入 10 头以上的雄虫，用玻棒蘸取混合液放入试管内，观察雄虫活动情况，结果未发现雄虫活动异常。

表 4-21　井上蛀果斑螟雌虫腹部剪取

时间	剪取雌虫数/头	时间	剪取雌虫数/头
5:00	5	6:10	8
5:30	6	6:15	7
5:40	10	6:20	8
5:50	12	6:25	25
6:00	14	6:30	9
6:05	15	6:35	25
合计			144

4.2.5.2 井上蛀果斑螟雌虫腺体剪取

在雌虫羽化后第二天，交配开始时，选用 10 头以上同一虫龄的未交配雌蛾，用手轻轻挤压雌蛾的腹部末端，迫使其伸出性信息素腺体，用手术剪快速剪下腺体，放入已经预先加入重蒸正己烷的尖底玻璃管内，迅速用酒精灯封口，放入 4℃的药品保存箱中保存。

由表 4-22 可知，剪取的井上蛀果斑螟雌虫共 120 头，将以上腺体和正己烷的混合液用气相色谱-质谱联用仪（GC-MS）进行分析，未发现有特殊物质。

表 4-22　井上蛀果斑螟雌虫腺体剪取

剪取雌虫数/头	时间
20	5:20
19	5:30
35	5:30
18	5:40
13	5:50
15	6:00
合计	120

4.2.5.3 井上蛀果斑螟雌虫挥发性气体吸收

将羽化第二天未交配的雌蛾放入 3000mL 的磨口锥形瓶中 48h，连接装满正己烷的长型磨口玻璃瓶，用水泵抽其空气，风速控制在 5～10cm/s，使气体充分融入正己烷中。

由表 4-23 可知，共吸收 126 头井上蛀果斑螟雌虫的挥发性气体，温度在此虫生长发育适宜的范围内，将以上气体和正己烷混合液从药品保存箱中取出，在特制塑料瓶中放入 10 头以上的雄虫，用玻棒蘸取混合液放入试管内，观察雄虫活动情况，结果未发现雄虫活动异常。

表 4-23　井上蛀果斑螟雌虫挥发性气体收集

雌虫数/头	温度/℃
10	24
10	25
10	22
13	22
13	23
15	26
8	21
10	22
8	21
16	27
13	21
合计	126

4.2.6　井上蛀果斑螟对糖醋酒液的反应效果

韩伟君（2008）进行了井上蛀果斑螟的雌雄成虫对不同成分、不同比例糖醋酒液反应效果的比较试验，结果发现井上蛀果斑螟雌虫对糖醋酒液反应效果差异性不显著，雄虫对糖醋酒液反应效果差异性显著。其具体研究结果如下。

4.2.6.1　不同浓度糖溶液

图 4-20 表明，井上蛀果斑螟雄虫对不同浓度的糖溶液表现出不同的反应效果，从测试剂量上看，糖溶液浓度为 0.6%、1.2%、2.5%、5.0%、10.0% 时，引诱到的雄虫平均数分别为 76.5 头、53 头、50 头、23.5 头、72.5 头。当糖溶液浓度为 0.6% 和 2.5% 时，处理与对照存在显著性差异，并表现出一定的引诱作用（$F=6.28$，$P=0.0037<0.05$）。

图 4-21 表明，井上蛀果斑螟雌虫对不同浓度的糖溶液的反应效果，处理与对照无

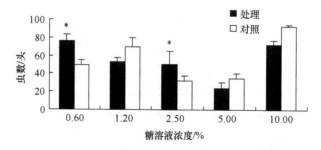

图 4-20　井上蛀果斑螟雄虫对不同浓度糖的反应效果

显著性差异。当糖溶液浓度为 2.50% 时，引诱效果较好，处理与对照引诱到的雌虫平均数分别为 65.25 头和 56.5 头。当糖溶液浓度为 0.60% 时，引诱效果较差，处理与对照引诱到的雌虫平均数分别为 18.25 头和 20 头。

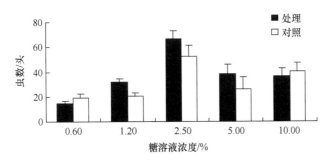

图 4-21　井上蛀果斑螟雌虫对不同浓度糖的反应效果

4.2.6.2　不同浓度醋溶液

图 4-22 表明，井上蛀果斑螟雄虫对不同浓度的醋溶液表现出不同的反应效果，从测试剂量上看，醋溶液浓度为 6.5%、12.5%、25.0%、50.0%、100.0% 时，引诱到的雄虫平均数分别为 26.75 头、44 头、10 头、51.25 头、17.5 头。当醋溶液浓度为 25.0% 和 100.0% 时，处理与对照存在显著性差异，并表现出一定的引诱作用（$F=3.58$，$P=0.0309<0.05$）。

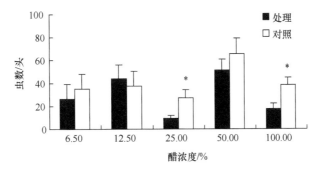

图 4-22　井上蛀果斑螟雄虫对不同浓度醋的反应效果

图 4-23 表明，井上蛀果斑螟雌虫对不同浓度的醋溶液的反应效果，处理与对照无显著性差异。当醋溶液浓度为 25.0% 时，引诱效果较好，处理与对照引诱到的雌虫平均数分别为 58.25 头和 63.5 头。当醋溶液浓度为 50.0% 时，引诱效果较差，处理与对照引诱到的雌虫平均数分别为 5.25 头和 8.75 头。

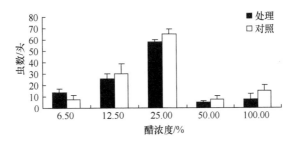

图 4-23　井上蛀果斑螟雌虫对不同浓度醋的反应效果

4.2.6.3 不同浓度酒溶液

图 4-24 表明，井上蛀果斑螟雄虫对不同浓度的酒溶液表现出不同的反应效果，从测试剂量上看，酒溶液浓度为 6.5%、12.5%、25.0%、50.0%、100.0%时，引诱到的雄虫平均数分别为 19.75 头、26.5 头、18.25 头、18.25 头、20.25 头（$F=0.36$，$P=0.8408>0.05$）。

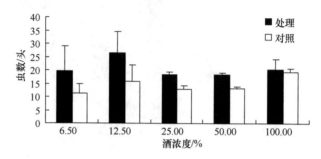

图 4-24　井上蛀果斑螟雄虫对不同浓度酒的反应效果

图 4-25 表明，井上蛀果斑螟雌虫对不同浓度的酒溶液的反应效果，处理与对照无显著性差异。当酒溶液浓度为 100.0%时，引诱效果较好，处理与对照引诱到的雌虫平均数分别为 58.25 头和 75.5 头。当酒溶液浓度为 25.0%时，引诱效果较差，处理与对照引诱到的雌虫平均数分别为 43.25 头和 31.5 头。

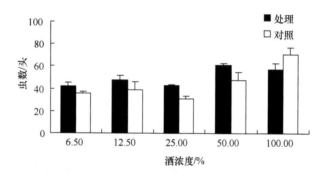

图 4-25　井上蛀果斑螟雌虫对不同浓度酒的反应效果

4.2.6.4 不同比例酒醋混合溶液

图 4-26 表明，井上蛀果斑螟雄虫对不同比例的酒醋混合溶液表现出不同的反应效果，从测试剂量上看，酒醋混合溶液浓度为 25%醋+25.0%酒、12.5%醋+25.0%酒、25.0%醋+12.5%酒时，引诱到的雄虫平均数分别为 21.75 头、21.75 头、29.75 头。当酒醋混合溶液浓度为 12.5%醋+25.0%酒时，处理与对照存在显著性差异，并表现出一定的引诱作用（$F=0.66$，$P=0.5419>0.05$）。

图 4-27 表明，井上蛀果斑螟雌虫对不同比例的酒醋混合溶液的反应效果，处理与对照无显著性差异。当酒醋液浓度为 25.0%醋+12.5%酒时，引诱效果较好，处理与对照引诱到的雌虫平均数分别为 43.5 头和 36.25 头。当酒醋液浓度为 12.5%醋+25.0%酒时，引诱效果较差，处理与对照引诱到的雌虫平均数分别为 11.5 头和 3.25 头。

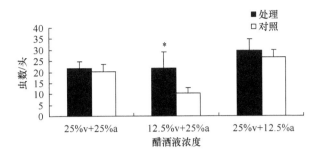

图 4-26　井上蛀果斑螟雄虫对不同比例的酒醋混合溶液的反应效果
v 表示醋；a 表示酒；下同

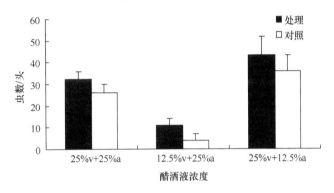

图 4-27　井上蛀果斑螟雌虫对不同比例的酒醋混合溶液的反应效果

4.2.6.5　不同比例的糖醋混合溶液

图 4-28 表明，井上蛀果斑螟雄虫对不同比例的糖醋混合溶液表现出不同的反应效果，从测试剂量上看，糖醋混合溶液浓度为 2.5%糖+12.5%醋、2.5%糖+25.0%醋、5.0%糖+12.5%醋、5.0%糖+25.0%醋时，引诱到的雄虫平均数分别为 3.5 头、18.75 头、7 头、12.5 头（F=5.09，P=0.0168<0.05）。

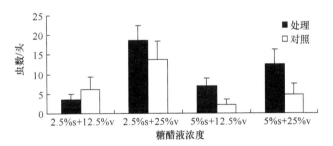

图 4-28　井上蛀果斑螟雄虫对不同比例的糖醋混合溶液的反应效果
s 表示糖；下同

图 4-29 表明，井上蛀果斑螟雌虫对不同比例的糖醋混合溶液的反应效果，处理与对照无显著性差异。当糖醋液浓度为 2.5%糖+25%醋时，引诱效果较好，处理与对照引诱到的雌虫平均数分别为 30.5 头和 27.25 头。当糖醋液浓度为 5.0%糖+12.5%醋时，引诱效果较差，处理与对照引诱到的雌虫平均数分别为 1.25 头和 0 头。

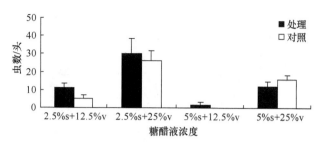

图 4-29　井上蛀果斑螟雌虫对不同比例的糖醋混合溶液的反应效果

4.2.6.6　不同比例的糖酒混合溶液

图 4-30 表明，井上蛀果斑螟雄虫对不同比例的糖酒混合溶液表现出不同的反应效果，从测试剂量上看，糖酒混合溶液浓度为 2.5%糖+12.5%酒、2.5%糖+25.0%酒、5.0%糖+12.5%酒、5.0%糖+25.0%酒时，引诱到的雄虫平均数分别为 12.75 头、18.25 头、8.5 头、2.5 头（F=4.63，P=0.0229<0.05）。

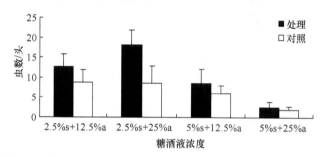

图 4-30　井上蛀果斑螟雄虫对不同比例的糖酒混合物的反应效果

图 4-31 表明，井上蛀果斑螟雌虫对不同比例的糖酒混合溶液的反应效果，处理与对照无显著性差异。当糖酒液浓度为 2.5%糖+25.0%酒时，引诱效果较好，处理与对照引诱到的雌虫平均数分别为 17.25 头和 15.25 头。当糖酒液浓度为 5.0%糖+25.0%酒时，引诱效果较差，处理与对照引诱到的雌虫平均数分别为 1.5 头和 1.25 头。

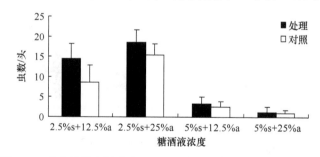

图 4-31　井上蛀果斑螟雌虫对不同比例的糖酒混合物的反应效果

4.2.6.7　不同浓度的糖与 1∶2 的醋酒混合溶液

图 4-32 表明，井上蛀果斑螟雄虫对不同浓度的糖与 1∶2 的醋酒混合溶液表现出不同的反应效果，从测试剂量上看，糖醋酒混合溶液浓度为 2.5%糖+12.5%醋+25.0%酒、5%糖+12.5%醋+25.0%酒时，引诱到的雄虫平均数分别为 25.75 头、19.25 头。当糖醋酒

混合溶液浓度为 2.5%糖+12.5%醋+25.0%酒时，处理与对照存在显著性差异，并表现出一定的引诱作用（F=3.97，P=0.0364<0.05）。

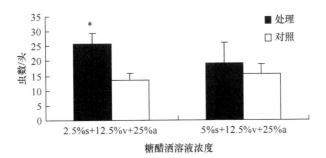

图 4-32 井上蛀果斑螟雄虫对不同浓度的糖与 1：2 的醋酒混合溶液的反应效果

图 4-33 表明，井上蛀果斑螟雌虫对不同浓度的糖与 1：2 的醋酒混合溶液的反应效果，处理与对照无显著性差异。当糖醋酒液浓度为 2.5%糖+12.5%醋+25%酒时，处理与对照引诱到的雌虫平均数分别为 7 头和 3.5 头，当糖醋酒液浓度为 5.0%糖+12.5%醋+25%酒时，处理与对照引诱到的雌虫平均数分别为 21.25 头和 27.5 头。

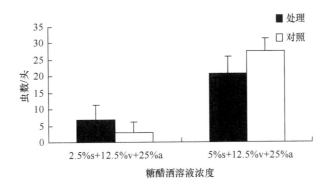

图 4-33 井上蛀果斑螟雌虫对不同浓度的糖与 1：2 的醋酒混合溶液的反应效果

4.2.6.8 井上蛀果斑螟对几种挥发物的反应

图 4-34 表明，井上蛀果斑螟雄虫对几种挥发物表现出不同的反应效果，从测试剂量上看，糖、醋、酒混合溶液浓度为 0.6%糖、2.5%醋、12.5%醋+25.0%酒、2.5%糖+12.5%醋+25.0%酒时，引诱到的雄虫平均数分别为 22 头、26.5 头、51.5 头、74.5 头。从以上

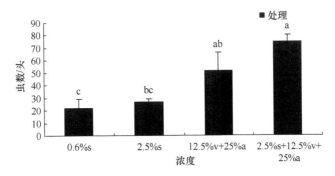

图 4-34 井上蛀果斑螟雄虫对几种挥发物的反应比较

4 种配方看，引诱到的雄虫为递增趋势，当糖醋酒液浓度为 2.5%糖+12.5%醋+25.0%酒时，引诱效果较好。

图 4-35 表明，井上蛀果斑螟雌虫对几种挥发物的反应效果无明显差异，从测试剂量上看，糖、醋、酒混合溶液浓度为 1.2%糖、2.5%糖、6.5%酒、12.5%酒、25%酒、50%酒时，引诱到的雌虫平均数分别为 42.75 头、54.75 头、40 头、45.75 头、42 头、30.5 头。从以上 6 种配方看，当糖溶液浓度为 2.5%时，引诱效果较好，当醋溶液浓度为 50%时，引诱效果最差。

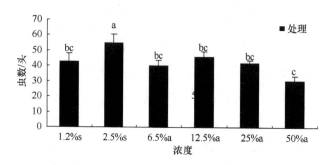

图 4-35　井上蛀果斑螟雌虫对几种挥发物的反应比较

总结试验可知，井上蛀果斑螟雌虫对糖醋酒液反应效果差异性不显著，而雄虫对糖醋酒液反应效果差异性显著。在糖浓度为 0.6%和 2.5%时，醋浓度为 25.0%和 100.0%时，酒醋混合浓度为 12.5%醋+25.0%酒时，糖醋酒混合浓度为 2.5%糖+12.5%醋+25.0%酒时，雄虫的处理和对照具有显著性差异。当糖醋酒液浓度为 2.5%糖+12.5%醋+25.0%酒时，引诱雄虫的数量最多，平均为 74.5 头。当糖溶液浓度为 2.5%，引诱雌虫的数量最多，平均为 54.75 头，此结果可为石榴蛀螟害虫进行糖醋酒液的田间诱杀提供参考。

4.2.7　井上蛀果斑螟种群时空动态

种群的空间分布结构是种群的特征之一，研究空间分布型，不仅有助于开发精确而有效的抽样技术设计，而且可以对研究资料提出适当的数理统计处理方法。同时对了解昆虫种群的猖獗、扩散行为、种群管理均有一定的实际应用价值。

2003 年 7 月至 2004 年 7 月，白玲玲对云南省建水县青龙、羊街和哼啰冲 3 个不同管理水平、海拔相近的石榴园中井上蛀果斑螟种群时空动态进行了连续调查。3 个管理水平不同、海拔相近的石榴园海拔分别为青龙 1390m、羊街 1333m、哼啰冲 1370m。果园 1（南庄镇羊街农场）：管理精细，定期并大量使用化学杀虫剂，面积约 200 亩。果园 2（青龙镇畜牧场水围山石榴园）：管理较为规范，不定期使用化学杀虫剂，面积约 300 亩。果园 3（临安镇哼啰冲石榴园）：管理粗放，基本不使用化学杀虫剂，面积约 400 亩。果园 1 设置糖醋酒盆 6 个（糖：醋：酒=3：4：5），每盆挂在石榴树的第一分枝上，距地面约 1.6m，盆间相距 30～40m。果园 2 和果园 3 的设置与果园 1 相同，考虑到果园面积不同，果园 2 设盆 8 个，果园 3 设盆 6 个。每隔 7d 更换盆中的糖醋酒液，并记录成虫数量。

4.2.7.1　成虫种群时间动态

果园 1 的数据表明，井上蛀果斑螟成虫的数量变动具有 2 个明显的峰值，从 2003

年7月21日到2004年2月13日，一直维持在x=0～3，在2月27日达到第一个峰值（66.50，SME=47.46，n=6），在3月17日达到第二个峰值（117.17，SME=74.66，n=6），随后成虫数量逐渐下降落回x=0～5的水平，至7月28日止，数量均无较大波动。

果园2的数据表明，井上蛀果斑螟成虫的数量变动从10月29日到翌年5月26日一直保持较高水平，期间具有2个明显的峰值，数量从2003年7月12日的稍高水平到10月23日逐渐降低，从10月29到12月18日虫量均维持在x=11～55的稳定水平，2004年2月19日达到第一个峰值（129.25，SME=73.93，n=8），在3月24日达到第二个峰值（134.25，SME=53.03，n=8），随后成虫数量逐渐下降，在5月6日之前仍保持相对稳定的水平，至7月28日止，数量回到最低点，无较大波动。

果园3的数据表明，井上蛀果斑螟成虫的数量变动只有1个明显的峰值，从2003年8月6日的低水平到10月8日一直处于最低水平，从10月15日到翌年2月19日虫量维持在19～50的稳定水平，在2月27日达到第一个峰值（153.00，SME=46.53，n=6），后逐渐下降，在3月31日之前仍保持较高水平，从4月7日至7月28日止，数量回到最低点，无较大波动。

结合以上的数据分析，按建水县成熟石榴树总体的生长规律，结合田间农事操作及管理总结如下：3～4月为开花期，越冬虫源大量羽化，交配、产卵，此时果农除了疏花、整园，没有做其他特殊的操作，使得3个果园的最高峰出现在此期间。5～8月为果实生长期，孵化的幼虫钻入石榴果实取食、为害，果农也定期喷洒农药，注意农事操作，这个时期的成虫数逐渐减少，保持在相当低的水平。9～10月为果实成熟期，经过几个月的取食，井上蛀果斑螟大多在石榴果实内化蛹，等待羽化，或以老熟幼虫等待化蛹，果农则逐渐采摘成熟的果实，所以此时田间成虫量仍然保持低水平。11月到次年2月为休眠期，井上蛀果斑螟以蛹及老熟幼虫的虫态在落地虫果中越冬，农事操作以清园、剪枝为主的果园，虫量保持较高水平。

除去自然条件这一重要因素，3个果园的管理与防治措施对害虫数量的影响很大，因此，系统的果园管理，包括及时清理果园、适当处理病残果、适当的化学防治措施，并注意天敌的保护，是防治井上蛀果斑螟的有效手段。

4.2.7.2　幼虫种群空间分布

2004年8月至2004年9月，井上蛀果斑螟幼虫集中为害石榴果实期间，白玲玲对建水县哱啰冲果园中石榴树上的虫果进行随机计数，每次调查100棵树，每棵树随机抽10个石榴果，计录其有虫果实数，每5d调查一次，调查5次。计算平均数m及方差s^2，利用Taylor幂法则、Iwao聚集格局回归分析法及负二项分布模型求出井上蛀果斑螟幼虫在田间的分布型。实验结果见表4-24。

表4-24　井上蛀果斑螟平均密度、方差和平均拥挤度

调查日期	调查株数	平均密度（m）	方差（s^2）	平均拥挤度（m^*）
8月18日	100	0.61	1.331 212	1.792 315
8月23日	100	0.70	1.585 859	1.965 513
8月28日	100	1.07	2.873 838	2.656 882
9月3日	100	0.89	2.462 525	2.755 83
9月8日	100	1.13	3.306 162	3.055 807

利用 Taylor 幂法则和 Iwao 聚集格局回归分析法进行分析（表 4-25）。结果显示用这两种分析方法处理的数据均可得到显著程度不等的回归方程。Taylor 幂法则拟合数据较好，具有较高的决定系数（r^2=0.9879），而用 Iwao 的聚集格局回归分析法拟合的数据效果则差一些，决定系数为 r^2=0.9505。但这两个模型的斜率（b=1.456，β=2.335）都显著大于 1，说明井上蛀果斑螟幼虫的种群空间分布型为聚集分布。

表 4-25　井上蛀果斑螟幼虫空间分布的回归分析

回归分析模型	回归参数				检验结果
	a	b	r^2	t	
Taylor	1.007	1.456	0.9879	4.899	聚集分布
Iwao	0.390	2.335	0.9505	4.341	聚集分布

利用负二项概率模型对每次取样中井上蛀果斑螟幼虫的数据进行分析，结果每次的卡方检验在 0.05 的显著水平上都符合负二项分布，所以，所有取样的井上蛀果斑螟幼虫空间分布均为聚集分布（表 4-26）。

表 4-26　负二项概率模型对井上蛀果斑螟幼虫卡方适合性测定

调查日期	调查株数	平均密度	自由度	K	x^2
8 月 18 日	100	0.61	3	0.290 16	2.470 16
8 月 23 日	100	0.70	4	0.352 65	2.520 11
8 月 28 日	100	1.07	6	0.383 19	3.636 81
9 月 3 日	100	0.89	6	0.356 53	0.934 62
9 月 8 日	100	1.13	7	0.444 36	2.089 34

x^2 为卡方值；K 为 K 值

采用 Taylor 幂法则、Iwao 聚集格局回归分析法和负二项概率模型对井上蛀果斑螟幼虫在石榴树上的空间分布格局进行测定，三者的结果都表明井上蛀果斑螟幼虫空间分布格局为聚集分布。

4.3　井上蛀果斑螟的为害特征与综合防治措施

4.3.1　井上蛀果斑螟的为害特征

井上蛀果斑螟在石榴上以初孵幼虫从花丝或萼筒附近蛀入果实内取食为害，蛀食石榴籽粒外表皮及幼嫩籽粒，一个果内常有数条幼虫，但很少有转移现象，幼虫边钻蛀边向外排出褐色颗粒粪便，使受害果实内充满虫粪，极易引起裂果和腐烂。老熟幼虫爬至蛀入孔附近或萼筒内化蛹，羽化后，成虫在石榴幼果上产卵，孵化后的幼虫继续危害石榴果实。严重影响石榴品质和产量。虫果表现有蛀孔，或是萼筒内无花丝而塞满褐色颗粒虫粪，蛀孔流出淡红色果汁，果汁和粪便粘贴在果皮表面上。田间调查的情况表明，此种鳞翅目幼虫是导致虫果增加、落果率锐减的直接原因，如果不抓紧防治，使其虫口基数降低，将给果农带来重大的经济损失。

另外，不同的石榴树品种受害程度也不尽相同，刘莹静在研究中发现，建水的'大籽酸石榴'、'细籽酸石榴'等酸石榴品种受害较重,而蒙自的'甜鲁子'等甜石榴品种受害较轻,并表现出树龄 50 年以上的老树受害重于 10 年以下的树。

刘莹静于 2003 年 12 月到 2004 年 12 月采用糖醋酒液(糖:酒:醋=1:2:3)诱集法对 6 个石榴园中的井上蛀果斑螟危害进行调查,其调查结果如下。

田间 6 个点成虫的发生状况大致相同,从 10 月中旬到翌年 4 月初成虫活动比较多,而高峰期在 2 月中旬到 4 月初,此后到 10 月初很少诱集到成虫。结合田间的温度或时间,分别利用有效积温法则、Weibull 分布模型都可以对园中该虫的发生发展进行预测预报。

秦卓对从石榴花末期到石榴果实成熟收获期井上蛀果斑螟的危害情况进行了调查,调查结果明显发现建水县两个不同的乡镇受井上蛀果斑螟为害情况不同,如图 4-36 所示:在调查时期内,哼啰冲村石榴园中,每月虫果所占落果数的平均比例分别为 19.38%、19.67%、61.00% 和 69.67%。青龙镇石榴园中,虫果平均比率分别为 0%、9.43%、16.03% 和 7.95%,都明显低于同期哼啰冲村。这与果园管理模式及管理水平有关,青龙镇果园属大面积果树种植、统一管理、个人承包类型,该地区具有科学的种植管理、实施农药等预防病虫害的措施;哼罗冲村果园是农户独家单户种植,调查了解到该地区管理粗放、施药次数少而且施药时间全村不统一,导致不能有效地防治井上蛀果斑螟的危害。

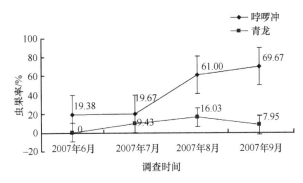

图 4-36　建水县 2 个石榴园内虫果率调查分析

4.3.2　井上蛀果斑螟的综合防治措施

4.3.2.1　植物检疫

检疫是害虫防治的第一步,在建园、苗木调运时,从无虫地调进苗木,如发现有此类害虫(包括所有虫态),必须经过处理,方可调运。

4.3.2.2　农业措施

精准的农业措施是减弱害虫危害行之有效的方法。合理施肥、灌溉,促进石榴树生长旺盛,增加抗虫能力。石榴树落叶期间清扫果园,耕翻树盘,破土灭蛹。及时捡除石榴园及周边的落花、落果、酒果、虫果、僵果,并集中烧毁或深埋处理。修枝抹芽、剪除有虫枝条、徒长枝,刮除老翘皮,并在修剪过程中灭虫。

4.3.2.3　物理防治

（1）诱杀法

常用的诱杀方法有黑光灯诱杀、糖醋酒液诱杀、性诱剂诱杀、色板诱杀、毒饵诱杀等。在应用性信息素诱捕雄虫或其他交配干扰技术时，如果能降低雄虫的数量，或者使得成虫在最适合交配的时间（如羽化后的第2个夜晚）不能进行交配，就可降低雌蛾的产卵量，并可部分地实现降低田间种群的目的。

（2）果实处理

在石榴果实拇指大，第二次自然落果后进行果实套袋，可以防止蛀果类害虫将卵产于果实上，也可以防止蟓象类刺吸式口器害虫为害。

（3）其他方法

石灰液或烟草液喷施可防治蚜虫、蟓象；松脂合剂对蚧壳虫、粉虱、蚜虫的防治效果很好。用蓖麻液防治金龟子成虫，洗衣粉与柴油混合液防治蚧壳虫、粉虱、螨类效果显著。该类方法在防治其他石榴害虫时，对井上蛀果斑螟同样有一定的防治效果。

4.3.2.4　生物防治

（1）天敌

1）寄生性天敌：赤眼蜂、青蜂、茧蜂、寄生螨等。秦卓（2008）在田间采集野生井上蛀果斑螟幼虫和蛹带回实验室饲养的过程中，发现两种井上蛀果斑螟的天敌昆虫。经浙江大学陈学新教授和福建农林大学林乃铨教授鉴定，这两种寄生蜂分别属于凹头小蜂属和小模茧蜂科。

2）捕食性天敌：瓢虫、草蛉、食蚜瘿蚊、猎蝽、小花蝽、姬小蜂、步行虫、线虫、蜘蛛、蚂蚁等。

（2）生物农药

苏云金芽胞杆菌、白僵菌、绿僵菌、金龟子乳状菌、青虫菌等。

4.3.2.5　化学防治

目前常用的有50%辛硫磷、50%倍硫磷、50%杀螟松、50%久效磷、25%亚胺硫磷、50%马拉松、2.5%鱼滕精、磷胺谷硫酸、二嗪农、伏杀磷、西维因等。调查中发现花期施药能有效预防井上蛀果斑螟的危害。除喷洒药剂外，对蛀果类害虫多采用果筒塞药棉、果筒抹药泥的方法。

4.4　云南其他重要石榴蛀螟类害虫

4.4.1　桃蛀螟

桃蛀螟［*Conogethes punctiferalis*（Guenèe）］属鳞翅目、螟蛾总科、草螟科、草螟

亚科、蛀野螟属,又名桃蛀螟、豹纹蛾、桃蛀虫、果斑螟蛾等。该虫是一种杂食性害虫,可以为害桃、苹果、梨、杏、李、山楂、杜果、石榴等果树和向日葵花盘种粒及马尾松针叶,并有转移为害的现象。桃蛀螟主要蛀害果实,在蒙自、建水石榴产区普遍发生,卵、幼虫发生盛期一般与石榴花、幼果盛期基本一致。初孵幼虫在萼筒内或果面上啃食果皮,1龄后从石榴果实的萼筒部、蒂部、两果或多果相交,以及枝叶遮盖连接果实处蛀入石榴内,直达果心,取食籽粒,蛀孔外堆积大量虫粪,以后仍从原蛀孔爬出转果为害,刚蛀入时蛀孔太小,虫果不容易识别,经一周后幼虫脱果,被害处较明显,极易引起裂果和霉烂,造成落果,严重影响石榴的品质和产量。成虫白天隐伏在叶背等处,夜间活动。老熟幼虫在树上被害的僵果内、树干枝杈翘皮下、树洞内及向日葵花盘等处结厚茧越冬。桃蛀螟在我国各地发生代数不一,北方地区每年1~3代,南方4~5代,世代重叠(郑晓慧和何平,2013;李宗圈和白婧婧,2008)。

4.4.1.1 形态特征

(1)卵

椭圆形,卵面粗糙,布满圆形刻点,长0.6~0.7mm,宽约0.5mm。初为乳白色,后变为黄色,最后渐变为红褐色。

(2)幼虫

头暗褐色,前胸背板褐色,臀板灰褐色,腹足趾钩双序缺环。3龄以后幼虫腹部第5节背面灰褐色斑下有2个暗褐色性腺者为雄性,否则为雌性。老熟幼虫体长约22mm,体色变化较大,有淡灰褐色、淡灰蓝色等,体背面紫红色。

(3)蛹

蛹长约13mm,宽4mm左右,褐色至深褐色,臀刺细长,末端有细长的钩刺6根。

(4)成虫

黄色且有许多黑斑,体长12mm左右,翅展约25mm,体橙黄色。触角丝状,长约为前翅的一半。复眼发达,黑色,近圆球形。下唇须向上弯曲,形似镰刀状,上着生黄色鳞毛,其前半部背面外侧具黑色鳞毛。胸部鳞片中央有由黑色鳞毛组成的黑斑1个。雄虫腹部较细,末节的大部分及攫雌器上密布黑色鳞片。雌虫腹部略粗,末节仅背面端部有极少的黑鳞片。两性翅缰皆1条(图4-37)。

4.4.1.2 分布特征

该虫在我国辽宁、河北、河南、山东、山西、陕西、湖南、湖北、江西、安徽、江苏、浙江、福建、广东、台湾、四川、云南,以及日本、朝鲜、印度和大洋洲均有分布。

4.4.1.3 防治措施

(1)植物检疫

在建园、苗木调运时,应从无虫地调进苗木或经过处理后再调运。

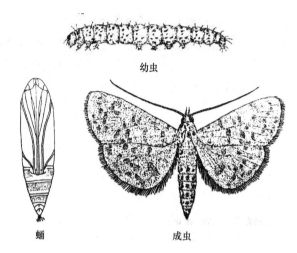

图 4-37　桃蛀螟［*Conogethes punctiferalis*（Guenèe）］幼虫、蛹和成虫

（2）农业措施

在每年越冬代幼虫化蛹前，清除果园中的杂草，同时清除果园中的果树翘皮，集中烧毁，减少虫源。结合石榴树修剪，清理石榴园，采果后至萌芽前，清除树上和树下干僵果、病虫果，集中烧毁或深埋，以消灭桃蛀螟越冬幼虫及蛹（王龙，2013）。

（3）物理防治

1）果实套袋：石榴坐果后 20d 左右进行果实套袋，可有效防治桃蛀螟对果实的为害。

2）诱杀法：利用桃蛀螟的趋性诱杀成虫，可用黑光灯、频振式杀虫灯、糖醋酒液、性诱剂等进行诱杀。利用糖醋酒液诱杀时，其糖醋酒液比例为糖：酒：醋：水=1：1：4：16，混合后装罐挂于树下，隔段检查，及时收集害虫并添加或更换糖醋酒液。利用性诱剂诱杀成虫时，每公顷挂 225～300 个诱芯，20～30d 更换一次。也可在树干上扎草绳，诱集幼虫和蛹，集中消灭。

3）其他方法：在树干上用 1：1 的 1.0% 1605 粉制成的黏土药泥堵塞树洞，可减少越冬害虫基数（洪少民，2009）。

4.4.1.4　生物防治

1）天敌：桃蛀螟的天敌有绒茧蜂、广大腿小蜂、抱缘姬蜂（李帅，2014）。

2）生物农药：以白僵菌黏膏堵塞蓴筒，防治效果可达 97.33%。

3）作物诱杀：由于桃蛀螟对玉米、向日葵等作物趋性较强，可在园内或四周种植这类作物进行诱杀。园内每亩种 20～30 株诱集作物即可。

4.4.1.5　化学防治

在成虫产卵盛期，可以用 5% 来福灵乳油 2000 倍液，或 2.5% 天王星乳油 2500 倍液均匀喷布，杀死初孵幼虫。石榴坐果后，可用 25% 对硫磷微胶囊剂 300 倍液，或 50% 辛硫磷乳油 500 倍液渗药棉球或制成药泥堵塞蓴筒。套袋的果园里，在疏果后套袋前可喷一次杀虫剂，预防"脓包果"发生，同时也可消灭桃蛀螟早期卵。不套袋的果园，在第

一、第二代成虫产卵高峰期喷药（王世伟，2006a，2006b；段玮等，2012；曹磊等，2015）。

4.4.2　高粱穗隐斑螟

高粱穗隐斑螟［*Cryptoblabes gnidiella*（Millere）］属于鳞翅目、螟蛾科，又名小穗螟。幼虫危害高粱、栌子、瑞香、蓖麻、安石榴、橘、橙、葡萄及葡萄干、洋葱、玉米嫩穗、柽柳、千屈菜等。

4.4.2.1　形态特征

（1）卵

白色，长 0.3～0.4mm，椭圆形，扁薄，中间稍隆，表面具皱纹。

（2）幼虫

末龄幼虫体长 10～14mm，纺锤形，体细长，低龄幼虫黄白色，长大后变为土黄色至草绿色或灰黑色。背线浅褐色，细，中胸到腹末体背两侧各具 1 条绿色波形纵带。亚背线较宽，黑褐色，腹节中央具一横纹，划分为前后两部分，各具 2 个毛片，呈方形排列。

（3）蛹

体长 6～7mm，被蛹，黄褐色至红棕色，背面具刻点，腹部末端较尖，具 1 对紧靠的棘和 4～6 根弯钩小刺。

（4）成虫

体长 8～9mm，翅展 11～16mm。前翅狭长，紫褐色，暗褐小点满布，翅基前缘近基部的一半和内缘，以及中室朝外的各翅脉带深红色，中央具 2 条下凹的宽黑纵纹及几条较细黑纹，外横线白色，横贯细黑纹间，翅外缘有 6 个小黑点。后翅灰白色，略透明，翅尖、内缘及各翅脉颜色略深。

4.4.2.2　分布特征

该虫在我国华东、华南、中南、欧洲地中海沿岸、非洲、亚洲太平洋岛屿等地均有分布。

4.4.3　石榴螟

石榴螟（*Ectomyelois ceratoniae*）（Zeller，1839），隶属鳞翅目、螟蛾科、斑螟亚科、日螟蛾属。幼虫为杂食性害虫，主要危害寄主植物的叶片、嫩芽和果实。它是危害石榴、柑橘、枣、椰子、无花果、豆类、坚果类等植物及其果实的重要害虫，为我国禁止入境的检疫性有害生物（徐淼锋等，2015a）。

4.4.3.1　形态特征

（1）幼虫

粉色，头部红褐色。前胸盾片黄色，中胸和腹第 8 节亚背毛（气门上方）有骨环包围，第 1～7 节亚背毛上方仅有细小的灰褐色新月形骨化斑，腹第 8 节第 1 对亚背毛与气门的距离是气门直径的 3～4 倍，腹第 9 节侧毛 3 根，臀板（腹第 10 节）亚背毛与背毛的距离小于其与侧毛的距离。

（2）蛹

红褐色，具两根臀棘，末端下弯。胸背有隆脊，腹背有强刻点，腹部第 1～7 节背面有成对的角状突起，有时末端呈双叉状。

（3）成虫

触角细长，具细纤毛；下唇须向上弯曲，末节到达或接近头顶，第 2 节具稍宽的鳞片，第 3 节明显比第 2 节短。翅展 16～24mm，雄虫无前缘褶。前翅褐灰色，带浅褐色的图案，内线和亚端线明显，其间颜色较深，端线深浅相间。

4.4.3.2　分布特征

该虫原产于地中海地区，目前已扩散到亚洲、非洲、欧洲、美洲和澳大利亚等地（Heinrich，1956），我国尚未有分布记录（陈乃中，2009）。

4.4.3.3　检验检疫方法

石榴螟主要以卵、幼虫和蛹的方式存在于寄主植物中，随着寄主植物的远距离运输而传播扩散；因此，应禁止旅客携带寄主植物及其果实入境；对于进口来自疫区的干果、水果果实和蔬菜等，尤其是干果要加强检疫。观察果实表面是否有危害状、虫粪等，对发现带虫的果实，进行室内饲养观察鉴定。一旦鉴定为石榴螟，应采取检疫除害处理措施（徐淼锋等，2015b；章柱等，2015）。

参 考 文 献

白玲玲. 2005. 石榴新纪录害虫井上蛀果斑螟分类及生物学研究. 昆明: 云南农业大学硕士学位论文
曹磊, 黄伟, 谢彦涛, 等. 2015. 河南西峡石榴主要病虫害发生与防治技术. 现代农业, (7): 30-31
陈乃中. 2009. 中国进境植物检疫性有害生物——昆虫卷. 北京: 中国农业出版社: 104-107
杜艳丽, 李后魂, 王淑霞. 2002. 中国蛀果斑螟属分类研究.动物分类学报, 27(1): 8-19
段玮, 王芳, 刘亚娟, 等. 2012. 果园桃蛀螟为害特点与防治技术. 西北园艺(果树), 4: 33
冯玉增, 陈德均. 2000. 石榴优良品种与高效栽培技术. 郑州: 河南科学技术出版社: 242-246
韩伟君. 2008. 井上蛀果斑螟成虫羽化交配行为及对糖醋液的反应研究.昆明: 云南农业大学硕士学位论文
洪少民. 2009. 石榴园种植向日葵防治桃蛀螟. 安徽林业, (4): 77
李春梅. 2010. 蒙自地区石榴主要病虫害的发生规律及综合防治技术. 红河学院学报, (2): 59-62
李帅. 2014. 山东枣庄石榴害虫天敌资源调查. 果树医院, (2): 28-30
李宗圈, 白婧婧. 2008. 桃蛀螟在石榴上的发生与防治. 果树, (8): 177
刘莹静. 2006. 温度对井上蛀果斑螟生长发育影响的研究.昆明: 云南农业大学硕士学位论文
秦卓. 2008. 寄主植物不同部位对井上蛀果斑螟行为影响的研究. 昆明: 云南农业大学硕士学位论文
邵淑霞. 2007. 井上蛀果斑螟形态学及成虫生物学研究. 昆明: 云南农业大学硕士学位论文
王龙. 2013. 如何防治石榴园害虫桃蛀螟. 果树医院, (8): 30
王世伟. 2006a. 石榴果实害虫桃蛀螟的防治. 致富天地, (3): 27
王世伟. 2006b. 石榴果实害虫——桃蛀螟的发生和防治. 现代种业, (6): 34

王源岷, 魏书军, 石宝才. 2014. 中国落叶果树害虫图鉴. 北京: 中国农业出版社: 110-111

徐淼锋, 廖力, 权永兵, 等. 2015a. 珠海局全国首次截获重要害虫酸豆黑脉斑螟. 植物检疫, 29(1): 90-93

徐淼锋, 张卫东, 权永兵, 等. 2015b. 检疫性害虫石榴螟的危害及鉴定. 植物检疫, 29(3): 82-84

袁盛勇, 李正跃, 肖春, 等. 2003. 建水县酸石榴主要害虫及其综合防治. 柑桔与亚热带果树信息, (8): 36-38

章柱, 余辛, 梁帆. 2015. 广州机场局从旅客携带物多次截获石榴螟. 植物检疫, (4): 15

郑晓慧, 何平. 2013. 石榴病虫害原色图志. 北京: 科学出版社: 39-42

Heinrich C. 1956. American moths of the subfamily Phycitinae. Washington: United States National Museum: 43-477

Ynmanaka H.1994.New and unrecorded Species of the Phycitinae(Lepidoptera, Pyralidae)from Japan. Tinea, 14(1): 33-41

5　石榴害虫综合防治技术体系

5.1　石榴害虫发生及危害的监测技术与方法

石榴树的害虫很多，根据其分类地位、虫体大小、飞行特征等可分为食叶鳞翅目害虫、蛀干害虫、蛀果害虫、蚧壳虫类、螨类、金龟子类、小型善飞类害虫等。监测方法与其他果树或林木害虫的监测方法基本相同，包括直接观察法、诱集监测法、取样调查法等。

食叶鳞翅目害虫：舟形毛虫［*Phalera flavescens*（Bremer et Grey）］、大蓑蛾（*Clania variegata* Snellen）、黄刺蛾［*Cnidocampa flavescens*（Walker）］、扁刺蛾（*Thosea sinensis* Walker）、龟形小刺蛾（黑眉刺蛾）（*Narosa nigrisigns* Wileman）、茶长卷蛾（*Homona magnanima* Diakonoff）、栎黄枯叶蛾（绿黄毛虫）（*Trabala vishnou* Lefebure）、桉树大毛虫（*Suana divisa* Moora）、樗蚕蛾（*Philosamia cynthia* Walker et Felder）、石榴（巾）夜蛾（*Dysgonia stuposa* Fabricius）、枇杷黄毛虫（枇杷瘤蛾）（*Melanographia flexilineata* Hampson）、柿（叶）黄毒蛾（折带黄毒蛾）［*Euproctis flava*（Bremer）］、石榴茎窗蛾（石榴绢网蛾）（*Herdonia osacesalis* Walker）、小袋蛾（*Clania minuscula*）。这类害虫有较强的趋光性，可用虫情测报灯来监测；也是性信息素等信息物质研究较多且较深入的一类害虫，可以用性信息素或食物诱集法来监测。体型较大的种类还可用航空录像技术或昆虫监测雷达来监测。

蛀干害虫：斑胸蜡天牛（*Ceresium sinicum ornalicolle* Pic）、咖啡（旋皮）锦天牛［*Acalolepta cervinus*（Hope）］、咖啡灭字虎天牛（*Xylotrechus quadripes* Chevrolat）；荔枝拟（木）蠹蛾（*Lopidarbela dea* Swinhoe）、咖啡木蠹蛾（*Zeuzera coffeae* Nietner）、石榴茎木蠹蛾（石榴豹蠹蛾）［*Zeuzera pyrina*（Linnaeus）］。这类害虫危害隐蔽，其成虫可采用性信息素诱集法监测。其幼虫期在树干内钻蛀取食，可用声音检测仪检测。

蛀果害虫：苹果蠹蛾（*Cydia pomonella* Linnaeus）、桃蛀螟［*Dichocrocis punctiferalis*（Guenée）］、井上蛀果斑螟（*Assara inouei* Yamanaka）。这类害虫可用声音检测仪检测，也可用虫情测报灯、糖醋酒液或性信息素来监测。

蚧壳虫类：红蜡蚧（*Ceropalstes rubens* Maskell）、日本龟蜡蚧（*Ceroplastes japonicus* Green）、茶并盾蚧（*Pinnaspis theae* Maskell）、吹绵蚧（*Icerya purcharsi* Maskell）、柑橘棘粉蚧（*Pseudococcus citriculus* Green）。这类害虫固定于寄主上刺吸植物汁液，目前只能采用人工调查法监测。

螨类：山楂叶螨（*Tetranychus viennensis* Zacher）、卵形短须螨（*Brevipalpus obovatus* Donnadieu）。这类害螨体型小，危害隐蔽，目前只能采用人工调查法监测。

金龟子类：铜绿丽金龟（*Anomala corpulenta* Motschulsky）、大等鳃金龟（*Exolontha serrulata* Gyllenhal）、甘蔗鳃金龟（*Hilyotrogus horishana* Nujima et Kinoshita）、浅棕大黑

鳃金龟（*Holotrichia ovata* Chang）、华南大黑鳃金龟（*Holotrichia sauteri* Mosor）。这类害虫的成虫是具有暴发性危害特性的食叶害虫，幼虫是危害植物根系的地下害虫。成虫有较强的趋光性，可用虫情测报灯来监测，也可用性信息素来监测。幼虫在地下危害，目前只能采用挖土取样调查法来监测。

小型善飞类：蓟马、粉虱、蚜虫、实蝇、果蝇等昆虫，体型小，体重轻，善飞翔，易被黏胶粘住并且都对某种颜色有强烈趋性，可用色板来诱集监测，也可用食物诱剂或糖醋酒液来诱集监测。

5.1.1　直接观察法

直接观察法一般适用于冬春季节，通过到田间走动观察的方法查看田间的虫情，得出田间是否有害虫开始危害，判断是否要采取抽样调查或者诱集检测的方法掌握害虫密度、危害情况等信息。

5.1.2　诱集检测法

诱集检测法是一种利用害虫本身的某些行为或习性，将其诱集到一个小范围内进行检查的方法。诱集检测法通常采用一些特殊的诱捕装置，使诱捕到的害虫无法逃逸。

5.1.2.1　灯光诱集法

利用昆虫的趋光性，采用一定波长的灯光（白炽灯、荧光灯、黑光灯）加上杀虫及接虫装置来诱集害虫的方法称为灯光诱集法。该方法是目前应用最广泛的方法，对木蠹蛾、桃蛀螟等大多数蛾类，鞘翅目的金龟子类、天牛类，同翅目的叶蝉、飞虱、蝉类都有很好的诱集效果。过去最常用的是黑光灯，波长365nm，近年在测报上使用较多的是虫情测报灯，在防治上使用较多的是频振式杀虫灯。虫情测报灯有市电供电（图5-1左）和太阳能供电（图5-1右）两种型号，都具有白天自动关灯、夜间自动开灯、雨天自动

图5-1　虫情测报灯

关机功能，诱集到的昆虫采用远红外线杀死，设有 8 个接虫袋，每夜诱集到的虫体收集到一个接虫袋中，天亮时自动转到下一个接虫袋，能无人值守工作 8d 再更换虫袋。将虫袋中的昆虫分类统计后得到每天诱集到的昆虫种类及数量即知道虫情。将全年的虫情监测数据按日、周或月统计制成 Excel 表，绘出害虫数量变化曲线图，可直观地了解害虫的周年活动情况。

5.1.2.2 性信息素诱集法

性信息素又称为性外激素，是性成熟后的雌性或雄性个体的特殊腺体分泌并释放到体外，能吸引同种异性个体进行交配活动的一类微量挥发性化学物质，将这类物质制成一定的剂型，置于合适的诱捕器中用来诱集昆虫的方法就是性信息素诱集法。性信息素的优点是使用非常安全，害虫不会产生抗性、灵敏度高、用量少、专属性强、不污染环境、对天敌无害。目前除用于虫情检测外，还用于区分近缘种及干扰交配、大量诱捕、害虫检疫等害虫控制方面。大多数鳞翅目昆虫的性信息素是雌虫的性腺分泌并释放到体外的挥发性物质，因此只对雄虫有引诱作用。而天牛等鞘翅目昆虫的雌雄成虫均可释放性信息素来达到两性间通信联系的目的。例如，葡萄虎脊天牛雌雄成虫均可释放性信息素，但雄虫释放的是挥发性信息素，雌虫释放的是识别信息素。雌虫首先受到远距离雄性释放的挥发性信息素的吸引而逐渐趋向静息的雄虫，雄虫又受到近距离雌性产生的信息素的刺激而变得兴奋进而产生交配行为（胡基华等，2014）。

（1）性信息素的使用方法

1）诱捕器的选择。过去一般采用直径为 20～30cm、深 10～15cm 的水盆作诱捕器，或用废弃的饮料瓶等制作诱捕器。陈勇兵（2011）用可乐瓶在距瓶口 1/3 处均匀开 8 个 2cm×2cm 的方孔制成诱捕器）；杜艳丽等（2013）用内径 25cm、深 10cm 的绿色塑料小盆作诱捕器，盆内加 0.5% 的洗衣水，诱芯用细铁丝固定于水盆圆心上方距水面约 1.0cm 处，诱捕器悬挂在距地面 1.2～1.5m 的树枝上，研究了不同配方的桃蛀螟性诱剂对栗园桃蛀螟的诱捕效果。近年来随着农业产业结构的调整，农业企业及农资生产商不断增加，市场上出现了许多按虫种的习性生产的商品化诱捕器，可分为水盆型、黏胶型和倒置开放式新型诱捕器。水盆型诱捕器用 0.5% 左右的洗衣水溺死昆虫；黏胶式诱捕器用黏虫胶粘住昆虫；曾娟等（2014）报道的倒置开放式新型诱捕器是通过视频记录分析昆虫交配行为中定向飞行轨迹和陷落试验设计而成，具有电子红外感应系统自动计数昆虫、安装简便、不需加水和换胶、省工省力、维护成本低的优点。研究者根据昆虫分类地位、虫体大小、飞行特征、陷落原理和田间试验结果，将诱捕器分为螟蛾类、夜蛾类、小型昆虫类和果蝇、实蝇类四大类通用型诱捕器类型。其中，螟蛾类指在性信息素调控的定向飞行行为过程中，飞行轨迹为 Zig-Zag 曲线型，在接近诱芯且发现并不是真正的雌蛾后，其飞行轨迹为垂直上行，而因此进入倒置漏斗的诱捕器腔体中无法逃脱的昆虫，包括鳞翅目中绝大部分螟蛾科害虫，以及一部分体型中等、飞行轨迹类似的夜蛾科、毒蛾科害虫，此类害虫采用钟罩倒置漏斗式诱捕器；夜蛾类指在接近诱芯过程中出现停歇、主动寻找挥发源的蛾类，主要包括个体较大的夜蛾科害虫，此类害虫采用圆筒菱形入口式诱捕器；小型昆虫类主要包括虫体微小的卷蛾科、细蛾科和盲蝽等害虫，这类害虫不易陷落于螟蛾类、夜蛾类通用型诱捕器中，容易逃脱，仍需用翅膀形黏胶式诱捕器；果蝇、实蝇类包括双翅目的实蝇科和果蝇科的蝇类昆虫，用小型昆虫类诱捕器。性诱电子自动计数系统是一个自动记录害虫数量的电子装置。它是在靶标害虫进虫口处安装电子红外感应器记录害虫陷落行为，按陷落次数进行计数，并将计数结果进行存储、转存和无线传输的系统。该系统的优点是不需要鉴定昆虫种类，实现自动记录，可储存长达 8 个月的数据，并可通过 USB 接口输出数据，也可以通过通信服务实时发射至服务器数据库或移动终端中。姜玉英等（2015）报道用宁波纽康生物技术有限公司提供的带双红外传感器捕虫计数系统的新型诱捕器（图 5-2）诱捕棉铃虫的虫量计数误差为+3.5%，日准确率为 72.5%，误差原因主要是有极少量非靶标害虫进入诱捕器。

图 5-2　钟罩倒置漏斗式诱捕器及电子自动计数系统

2）诱芯安装。水盆式和黏胶式诱捕器一般将诱芯固定于诱捕器的中心距水面 1～2cm 的位置。黏胶式诱捕器装于靠近黏纸的中央位置。倒置开放式新型诱捕器装于倒漏斗形入口的中央位置。

3）水盆式诱捕器中装适量清水并加少量洗衣粉，昆虫受诱芯所释放的信息素引诱自动投入水中而溺死。水量不足时要及时补水。黏胶式诱捕器要定期更换黏纸，更换时间未到但因风沙等影响黏性不足时也要及时更换黏纸。

4）一般每亩挂 2 或 3 个诱捕器，每个诱捕器中悬挂 1 个诱芯，诱捕器间距 50～60m，高度根据虫种及寄主植物的高度确定，一般都在树冠高度范围之内。桃蛀螟的诱捕器以

1m 高最好（曾娟等，2014）。

5）清早检查，盆内有虫要及时捞出处理。

（2）性信息素的使用注意事项

1）安装不同种害虫的诱芯，需要用肥皂将手洗净，以免不同性诱剂互相污染。

2）性诱剂必须密封低温保存，诱芯包装一旦打开，最好一次用完，用不完的一定要密封好后保存于低温冰箱中。

3）诱捕器安装位置、高度、气流会影响诱捕效果，要根据气候及果树长势调整。

4）从诱捕器中捞出的死虫，不能倒在果园周围，一般在远离果园处深埋处理。

（3）目前在石榴害虫防治中使用的性信息素产品

中国目前人工合成的昆虫性信息素基本都属于 C12、C14、C16 的脂肪族化合物，在石榴害虫防治中使用的性信息素产品有桃小食心虫性信息素、桃蛀螟性信息素、橘小实蝇性信息素、蓟马信息素、粉虱信息素（高立起和孙阁，2009）。

5.1.2.3 糖醋酒液诱集法

根据害虫趋化性，利用一定浓度的糖、醋、酒混合液诱集昆虫的方法称为糖醋酒液诱集法。糖醋酒液对井上蛀果斑螟等多种鳞翅目害虫及金龟子等多种鞘翅目害虫都有引诱作用。作者于 2003 年 7 月至 2004 年 4 月在建水县青龙、羊街和哼啰冲三地用糖醋酒盆（糖 3：醋 4：酒 5）监测石榴上的井上蛀果斑螟成虫，盆挂在距地面约 1.6m 的石榴树第一分枝上，盆间相距 30~40m，从 10 月 29 日到 12 月 18 日，日诱虫量均维持在 11~55 头的稳定水平，高峰值达 153 头/d。伍苏然等（2007）以直径约为 20cm 的水盆为诱捕器，研究了糖醋液（水：红糖：醋=20：10：2，每盆中放糖醋液 500mL，另加少许敌百虫）、香蕉果肉（100g 香蕉果肉加 500mL 水）、糖醋液（500mL）加香蕉果肉（100g）、杨梅果肉（每盆 30 个杨梅落果，捏碎后加水 500mL）对果蝇的诱捕效果。诱捕器悬挂于离地面约 1.0m 的果树上，诱盆的上方约 15cm 处用塑料薄膜作避雨层，每个诱捕器相距 15~20m，随机排列。结果是糖醋液、香蕉果肉和杨梅果肉均对果蝇有显著的引诱效果，其中效果最好的是糖醋酒液加香蕉果肉。

5.1.2.4 食物诱集法

根据植食性是昆虫利用寄主植物的挥发性信息物质来进行寄主定位，选择取食和产卵的原理，利用害虫嗜食的植物或嗜食植物的主要成分配制的挥发性信息物质含量高的昆虫饲料来引诱昆虫的方法称为食物诱集法。食物引诱剂主要来自于寄主挥发性物质，食物诱集法的优点是对雌雄虫都有效。韩学俭（1998）根据石榴夜蛾晚上要吸食果实汁液的特性，用红糖、落果汁、砒霜和水按 1：2：1：10 制成毒饵来诱杀石榴夜蛾。童玲和许勤勤（2015）用炒香的谷子、麦麸、豆饼、米糠、碎玉米粒等作饵料加饵料质量的1%的晶体敌百虫溶液诱杀蝼蛄、蟋蟀等地下害虫。侯金萍（2015）用 5kg 炒香的麦麸加 40%甲基异硫磷乳油 100g 或 80%敌百虫可湿性粉剂 100g，兑适量水，制成毒饵，防治蝼蛄、地老虎。用 90%晶体敌百虫 0.5kg，拌铡碎的鲜草 50kg，每亩用 20~30kg 于傍晚在作物行间每隔一定距离撒一小堆，防治地老虎。

5.1.2.5 色板诱集法

利用昆虫的趋色行为来诱捕昆虫的方法就是色板诱集法。该方法适用于对某种颜色有趋性的小型昆虫如蓟马、粉虱、蚜虫、潜叶蝇、盲蝽等。实际工作中直接用粘虫板或诱虫黏纸来诱集害虫。粘虫板是在色板上涂抹黏合剂来诱捕昆虫的一种装置。趋色反应是昆虫在长期进化过程中形成的生物学行为,不同种类昆虫的趋色性不同,西花蓟马(*Frankliniella occidental*)对蓝色、黄色和白色有趋性,但对蓝色趋性最强(武晓云等,2006),因此蓟马应用蓝板诱集;美洲斑潜蝇对柠檬黄有强烈趋性(冯宜林,2004),因此应用柠檬黄色的黄板诱集;黄板诱虫谱广,曾泉等于2007年在柑橘园中用20cm×24cm的黄色粘虫板诱虫,4月12日至5月12日,平均每块黄板共诱集到1.03万头虫,与柑橘有关的害虫6714头,占总虫量的65.18%,包括同翅目的粉虱,双翅目的瘿蚊、实蝇,膜翅目的各种蜂类,鞘翅目的潜叶甲、瓢虫,鳞翅目的小型蛾类等5目20种小型昆虫,其中同翅目的粉虱(柑橘粉虱、黑刺粉虱)占诱集总量的65.13%。在虫情检测和害虫防治中,一般将商品化的粘虫纸贴于诱虫板(用层板或纤维板制成)上(图5-3B),或者将黏纸卷成筒状夹入竹片中(图5-3A),插于样地中来检测或防治害虫。最经济适用的方法是在涂好颜色的诱虫板上套上一个保鲜袋并在袋上涂上一层无色透明的粘虫胶来检测或防治害虫。

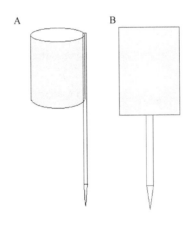

图 5-3 诱虫黏纸

5.1.3 声音监测法

声音监测是一种新兴的害虫监测手段,是利用昆虫活动时产生的声音进行监测,其原理是将声音传感器采集到的声音信号变成电信号,再进行放大处理,通过电子过滤器纯化、提取出昆虫发出的声音,根据声音频率、信号脉冲值的特征值确定昆虫的种类和数量(韦雪青等,2010)。主要用于蛀干害虫、蛀果害虫及储量害虫监测。

目前使用的最新型昆虫声音检测仪是美国AEC公司生产的AED-2010掌上型虫害声音监测仪,该仪器提供了一套完整的传感器和探测器来处理不同的应用,结合了信号处理、脉冲和连续声音发射装置(AE)。可用于检测桃蛀螟、井上蛀果斑螟等蛀果害虫及天牛类、木蠹蛾等蛀干害虫。能准确监测到水果中存在的幼虫,避免了人工切割水果的劳动,保护了水果的完整性,减少了损失。能找到蛀干害虫在树干内活动的准确位置、确定害虫的种类及数量,为制订防治措施提供准确信息。目前许多国家已将该系统应用于海关监测水果及蛀干害虫。

5.1.4 航空录像技术监测法

航空录像技术可用于监测石榴等果树的病虫害。航空录像监测技术是利用轻型飞机或遥控无人机搭载录像设备,对果树种植区域进行图像采集,采用地理信息系统技术和计算机技术实施数据处理,得出果树病虫害现状的一项综合检测技术。该技术效率高、成本低,国内外主要应用于森林病虫害监测。随着我国无人机技术及图像采集设备的不断发展,无人机及摄像头的价格越来越便宜,航拍图像采集摄像头的分辨率越来越高。目前深圳大疆创新科技有限公司生产的 Phantom 3 Professional 无人机搭载了最大光圈为 F2.8、94° 广角定焦镜头的 4K 超高清相机,加入了非球面镜的精密镜组,能够显著消除镜头畸变,支持 1200 万像素静态照片拍摄和每秒 30 帧超高清视频录制,售价仅 7500 元人民币;加上视频图像昆虫行为分析软件、计算机视觉技术(计算机图像处理技术)及适合用于小型无人机上进行光谱成像测量的机载高速成像光谱仪的应用,为航空录像技术监测害虫创造了技术条件。今后石榴等果树害虫监测只需用小型遥控无人机航拍录像后,再用计算机分析录像资料即可得出虫情数据。

5.1.5 雷达监测法

雷达监测法是用雷达来检测害虫迁飞活动的方法。雷达是利用电磁波进行探测的电子设备,它通过发射电磁波对目标进行照射并接收其回波,根据回波而测得目标的距离、速度、方位、高度及目标形状等信息。昆虫的体液能够反射雷达波,因此,可以利用雷达监测空中飞翔的昆虫,能实时监测单个昆虫或群体的迁飞活动,且不干扰昆虫自身的行为,研究昆虫的迁飞路径、飞行高度、方向、速度和距离,监测昆虫的发生地点、发生区、蔓延扩散范围。1949 年美国海军电子实验室和贝尔电话实验室首次证实雷达能检测到昆虫,1968 年建造了世界上第一台专用昆虫雷达,英国自然资源研究所于 1970 年建立了雷达昆虫学实验室。姜玉英(2006)报道我国应用昆虫扫描雷达和垂直雷达,在黏虫、褐飞虱、草地螟、棉铃虫、甜菜夜蛾等重大害虫的雷达监测上已获取了重要的技术参数,实现了雷达的数据自动采集和分析,满足了生产上重大迁飞性害虫监测预报的基本技术要求。目前还未见昆虫雷达在石榴害虫监测方面的应用,但随着该技术的发展,今后昆虫雷达在石榴害虫监测中将发挥重要作用。

5.1.6 取样调查法

取样调查法是抽取一定数量的植株或植株的某一部分作为代表样品,然后检查样品中害虫的种类和密度,从而推断整个田间害虫发生状况的方法,该方法是较准确和客观的一种检测方法,受环境因素影响较小,适用于多种害虫的调查(文礼章,2010)。石榴等果树害虫调查一般先选取具有代表性的果园,再在果园中选取有代表性的一定数量的植株(5~10 株),每一植株再根据树冠的情况选取不同部位的一定数量的叶片、花、果或一定长度的枝条作为样本进行调查。调查方法包括取样方法、取样方式、取样数量和取样单位 4 个方面(文礼章,2010)。

5.1.6.1 取样方法

常用的取样方法包括分级取样、间接取样、分段取样和随机取样4种方法。

1）分级取样：一级一级重复多次随机取样的方法。首先从总体中随机取得样本，再从样本中取得亚样本，依次类推，直到取得便于检查计数的样本。例如，调查一堆石榴的蛀果害虫时，可首先根据果堆的大小、厚度随机取得5小堆，再从每小堆中随机取得一定数量的小小堆，将每个小小堆石榴单层放置后随机抽取一定数量的果实进行剖查。

2）间接取样：当某个要调查的性状不便于观察或观察耗费较大时，通过调查与之密切相关的便于观察的性状来间接得到需要的调查数据就是间接取样，如寄生蜂始见期及数量与其寄主龄期及数量的相关性、天牛的产卵痕或粪便状况与天牛龄期及活动的相关性等。

3）分段取样：当总体中某一部分与另一部分有明细差异时，通常采用分段取样法。例如，调查石榴等林木害虫时，可分成根、主茎、枝条、叶片、花果等不同部位进行调查。

4）随机取样：根据总体的大小、按照一定的标准、样点之间的间距及取样单位严格取样就是随机取样。随机取样并不是随便取样，一旦根据总体大小确定了取样标准，就必须严格按照标准取样，不能有任何主观性。例如，在一个大果园中调查石榴等果树害虫时，根据果园大小确定了自果园边的第5株开始取样，每隔10株取1个样，就必须严格按照这个定好的标准取样，不能随意更改。

5.1.6.2 取样方式

常用的害虫调查取样方式有对角线取样、"Z"字形取样、棋盘式取样、分行式取样和平行线取样等8种方式（图5-4）。

1）五点取样：适用于方形的田块取样，取样数量少，样点可稍大一点，是一种最简单也最常用的方法。

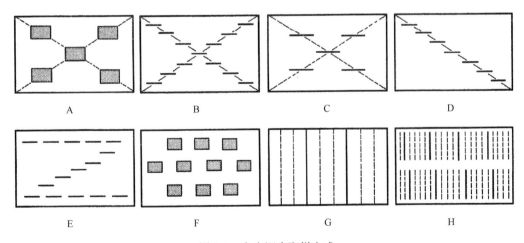

图 5-4 害虫调查取样方式

A、C. 五点式；B、D. 对角线式；E. "Z"字形式；F. 棋盘式；G. 隔行式；H. 平行线式

2）对角线取样：分单对角线和双对角线取样两种方式。

3）棋盘式取样：将调查区域划分成等距离、等面积的方格，每一个方格的中央取一个样点，相邻行的样点交错分开，取样数量多，样点可稍小，结果较准确，但较费工。

4）分行式取样：适用于成行种植的植物和空间分布上属于核心分布的害虫，包括隔行式取样及平行线式取样。

5）"Z"字形取样：主要用于调查在空间分布上属于嵌纹分布的害虫。

5.1.6.3　取样数量

一般取样数量越大，所得结果越接近总体的实际情况，但由于受人力、物力及时间等条件的限制，取样数量不能过多，但也不能过少而失去代表性，一般取 5～20 个样点。

5.1.6.4　取样单位

取样单位是指调查时在总体中抽取的样本的单位，如长度、面积、体积、质量、网、盘等。

1）长度单位：调查枝干表面的害虫及条播植物一般以枝或者单位长度枝条为单位，常用单位是 m 或者 cm。

2）面积单位：调查地下害虫、草坪害虫、均匀覆盖地面的矮生植物害虫一般以面积为单位，如 m^2、km^2、hm^2 等。

3）体积单位：调查仓库害虫、木材害虫等一般以体积为单位，常用单位为 cm^3、m^3。

4）质量单位：调查种子、储量害虫时也可用质量作为单位，常用单位是 g、kg。

5）时间单位：以单位时间内捕获的害虫个体数量为单位，常用单位是 h、d。

6）其他单位：使用捕虫网捕虫时以网为单位，即每捕 1 网的虫数；使用拍打振动寄主而使虫落入盘中的方法调查时以盘作单位，即每盘的虫数；以植株或植株的某部分为单位，即每株虫数、每枝虫数、每叶虫数、每花虫数、每果虫数、每穗虫数。

5.1.6.5　取样调查注意事项

取样调查记载昆虫种类及数量时，必须在不惊动昆虫的条件下先观察记载移动速度快或飞行能力强的昆虫，再观察移动速度慢的昆虫，最后再仔细观察计数虫体小且移动极慢的昆虫。

为了确保所取样品的代表性，取样时要注意植株的各个部位，如石榴树冠的东、南、西、北 4 个方位，树冠过大的植株还应考虑树冠的内层及外层，树高冠大的还要从高度上考虑是否分上层、中层和下层进行取样。

5.2　农业防治技术

石榴害虫的农业防治技术就是利用石榴栽培过程中的耕作、栽培管理技术措施来防治害虫的技术。其原理是根据石榴园生态系统中害虫、石榴树、环境间的相互关系，结合石榴栽培过程中的耕作、栽培管理技术措施，有目的地改变害虫的生活条件和环境条件，使之不利于害虫的发生发展，而有利于石榴及害虫天敌的生长发育，减少虫源、降低虫口基数，长期控制害虫的种群数量于经济受害允许水平之下。目前可用的措施如下。

5.2.1　果园规划

根据当地的地形地貌、气候和环境条件，科学规划种植区，形成多种作物或林作相互隔离的种植带，减少害虫传播的途径，杜绝石榴害虫在不同作物之间辗转危害的现象发生。最好用水稻隔离。禁止与桃树、柿树、柑橘树混栽。马建列和白海燕（2004）认为多数石榴害虫食性广，在规划初建石榴园时，应尽量避免和其他果树或林木混栽，远离其他林木，避免害虫从其他树上传播到石榴树上。在石榴产区柿树种植十分普遍，日本龟蜡蚧为害严重，极易向附近的石榴园传播，两种果树应隔离种植。

5.2.2　品种选择及种植规格

5.2.2.1　品种选择

选用对井上蛀果斑螟、桃蛀螟等主要害虫有较高抗性、适合当地气候条件种植的优质品种。

5.2.2.2　种植规格

新建石榴园一般选择矮化密植栽培，以方便果实采收和果园的日常管理。根据立地条件不同，可以采用2m×4m或2m×3m的株行距。在平地成片栽培时多采用（3～4）m×（4～5）m的株行距（赵登超等，2012），云南蒙自甜石榴多数采用4m×4m或4m×5m的株行距。

5.2.2.3　间作套种

在果树未成年之前，可在果园中间作花生、辣椒、豆类等作物，这不仅可以提高土地利用率，增加经济效益，同时对于建立昆虫群落多样性、增加天敌种类和数量、降低虫害有重要的作用。

在果树成年后，利用桃蛀螟对玉米、高粱、向日葵趋性强的特性，在石榴园内或四周种植诱集作物，集中诱杀桃蛀螟效果较好。一般每亩种植玉米、高粱或向日葵20～30株（张艳霞等，2009）。怀少民（2009）报道在石榴园中每亩种植向日葵10～15株，可有效引诱桃蛀螟到花盘上产卵，降低桃蛀螟的危害，虫果率从11.5%降低到1%。

5.2.3　田间管理

5.2.3.1　施肥

根据果园土壤肥力情况合理施肥、促进石榴树生长旺盛，增加抗虫能力。石榴树施肥分为基肥和追肥，基肥一般用优质有机肥，最好秋季结合土壤深翻施入，施肥量4000～5000kg/亩。追肥于开花前追1次、补充营养，提高坐果率和促进新梢生长，以复合肥为主；果实膨大期追1次，促进新梢生长和花芽分化，氮肥适量，多施磷钾肥；采收前15d施1次，促进果实膨大，提高果实品质，以速效钾肥为主。山东省枣庄市峄城区亩产2300kg的石榴园适宜的氮、磷、钾用量为纯氮21.2kg/亩、纯磷18.4kg/亩、纯钾9.6kg/亩，N：P_2O_5：K_2O为14：18：18。追肥方法为幼树沿树冠外缘开环状沟施，盛果期后的树在离主干10～20cm处开里浅外深的放射沟施（黄丽敏等，2007；张正哲，2005）。

5.2.3.2 水分管理

石榴树是比较耐旱的树种，但其在萌芽、抽枝、现蕾、幼果生长等生育期，仍需要适宜水分，水分不足，容易出现落蕾和果实发育不良。应重点做好春季萌芽前、花后和果实膨大期 3 个关键时期水分的供应，保持土壤湿度为田间最大持水量的 70%～80%（赵登超等，2012）。

5.2.3.3 冬季管理

冬季管理包括整形修剪、果园清理、果园翻耕、树干涂白和喷施保护剂等工作，每项工作都与害虫防治有关。

（1）冬季修剪

冬季修剪应在落叶到萌芽前完成。对幼树主要是适度拉枝开角。成年树须进行整形修剪，剪除过密枝、病虫枝、枯枝、下垂枝、细弱枝、秃废枝、顶枝，降低树冠。同时按照树形整体要求对徒长枝、旺长枝、交叉枝进行短剪或回缩修剪。通过整形修剪，保持良好的树形树冠，达到减少养分消耗，增强树冠、果园间的通风透光度，起到促进果树生长、减少越冬虫源的作用（白永琼等，2011）。整形修剪可剪除有咖啡木蠹蛾蛀害越冬的枝条、有日本龟蜡蚧雌成虫聚集越冬的一二年生枝条（马建列和白海燕，2004）。

（2）果园清理

果园清理是害虫防治的重要环节，一般按照树上、树下的顺序进行。将果树上的干枯枝、病虫枝、干腐果清除并集中烧掉。将自行掉落或修剪下来的残枝、落叶、落果连同果园内其他杂草晒干后分成小堆加表土焖火烧成火土后用作肥料。通过全面清园，可清除石榴树上发现的黄刺蛾越冬茧、清除在护囊内越冬的蓑蛾幼虫；通过刮掉石榴树干的老翘皮，清除在树干粗皮裂缝内越冬的桃蛀螟老熟幼虫，减少越冬虫源（白永琼等，2011；马建列和白海燕，2004；陈文进，2004；袁胜勇，2003）。

（3）果园翻耕

果园翻耕可使土壤疏松，调节土壤中水、肥、气、热的成分，促进石榴树根系的生长发育，还可直接杀死部分地下害虫，破坏害虫的越冬场所，减少越冬虫源。还可结合表土翻挖、套种绿肥、豆类、魔芋、生姜、蔬菜等矮秆经济作物，为天敌昆虫提供栖息场所（白永琼等，2011）。

（4）树干涂白

树干涂白是为了防治在树干老翘皮内越冬的害虫，涂白剂一般用硫磺、生石灰和水配置而成，先刮出老翘皮后再涂白，可防止害虫在树干上越冬，降低虫口基数，减少翌年对果树的为害（白永琼等，2011）。

（5）喷施保护剂

喷施保护剂一般是在修剪及清园完成后在树冠上喷施波美度 1°～2°的石硫合剂，保护果树少受害虫的危害（白永琼等，2011）。

5.2.3.4 生长期管理

在果树生长期疏花疏果、及时捡除石榴园及周边的落花、落果、酒果、虫果，并集中烧毁或深埋。修枝抹芽，剪除有虫枝、徒长枝（马延年等，2010）。清理萼筒、掏空花丝，减少虫源。石榴坐果后 20d 左右进行果实套袋，可有效防止桃蛀螟对果实的为害（陈文进，2004）。

5.3 物理防治技术

5.3.1 物理防治技术简述

生产上害虫防治的主要方法是使用化学防治法。化学防治具有效果好、见效快、方法简便、容易被群众接受等优点。但也存在农药残留和环境污染的问题。害虫防治中过分依赖化学农药，不但会加重环境污染，增强害虫抗药性，同时在杀死害虫的同时，杀伤害虫的天敌，破坏生态平衡。物理防治是指利用简单工具和各种物理因素，如光、热、电、温湿度和放射能、声波等防治虫害的措施，包括原始的徒手捕杀和清除，以及现代物理学最新成就的应用，是一种古老而又年轻的防治手段。物理防治能有效地避免化学防治对环境的污染和降低果品的药物残留，操作简单易行，容易被群众接受。

物理防治方法主要包括以下几个方面。

1）结合果树修剪，对病枯枝、虫卵枝、僵果和虫果、病果进行剪除。同时彻底清扫果园，保持果园清洁，减少虫源。

2）利用昆虫的假死性特点，振击果树使其落下，再集中消灭。

3）人工刮除果树枝干老翘皮及腐烂病斑、虫瘿等，有些害虫有在树皮缝中越冬的习性，可被刮除。对于蚧壳虫发生严重的枝干，可用硬毛刷刷除越冬若虫、卵等，从而降低虫口密度。

4）利用害虫的趋光性和趋化性进行诱杀。频振式杀虫灯即通过将光的波段、波的频率设定在特定的范围内，近距离用光、远距离用波，引用成虫扑灯，灯外配以频振式高压电网触杀，达到诱杀成虫的目的。它一改传统杀虫灯对天敌和害虫照收不误的缺陷，杀虫效率高，而不引诱天敌，以及利用性诱剂诱杀桃蛀螟，用糖醋酒液诱杀实蝇等。

5）对于在地下越冬的害虫，可通过地膜覆盖阻止其上树，并可消灭出土幼虫和初羽化成虫。

6）蚜虫、蚧壳虫喜欢干燥无风的环境，虫害发生初期使用高压喷枪冲刷可有效缓解虫害。

7）结合施肥深翻树盘，把在地下越冬的害虫和地下害虫翻到土表致死。

8）人工捕杀，如夏季人工捕杀天牛成虫等。

5.3.2 石榴园主要害虫名录

据报道，为害石榴的害虫有 110 种，其中，为害较重的、较为常见的 40 余种。根据其为害部位，可分为以下几个主要种类（白玲玲，2005）。

蛀果害虫：柑橘棘粉蚧（*Pseudococcus citriculus* Green）、苹果蠹蛾（*Cydia pomonella* Linnaeus）、桃蛀螟[*Conogethes punctiferalis*（Guenée）]、桃小食心虫（*Carposina niponensis* Walsingham）、橘小实蝇[*Bactrocera*（*Bactrocera*）*dorsalis* Hendel]、井上蛀果斑螟（*Assara inouei* Yamanaka）。

食叶害虫：紫络蛾蜡蝉（白翅蜡蝉）（*Lawana imitata* Melichar）、棉蚜（*Aphis gossypii* Glover）、日本龟蜡蚧（*Ceroplastes japonicus* Green）、茶并盾蚧（*Pinnaspis theae* Maskell）、吹绵蚧（*Icerya purcharsi* Maskell）、石榴绒蚧（*Eriococcus legerstroemiae* Kuwana）、绿盲蝽（*Apolygus lucorum* Meyer-Dür）、李叶甲[*Cleoporus uariabilis*（Baly）]、铜绿丽金龟（*Anomala corpulenta* Motschulsky）、舟形毛虫[*Phalera flavescens*（Bremer et Grey）]、大蓑蛾（*Clania variegatea* Snellen）、枣尺蠖（*Sucya jujuba* Chu）、黄刺蛾[*Cnidocampa flavescens*（Walker）]、龟形小刺蛾（黑眉刺蛾）（*Narosa nigrisigns* Wileman）、茶长卷蛾（*Homona magnanima* Diakonoff）、栎黄枯叶蛾（绿黄毛虫）（*Trabala vishnou* Lefebure）、桉树大毛虫（*Suana divisa* Moora）、樗蚕蛾（*Philosamia cynthia* Walker et Felder）、石榴巾夜蛾（*Prarlleila stuposa* Fabricius）、枇杷黄毛虫（枇杷瘤蛾）（*Melanographia flexilineata* Hampson）、柿（叶）黄毒蛾（折带黄毒蛾）[*Euproctis flava*（Bremer）]、山楂叶螨（*Tetranychus viennensis* Zacher）、卵形短须螨（*Brevipalpus obovatus* Donnadieu）。

蛀干害虫：红蜡蚧（*Ceropalstes rubens* Maskell）、斑胸蜡天牛（*Ceresium sinicum ornalicolle* Pic）、咖啡（旋皮）锦天牛[*Acalolepta cervinus*（Hope）]、咖啡灭字虎天牛（*Xylotrechus quadripes* Chevrolat）、石榴茎窗蛾（石榴绢网蛾）（*Herdonia osacesalis* Walker）、荔枝拟（木）蠹蛾（*Lopidarbela dea* Swinhoe）、咖啡木蠹蛾（*Zeuzera coffeae* Nietner）、石榴茎木蠹蛾（石榴豹蠹蛾）[*Zeuzera pyrina*（Linnaeus）]。

地下害虫：有铜绿丽金龟（*Anomala corpulenta* Motschulsky）、大等鳃金龟（*Exolontha serrulata* Gyllenhal）、甘蔗鳃金龟（*Hilyotrogus horishana* Nujima et Kinoshita）、浅棕大黑鳃金龟（*Holotrichia ovata* Chang）、华南大黑鳃金龟（*Holotrichia sauteri* Mosor）。

针对石榴不同生育期的为害划分，害虫种类见表5-1（陈冬亚，2003）。

表5-1 石榴不同生长期害虫种类

时间	害虫种类
3月（发芽前）	蚧壳虫类、金龟类
4月（发芽-新梢生长期）	棉蚜、石榴茎窗蛾、蚧壳虫
5月（开花期）	棉蚜、桃蛀螟、桃小食心虫
6月（幼果生长期）	桃蛀螟、桃小食心虫、橘小实蝇等食果类害虫，木蠹蛾等食枝类害虫
7月（果实生长期）	桃蛀螟、桃小食心虫、橘小实蝇等食果类害虫，木蠹蛾等食枝类害虫
8月（果实生长至成熟期）	桃蛀螟、橘小实蝇等食果类害虫，黄刺蛾等食叶类害虫，木蠹蛾、茎窗蛾等食枝类害虫
9月（果实成熟期）	桃蛀螟、橘小实蝇等食果类害虫，黄刺蛾等食叶类害虫，木蠹蛾、茎窗蛾等食枝类害虫
11月至翌年2月（休眠期）	蚧壳虫、木蠹蛾、茎窗蛾、桃蛀螟

5.3.3 云南石榴园常见主要害虫的物理防治法

5.3.3.1 桃蛀螟[*Conogethes punctiferalis*（Guenée）]

属鳞翅目、螟蛾科。石榴上最主要的害虫，寄主植物达40多种，除为害桃、苹果、梨、李、梅、板栗、核桃、杏、柿、无花果、荔枝、龙眼、杧果、木菠萝、石榴、枇杷、山楂等果树的果实外，还可为害向日葵、玉米、高粱等。

（1）形态特征

成虫：体长12mm，翅展22～25mm，黄至橙黄色，体、翅表面具许多黑色斑点似豹纹，胸背有7个；腹背第1和3～6节各有3个横列，第7节有时只有1个，第2、第8节无黑点，前翅25～28个，后翅15或16个，雄虫第9节末端黑色。

卵：椭圆形，长0.6～0.7mm。初产时乳白、米黄色，后渐变为红褐色。具有细密而不规则的网状纹。

幼虫：体暗红色。前胸背板深褐色，中胸、后胸及1～8节腹节各有褐色大小毛片8个，排成2横列，前列6个，后列2个。

蛹：长13mm，初淡黄绿，后变褐色，臀棘细长，末端有曲刺6根。

（2）行为习性

桃蛀螟主要以老熟幼虫在树翘皮裂缝、枝杈、树洞、僵果内、土块下、石缝中、玉米和高粱秸秆等处结茧越冬。成虫羽化多在7:00～10:00，以8:00～9:00最盛。成虫白天静息于叶背及枝叶稠密处，傍晚以后飞出活动、交配、产卵，取食花蜜、露水，也吸食成熟桃、葡萄等果实汁液。成虫大多在夜间9:00～10:00产卵，卵多单产于石榴萼筒内，果与枝、叶相接触处。卵期3～4d，初孵化幼虫在萼筒内、果梗或果面处吐丝蛀食果皮，2龄后蛀入果内食害籽粒，蛀孔处排出有细丝缀合的褐色颗粒状粪便，随蛀虫的深入，果内也有虫粪。老熟幼虫脱果后多在枝干、枝杈、翘皮下、裂缝等处结灰褐色茧化蛹。

（3）物理防治措施

1）清理石榴园，减少虫源：采果后至萌芽前，摘除树上和捡拾树下干僵、病虫果，集中烧毁或深埋；清除园内玉米秸、高粱秸等上的越冬寄主；剔除树上老翘皮，尽量减少越冬害虫基数。

2）生长期间，随时摘除虫果深埋。幼虫发生盛期可在树干上扎草绳，诱集幼虫和蛹，集中消灭。也可在果园内放养鸡，啄食脱果幼虫。

3）成虫羽化高峰期在园内设置黑光灯、挂糖醋罐、性引诱芯等诱杀成虫。

4）石榴坐果后20d左右进行果实套袋，可有效防止桃蛀螟对果实的为害。套袋前应进行疏果，并喷一次杀虫剂，预防"脓包果"发生。

5.3.3.2 桃小食心虫（*Carposina niponensis* Walsingham）

属鳞翅目、果蛀蛾科。除为害石榴外，还为害苹果、枣、梨、山楂、桃、杏、李等。

（1）形态特征

成虫：雌虫体长7～8mm，翅展16～18mm；雄虫体长5～6mm，翅展13～15mm，全体白灰至灰褐色，复眼红褐色。雌虫唇须较长向前直伸；雄虫唇须较短并向上翘。前翅中部近前缘处有近似三角形蓝灰色大斑，近基部和中部有7或8簇黄褐或蓝褐斜立的鳞片。后翅灰色，缘毛长，浅灰色。翅缰雄 1 根，雌 2 根。

卵：椭圆形或桶形，初产卵橙红色，渐变深红色，近孵卵顶部显现幼虫黑色头壳，呈黑点状。卵顶部环生 2 或 3 圈 "Y" 状刺毛，卵壳表面具不规则多角形网状刻纹。

幼虫：幼虫体长 13～16mm，桃红色，腹部色淡，无臀栉，头黄褐色，前胸盾黄褐至深褐色，臀板黄褐或粉红。前胸 K 毛群只有 2 根刚毛。腹足趾钩单序环 10～24 个，臀足趾钩 9～14 个，无臀栉。

蛹：蛹长 6.5～8.6mm，刚化蛹黄白色，近羽化时灰黑色，翅、足和触角端部游离，蛹壁光滑无刺。茧分冬、夏两型。冬茧扁圆形，直径 6mm，长 2～3mm，茧丝紧密，包被老龄休眠幼虫；夏茧长纺锤形，长 7.8～13mm，茧丝松散，包被蛹体，一端有羽化孔。两种茧外表粘着土砂粒。

（2）行为习性

老熟幼虫在树下土壤中越冬。越冬幼虫出土后一天内结土茧化蛹。降水量是影响幼虫出土的关键因素，降水后有利于幼虫集中出土。成虫昼伏夜出，午夜交尾，卵产在石榴果面上，每果 1 粒。幼虫孵化后很快蛀入果内，蛀孔极小，4d 左右后沿蛀入孔出现直径 2～3cm 的近圆形浅红色晕，以后加深至桃红色。幼虫蛀入石榴后朝向果心或在果皮下取食籽粒，虫粪留在果内。老熟幼虫脱果前咬一脱果孔，并从中向外排粪便，粪便黏附在孔口周围。脱果后，虫孔易招致烂果而脱落。

（3）物理防治措施

1）防治桃小食心虫，树下防治为主，树上防治为辅。在石榴园中设置 500μg 桃小性外激素水碗诱捕器，用以诱杀成虫，既可消灭雄成虫，减少害虫的交配机会，又可测报虫情。当诱到第一头雄蛾时，为树下防治适期。当诱蛾达到高峰后 5～7d，则可开始进行树上防治。

2）在早春越冬幼虫出土前，将树根颈基部土壤扒开 13～16cm，刮除贴附表皮的越冬茧。果实受害后，及时摘除树上虫果和拾净落地虫果。

5.3.3.3　井上蛀果斑螟（*Assara inouei* Yamanaka）

属鳞翅目、螟蛾科。以初孵幼虫从花丝或萼筒附近蛀入果实内取食为害，蛀食石榴籽粒外表皮及幼嫩籽粒，1 个果内常有数条幼虫，很少有转移现象，受害果实内充满虫粪，极易引起裂果和腐烂，严重影响品质和产量。

（1）形态特征

成虫：体长 9～12mm，下唇须基节白色，有两节，端部一节暗褐色，有褐色毛环。下颚须发达，但较下唇须细，顶端尖，浅褐色，腹面白色。额部苍白色鳞片均匀覆盖，顶端略有暗褐色鳞片点缀，触角鞭节细丝状，有少量褐色与苍白色鳞片覆盖。腿节白色，腿节、胫节部分混杂有深褐色，跗节暗褐色，每跗节边缘有灰白色短边。腹部背面浅褐色，每一腹节后面边缘有灰白色鳞片；腹部腹面灰白色，基部两节深褐色。

卵：0.3～0.4mm，受精卵初产乳白色，扁片状，形似干后的鱼鳞，相对两边同向。

卵散产，少数有 2～6 粒呈长轴纵排。卵孵化时颜色由白色变为橘黄色，孵化前可清晰见到幼虫的黑头及淡红色的血腔。

幼虫：初孵时通体半透明，低龄幼虫白色，也有粉色，与其生活的场所、取食寄主的颜色有关。老熟幼虫体长 1.0～2.0cm，乳白色，粉红色或灰色，幼虫前胸背板有深褐色半环斑纹，腹足趾钩为双序环式。

蛹：长 0.6～0.8cm，初期棕黄色，随时间的推移逐渐变深，羽化前呈深棕色。雄性第 9 腹节腹面中央有一生殖孔，为一倒 "Y" 形纵裂纹，周围椭圆形区域略突起，雌性第 9 腹节腹面中央有一生殖孔，呈裂缝状，并无突起。

（2）行为习性

老熟幼虫喜化蛹于新鲜石榴果实萼筒内部底部较硬处，或落地干果内。初羽化成虫，翅较软，向腹侧弯曲，长度不及腹末。成虫多行至垂直或穿隆处静止，慢慢呼吸，7～10min 翅完全展开垂直于身体，同时前翅顶角微微下卷，后翅伸平，前后翅慢慢平放于背部。成虫羽化后 4～6h 开始补充营养，羽化后 12～36h 开始交配，交配时间 30～50min，雌蛾交配后 3～6h 开始产卵。成虫喜将卵产在石榴果实的萼筒周围或果实表面的不光滑处。卵 3～4d 开始孵化，孵化时间因温度不同而异，随着时间的推移受精卵颜色由白色变为橘红色，孵化前可清晰见到幼虫的黑头及淡红色血腔。初孵幼虫多从花丝、萼筒附近或果皮薄弱处蛀入果实，找到满意的钻蛀处后，先慢慢啃咬果实表面，并一点点将头钻入表皮内，直到整个身体都钻入果实内。幼虫边钻蛀边排粪便，新鲜果实的蛀孔表面可有湿润的褐色颗粒状虫粪混着果汁流出。低龄幼虫较活泼，老龄幼虫则行动缓慢，老熟幼虫几乎不取食，只是缓慢爬行，寻找化蛹地点。一个石榴果实内平均有 5～10 头幼虫。

（3）物理防治措施

1）及时清园，摘除树上虫果并拾净地上落果，集中深埋。

2）井上蛀果斑螟成虫对糖醋酒液有较强趋性，可以用来诱杀成虫。

5.3.3.4 橘小实蝇 [*Bactrocera*（*Bactrocera*）*dorsalis* Hendel]

属双翅目、实蝇科。幼虫在果内取食为害，常使果实未熟先黄脱落，严重影响产量和质量。除柑橘外，尚能为害石榴、杧果、荔枝、杨桃、枇杷等 200 余种果实。

（1）形态特征

成虫：体长 7～8mm，全体深黑色和黄色相间。胸部背面大部分黑色，但黄色的 "U" 字形斑纹十分明显。腹部黄色，第 1、第 2 节背面各有一条黑色横带，从第 3 节开始中央有一条黑色的纵带直抵腹端，构成一个明显的 "T" 字形斑纹。雌虫产卵管发达，由 3 节组成。

卵：乳白色，菱形，长约 1mm，宽约 0.1mm，精孔一端稍尖，尾端较钝圆。

幼虫：3 龄老熟幼虫长 7～11mm，头咽骨黑色，前气门具 9 或 10 个指状突，肛门隆起明显突出，全部伸到侧区的下缘，形成一个长椭圆形的后端。

蛹：椭圆形，长 4～5mm，宽 1.5～2.5mm，淡黄色。初化蛹时呈乳白色，逐渐变为淡黄色，羽化时呈棕黄色。前端有气门残留的突起，后端气门处稍收缩。

（2）行为习性

橘小实蝇是云南省目前石榴种植业上为害最严重的害虫。这种害虫主要为害石榴果实，尤其是成熟的石榴果实。成熟度高、色泽鲜艳的果实往往受害重。橘小实蝇为害石榴果实时，先以产卵器划破果实表面，致使果汁大量渗出，之后将卵产在果实里面，幼虫在果实里面取食，造成果实腐烂。橘小实蝇在云南省主要石榴产区如蒙自、建水、会泽及东川等地均有不同程度的发生，而在以酸、甜石榴为主的产区如建水县发生尤其严重，果实受害率平均达到30%左右，在甜石榴产区如蒙自市发生较轻，果实受害率平均为10%左右。石榴果实成熟前在石榴园内见不到橘小实蝇，而一旦石榴果实进入成熟期，则石榴园内橘小实蝇数量骤增，在几天内即造成大量落果，一旦果实采收后果园内橘小实蝇即消失。由于目前尚不明确橘小实蝇在石榴园内的发生及为害规律，加上没有有效的防治措施，因此尚无法有效地控制其为害。

（3）物理防治措施

1）在幼果期，实蝇成虫未产卵时，对果实套袋，能有效防止成虫产卵为害。

2）糖醋酒液对其成虫有较大吸引作用，可用于诱杀成虫。

3）及时清除落果，同时经常摘除树上有害虫果，集中烧毁或投入粪池沤浸。

4）辐射处理实蝇蛹，实施不育防治。在室内大量繁殖橘小实蝇蛹，用 ^{50}Co-γ 射线处理，把羽化的不育雄成虫，用飞机或人工释放到果园，使其有正常的择偶、交配活力而又无生殖能力，减少自然界橘小实蝇交尾的机会，达到逐渐消灭的目的。

5.3.3.5 石榴茎窗蛾（*Herdonia osacesalis* Walker）

属鳞翅目、网蛾科，是石榴的主要害虫，在全国各石榴产区均有发生。

（1）形态特征

成虫：体长 11～16mm，翅展 30～42mm，淡黄褐色，翅面银白色带有紫色光泽，前翅乳白色，微黄，稍有灰褐色的光泽，前缘有 11～16 条茶褐色短斜线，前翅顶角有深褐色晕斑，下方内陷，弯曲呈钩状，顶角下端呈粉白色，外缘有数块深茶褐色块状斑。后翅白色透明，稍有蓝紫色光泽，亚外线有一条褐色横带，中横线与外横线处的两个茶褐色斑几乎并列平行，两带间呈粉白色，翅基部有茶褐色斑。腹背板中央有 3 个黑点排成一条线，腹末有 2 个并列排列的黑点，腹部白色，腹面密被粉白色毛，足内侧有粉白色毛，各节间有粉白色毛环。雌成虫触角状，雄成虫触角栉齿状。

卵：长约 1mm，瓶状，初产时白色，后变为枯黄，孵化前橘红色，表面有 13 条纵脊纹。数条横纹，顶端有 13 个突起。

幼虫：成长初期虫体长 32～35mm，圆筒形，淡青黄至土黄色，头部褐色，后缘有 3 列褐色弧形带，上有小钩。腹部末端坚硬，深褐色，背面向下倾斜，末端分叉，叉尖端呈钩状，第 8 腹节腹面两侧各有一深褐色楔形斑，中间夹一尖楔状斑，有 4 对腹足，臀角退化，趾钩单序环状。

蛹：体长 15～20mm，长圆形，棕褐色，头与尾部呈紫褐色。

（2）行为习性

一年一代，幼虫在被害枝条内越冬。翌年春天沿枝条继续向下蛀食。成虫白天在石榴叶背面潜伏，夜间活动。交尾 1～2d 后产卵，可连续产卵 2～3d。卵期 10～15d。初孵幼虫自芽腋处为害，随之为害二三年生枝，直至入冬休眠为止。

（3）物理防治措施

1）结合冬季修剪（落叶后，发芽前）剪除虫蛀枝梢或春季发芽后剪除枯死枝烧毁，消灭越冬幼虫。2 月、7 月间反复剪除萎蔫的枝梢，消灭初孵幼虫。4 月中下旬石榴发芽后开始，发现未发芽的枯枝应彻底剪除，消灭其中的越冬幼虫。6 月底 7 月上旬开始要经常检查枝条，发现枯萎的新梢应及时剪除，剪掉的虫枝及时烧掉，以消灭蛀入新梢的幼虫。

2）幼虫发生期用磷化铝片堵虫孔，先仔细查找最末一个排粪孔，将 1/6 片磷化铝片放入孔中，然后用泥封好，10d 后进行检查，防治效果达 94.5%。

5.3.3.6　豹纹木蠹蛾（*Zeuzera leuconolum* Butler）

属鳞翅目、木蠹蛾科。杂食性害虫，除石榴外，可为害核桃、苹果、梨、柿、枣等植物。全国石榴产区均有发生。

（1）形态特征

成虫：雌蛾体长 20～38mm，雄蛾体长 17～30mm，前胸背面有 6 个蓝黑色斑点。前翅散生大小不等的青蓝色斑点。腹部各节背面有 3 条蓝黑色纵带，两侧各有 1 个圆斑。

卵：长圆形，初为黄白色，后变棕褐色。

幼虫：幼虫体长 20～35mm，赤褐色。前胸背板前缘有 1 个近长方形的黑褐色斑，后缘具有黑色小刺。

蛹：体长约 30mm，赤褐色，腹部第 2～7 节背面各有短刺两排，第 8 腹节有 1 排。尾端有短刺。

（2）行为习性

一年一代，幼虫在被害枝条内越冬。翌年春石榴萌芽时，再转移到新梢为害，幼虫从新梢芽腋处蛀入，然后沿髓部向上蛀食，隔一段向外咬一排粪孔，随后再向下部蛀食。被害枝梢枯萎后，会再次转移甚至多次转移为害。成虫有趋光性，卵产于嫩梢、芽腋或叶片上。

（3）物理防治措施

结合冬夏剪枝，减除虫枝，集中烧毁。其成虫有很强的趋光性，可以设置黑光灯诱杀成虫。

5.3.3.7　石榴绒蚧（*Eriococcus legerstroemiae* Kuwana）

属同翅目、粉蚧科。主要在石榴、紫薇枝条上为害，是全国各石榴产区的主要虫害之一。受害轻时树势衰弱，枝瘦叶黄，其排泄物能诱发煤污病，重者造成枝叶枯落，甚至全株死亡。

（1）形态特征

成虫：雌成虫体长 2.5mm 左右；宽 1.5mm 左右，椭圆形，背隆起，紫红色，腹部体节极明显，边缘有白色弯曲的细毛状蜡质分泌物。老熟时体被包于白色毡絮状蜡囊中。雄成虫体长 1.2mm，紫红色，翅无色透明，蚧壳椭圆形，质地较雌成虫蚧壳坚硬，外缘有蜡刺。卵淡紫红色，长椭圆形。

卵：呈卵圆形，紫红色，长约 0.25mm。

若虫：若虫体扁平，椭圆形，淡紫红色，周身有短刺状突。

雄蛹：紫褐色，长卵圆形，外包以袋状绒质白色茧。

（2）行为习性

石榴绒蚧越冬虫态有受精雌虫、2 龄若虫或卵等，各地不尽相同。通常是在枝干的裂缝内越冬。翌年 4 月上旬开始出蛰，爬至嫩芽基部、叶腋间、叶背等处吸取汁液。以后大部分在枝条表面、果柄处固定为害，随着若虫的成长逐渐形成蜡被。5 月上旬交尾后雌虫后背部隆起，产卵于毡絮状囊内。每雌产卵 100～150 粒，卵期 13～20d。一般每代 30d 以上，主要靠苗木、枝条传播。

（3）物理防治措施

结合冬季整形修剪，清除虫害为害严重、带有越冬虫源的枝条。或采用人工刮刷，然后将刮下的东西烧掉，或用蘸有内吸性杀虫药物的硬刷子在枝干上从上往下刷一遍，效果甚好。

5.3.3.8　绿盲蝽（*Apolygus lucorum* Meyer-Dür）

属半翅目、盲蝽科。以若虫和成虫的刺吸式口器为害石榴、苹果的幼芽、嫩叶及果实。被害的幼嫩芽叶后期变成黑色小点，局部组织皱缩死亡。幼果被害后，果面上出现黑褐色水渍状斑点，造成僵化脱落，对产量和质量影响极大。

（1）形态特征

成虫：体长 5mm 左右，体宽 2.5mm，雌虫稍大，黄绿色。足黄绿色，后足腿粗大。初孵若虫短而粗，取食后呈黄绿色。

卵：长 1mm，黄绿色，长口袋形，卵盖奶黄色，中央凹陷，两端突起，边缘无附属物。

若虫：共 5 龄，与成虫相似。初孵时绿色，复眼桃红色。2 龄黄褐色，3 龄出现翅芽，4 龄超过第 1 腹节，2 龄、3 龄、4 龄触角端和足端黑褐色，5 龄后全体鲜绿色，密被黑细毛；触角淡黄色，端部色渐深。眼灰色。

（2）行为习性

以卵在杂草、树皮内越冬，翌年 3～4 月孵化，5 月出现成虫。成虫寿命 30～50d，卵产于主枝皮、叶主脉、嫩茎内，每处产 2 或 3 粒，世代重叠。6 月间发生第二代，7～

8 月发生 3～4 代，为害石榴树最重。第五代 9 月下旬孵化。10 月上旬产卵越冬。

（3）物理防治措施

早春结合施肥，清除石榴的杂草、落叶，集中烧掉或深埋，消灭越冬虫卵。

5.3.3.9　棉蚜（*Aphis gossypii* Glover）

属同翅目、蚜科，为世界性棉花害虫。中国各棉区都有发生，是棉花苗期的重要害虫之一。寄主植物有石榴、花椒、木槿、鼠李属、棉、瓜类等。

（1）形态特征

棉蚜分为无翅和有翅两种。

成虫：无翅胎生雌蚜体长不到 2mm，身体有黄、青、深绿、暗绿等色。触角约为身体一半长。复眼暗红色。腹管黑青色，较短。尾片青色。有翅胎生雌蚜体长不到 2mm，体黄色、浅绿或深绿。触角比身体短。翅透明，中脉三叉。

卵初产时橙黄色，6d 后变为漆黑色，有光泽。卵产在越冬寄主的叶芽附近。

无翅若蚜与无翅胎生雌蚜相似，但体较小，腹部较瘦。有翅若蚜形状同无翅若蚜，2 龄出现翅芽，向两侧后方伸展，端半部灰黄色。

（2）行为习性

棉蚜以卵在石榴树上越冬。翌年卵孵化，在石榴上繁殖为害叶片。棉蚜为卵胎生，繁殖很快，在温度合适、天气干燥时胎生若蚜虫经 5d 就能繁殖后代。1 年能繁殖 20～30 代。春天气候多干燥，很适于棉蚜繁殖，故石榴树往往会受到严重损害。棉蚜为害时喜群集在嫩梢及叶背吸取汁液，同时不断分泌蜜露，招致霉菌寄生，影响叶片光合作用和果实的商品价值。秋季棉蚜飞回越冬寄主上产卵越冬，卵多产在腋芽处。秋季棉蚜为害较轻。

（3）物理防治措施

冬季清园，消灭越冬寄主上的蚜虫。利用蚜虫对黄色有较强趋性的原理，在田间设置黄板，黄板上涂机油或其他黏性剂诱杀蚜虫。

5.3.3.10　大蓑蛾（*Clania variegatea* Snellen）

属鳞翅目、蓑蛾科。杂食性害虫，除为害石榴外，还为害苹果、梨、桃和法国梧桐等树木。全国各地石榴产地均有发生。

（1）形态特征

成虫：雌雄异形。雄成虫体长 15～20mm，翅展 35～40mm，翅密生褐色鳞片，翅脉鳞毛黑褐色，前翅外缘有 4 或 5 个半透明斑纹；雌成虫体长 20mm 左右，淡黄白色，体短粗，头小，足、触角、翅退化。

卵：淡黄色，椭圆形。

幼虫：黑褐色，雌虫体长 30～40mm，雄虫体长 15～20mm，体形粗短。

蛹：雄蛹长 18~24mm，黑褐色，有光泽；雌蛹长 25~30mm，红褐色。

（2）行为习性

以老熟幼虫在虫囊内挂于枝条上越冬。翌年 5~6 月化蛹。雄蛾羽化后由虫囊下口飞出，雌蛾羽化后仍居于虫囊中，这时虫囊下口出现一层黄色绒毛，即表明雌蛾已经羽化。雄蛾具有趋光性，傍晚飞翔寻找雌蛾交配。交配后经 1~2h 产卵。卵在 15d 左右孵化，幼虫从虫囊里爬出，吐丝下垂，随风传播。遇枝后沿着枝叶爬行扩散，固定以后即吐丝缀连咬碎的叶屑结成 2mm 的虫囊为害植株。随着虫体长大，虫囊也不断增大，8~9 月，幼虫食量最大，为害最重，9 月以后，幼虫老熟，即固定悬挂在枝条上越冬。

（3）物理防治措施

冬季结合清园修剪，人工摘除树上虫囊袋，消灭越冬幼虫。

5.3.3.11 黄刺蛾［*Cnidocampa flavescens*（Walker）］

属鳞翅目、刺蛾科。俗称"洋辣子"，以幼虫食叶，严重时可将叶片吃光，影响树势、产量和果品质量。

（1）形态体征

成虫：体长 13~16mm，翅展 30~36mm。头和胸背黄色，腹部黄褐色。前翅内半部黄色，外半部黄褐色，有两条暗褐色斜线，在翅尖会合为一点，呈倒"V"字形；内面一条伸到中室下角，几乎成为黄色与褐色的分界线，外面一条稍外曲，伸长于臀角前方，但不达后缘。后翅黄色或红褐色。

卵：黄白色，扁椭圆形。

幼虫：老熟幼虫体长 19~25mm，体粗大。头部黄褐色，隐藏于前胸下。胸部黄绿色，体背中央有一前后宽、中间细的哑铃形紫褐色大斑。体自第 2 节起，每体节上有突起的枝刺 4 个，其中以胸部上的 6 个（第 3、第 4 节）和臀节（第 10 节）上的两个特别大；枝刺上长有黑色刺毛。体末节背面有 4 个褐色小斑；体两侧各有 9 个枝刺，体侧中部有 2 条蓝色纵纹，气门上线淡青色，气门下线淡黄色。

蛹：被蛹，椭圆形，粗大。体长 13~15mm。淡黄褐色，头、胸部背面黄色，腹部各节背面有褐色背板。

茧：椭圆形，黑褐色，质地坚硬，表面光滑，上具长短不一的灰白色不规则纵条纹，形似雀蛋。茧内虫体金黄，烤之味道极香，农村常有食之。

（2）行为习性

以老熟幼虫在茧内越冬。翌年化蛹，一个月后成虫飞出。成虫趋光性强，产卵于叶背，单粒散产。幼虫多在白天孵化。初孵幼虫先食卵壳，然后取食叶下表皮和叶肉，剥下上表皮，形成圆形透明小斑，隔 1d 后小斑连接成块。4 龄时取食叶片形成孔洞；5 龄、6 龄幼虫能将全叶吃光仅留叶脉。幼虫老熟后在小枝杈处结茧，于其中化蛹或越冬。

（3）物理防治措施

1）结合冬季修剪，清除越冬虫茧，并集中处理。幼虫集中为害时，巡视检查石榴园，摘下叶片消灭即可。

2）灯光诱杀：大部分刺蛾成虫具较强的趋光性，可在成虫羽化期用灯光诱杀。

5.3.3.12 石榴巾夜蛾（*Prarlleila stuposa* Fabricius）

属鳞翅目、夜蛾科，是石榴上常见的食叶害虫。以幼虫为害石榴嫩芽、幼叶和成叶，发生较轻时将叶片咬成许多孔洞和缺刻，发生严重时能将叶片吃光，最后只剩主脉和叶柄。

（1）形态特征

成虫：体长 18～20mm，头、胸、腹部褐色，前翅中部有一灰白带，中带的内外均为黑棕色，顶角有 2 个黑斑，后翅棕赭色，中部有一白带。

卵：灰绿色，馒头形。

幼虫：体长 43～50mm；第 1、第 2 腹节常弯曲成桥形，易与尺蛾科幼虫相混。头部灰褐色；体背面茶褐色，腹面淡赭色。第 8 腹节两毛突较隆起。胸足紫红色，腹足外侧茶褐色，有暗黑斑，腹足内侧紫红色，气门椭圆形。

蛹长 24mm，黑褐色。茧灰褐色。

（2）行为习性

以蛹在土中越冬。第二年石榴萌芽时越冬蛹羽化为成虫，并开始交尾产卵。卵散产，多产在树干上。幼虫取食芽和叶。幼虫体色和石榴树皮近似，不易被发现，白天静伏，夜间取食。老熟幼虫在树干交叉或枯枝等处化蛹、羽化。9～10 月老熟幼虫下树，在树干附近土间化蛹越冬。生活史很不整齐，世代重叠。成虫吸食果汁。

（3）物理防治措施

1）挖蛹，落叶后至萌芽前，在树干周围挖捡越冬蛹。

2）新建果园时，尽可能连片种植，避免同园混栽不同成熟期的品种。

3）在果园边有计划地栽种木防己、汉防己、通草、十大功劳、飞扬草等寄主植物，引诱成虫产卵、孵出幼虫，加以捕杀。

4）在果实被害初期，将烂果堆放诱捕，或在夜晚用电筒照射进行捕杀成虫。

5）黄色荧光灯对吸果夜蛾有一定拒避作用。

6）果实成熟期可套袋保护。

5.3.3.13 枣尺蠖（*Sucya jujuba* Chu）

属鳞翅目、尺蛾科，主要为害枣树、酸枣、石榴等果树，是全国石榴产区的主要害虫。枣尺蠖可为害石榴树叶片。

（1）形态特征

成虫：雌雄异形。雄蛾体长 10～15mm，翅展 30～33mm，灰褐色，触角橙褐色羽状，前翅内外横线黑褐色波状，中横线色淡不明显；后翅灰色，外横线黑色波纹状。前后翅中室端均有黑灰色斑点 1 个。雌蛾体长 12～17mm，被灰褐色鳞毛，无翅，头细小，触角丝状，足灰黑色，胫节有白色环纹 5 个，腹部锥形，尾端有黑色鳞毛一丛。

卵：椭圆形，光滑，具光泽，长 0.95mm。初淡绿后变褐色。

幼虫：体长约 45mm，腹部灰绿色，有多条黑色纵线及灰黑色花纹，胸足 3 对，腹足 1 对，臀足 1 对。初龄幼虫黑色，腹部具 6 个白环纹。

蛹：长 10～15mm，纺锤形，枣红色，尾端尖，有刺。

（2）行为习性

1 年发生 1 代。以蛹在树干周围土中越冬。翌年春天羽化为成虫。早春多雨有利于其发生，土壤干燥则出土延迟且分散。雌虫日落后爬到树上待雄成虫交尾。1d 后，产卵于树干、树杈处或树皮缝隙等处。卵数十到数百粒。卵期 25d 左右。幼虫取食石榴叶片，有假死性。

（3）物理防治措施

1）早春成虫羽化前，在距树干 1.5m 范围内挖表土深 20cm，消灭越冬蛹。

2）在树干上缠塑料薄膜或纸裙，阻止雌蛾上树交尾和产卵，并于每天早晨或傍晚逐树捉蛾。由于树干缠裙，雌蛾不能上树，多集中在裙下的树皮缝内产卵。可定期撬开树皮，刮除虫卵，或在裙下捆两圈草绳诱集雌蛾产卵，每过 10d 左右换 1 次草绳，将其烧毁。也可以将塑料裙的下部埋入树干基部土中，直接阻蛾上树，每天早晨或傍晚在树下周围地面上捉蛾，或直接将树干上涂 10cm 宽的一圈粘虫胶。如果没有粘虫胶，也可以涂机油代替，以便将雌蛾直接粘在树干上，然后予以捕杀。

5.4 化学防治技术

5.4.1 化学防治技术概述

中国是使用药物防治农作物病虫害很早的国家，1596 年《本草纲目》和 1637 年《天工开物》中都有使用砷、汞、铅、铜等防病治虫的记载。但在漫长的历史进程中，我国却没有形成农药的概念。初期农药的概念是在欧洲形成的。大约 19 世纪中期，三大杀虫植物除虫菊、鱼藤和烟草作为商品开始在世界范围内销售。19 世纪末期，Millardt 发现波尔多液，标志着农药进入科学发展阶段。1938 年 Muller 发现滴滴涕（DDT）的杀虫活性后，有机合成农药迅速发展。DDT 使百万人免于疟疾的灾难，Muller 也于 1938 年被授予诺贝尔奖。有机农药品种多、效果好、成本低和使用方便的优点使人们忽视了大量使用农药带来的不良影响，1962 年 Rachel Carson 出版了《寂静的春天》一书，书中称农药杀害野生动物，危害儿童健康，导致了公众对农药的责难，也使人们重新认识农药。为了克服农药的缺点，近年来开发的一些化学农药，一般具有对人畜低毒，对有益生物、水生生物安全，不在生物体内积累，不在环境中残留等特点，符合当代化学农药的发展方向。

诚然，使用化学农药有一些负面效应，包括污染环境、误伤非靶标生物、使有害生物产生抗药性等。其具体表现为植物保护过程中的 3R 问题。

5.4.1.1　害虫抗药性（resistance）

昆虫具有忍受杀死正常种群大多数个体的药量的能力，并能在其种群中发展起来的现象。昆虫的自然耐药性，即昆虫在不同发育阶段、不同生理状况及所处环境条件变化的情况下对化学药剂产生的耐用药量的能力。

5.4.1.2　害虫再猖獗（resurgence）

抗药性的产生，使害虫越来越难以控制，人们往往会加大农药的用量，使天敌被大量杀伤，失去对原有害虫的自然控制作用。主要害虫越来越猖獗，次要害虫上升为主要害虫。

5.4.1.3　农药残留（residue）

使用农药后有毒物质残存于环境中。由于农药本身的性质和使用方法，造成农药的挥发、漂移、流失，施用的农药大多都归于无效。Metcalf（1980）做过估算，从施药器械喷出的农药，只有 25%～50%能沉积到作物叶片上，不足 1%的药液能沉积到靶标昆虫上，只有不足 0.03%的药剂起到了杀虫作用。而我国每年有 1 亿 t 药液喷洒到农田中。

但人们并不能因此忽视农药在人类生存发展过程中起到的重要作用。在人类历史中，因为生物灾害带来的惨痛损失不胜枚举。例如，1845～1851 年的爱尔兰大饥荒，因为马铃薯晚疫病的大发生，造成百万爱尔兰人死亡或逃离爱尔兰。我国从公元前 707 年到 1949 年发生了 800 余次蝗灾，1920 年、1927 年、1929 年、1933 年和 1938 年蝗虫暴发成灾。新中国成立后，人们对治蝗工作十分重视，但蝗灾仍旧不断发生，2003 年发生面积逾亿亩。1992 年中国棉铃虫暴发，全国棉花减产 1/3，损失 42 亿元。化学农药的出现，对于保护人类农业生产、提高农业生产的回报发挥着巨大的作用。使用化学农药后，全球减少了 30%～35%的作物损失，每年可挽回 3000 亿美元。1990 年，140 位专家联名公布的一份报告指出，如果立即停止使用化学农药，美国的玉米产量将减少 52%，生产成本将提高 61%，单产量退步到 20 世纪 40 年代的水平。在中国，如果停用农药，水果将减产 78%、蔬菜减产 54%、谷物减产 32%，3.5 亿人即将挨饿。此外，化学农药在森林保护、草坪整理、蚁蟑鼠霉人类疫病媒介的控制等非农业领域也发挥着重要的作用。20 世纪 70 年代世界范围内禁用 DDT 后，疟疾在很多第三世界国家卷土重来，在很多发展中国家，特别是非洲国家，每年有 100 多万人死于疟疾，其中大多数是儿童。世界卫生组织于 2002 年宣布重新启用 DDT 用于控制蚊子的繁殖，以及预防疟疾、登革热、黄热病等疾病。

生物农药是利用生物产生的具有农药生物活性的化合物来控制有害生物，是减少对化学农药依赖的有效措施之一。1992 年"世界环境与发展大会"第 21 条决议指出，2000年生物农药产量将占农药总量的 60%，事实上到 2001 年，生物农药在全球农药市场销售额中仅占 1%，其中 90%都是苏云金芽胞杆菌（Bt）。与化学农药相比，生物农药存在作用慢、防治不彻底、有效期较短、对大面积发生的病虫害无法有效控制等缺点。对于生物农药的安全性，生物农药源于生物、安全无公害的论点难以站住脚，我国有毒植物1000 余种，作为杀虫植物活性物质的烟碱和鱼藤酮都是剧毒的。任何一种农药是否低毒，是否对环境安全，是需要经过严格的评价才能得出结论。目前看来，至少在相当长的一段时间内，化学农药依然占主导作用。

我国农药在投放市场前，必须取得农药登记，只有经农药登记部门的科学评价，证明其对人畜健康或环境无不可检测的风险后，方可取得登记，并在规定的范围内销售、使用。已经使用的农药，经过风险监测和再评价，发现使用风险增大时，会做出禁用或限用的规定。在农药的使用上，也存在农药允许残留量和安全间隔期的规定。

农药允许残留量：农产品上常有一定数量的农药残留，如果残留量不超过某种程度，就不至于引起对人的毒害。

农药的安全间隔期：某种农药在某种作物收获前最后一次使用的日期，和作物上的农药残留量不超过规定残留标准可以收获的日期。

使用化学农药带来的负面效应，如污染环境、误伤天敌等并不是因为农药本身，而是在于没有科学合理的使用。当前存在乱用、滥用化学农药，尤其是盲目加大施药剂量的现象。不按规定超标使用，才是导致农药中毒、农产品残留等问题的原因。农药并不可怕，只要对其实行严格管理并采取风险防范措施，将农药残留控制在可接受的范围内，就能使其为人类服务，实现其趋利避害的功效。合理使用农药包括以下几个方面：①对症用药，按杀虫剂的性能，选用对口杀虫剂；②适时用药，根据靶标生物的生物学特性，抓住防治适期及可利用的薄弱环节；③精确掌握用药浓度和用量，恰当的施药方法，保证施药质量；④注意气候条件，一般在无风或微风天气施药；⑤合理混用药剂，混用不当会降低药效及产生药害，一般不能与碱性农药混用；⑥交替施药，长期使用一种杀虫剂，害虫容易产生抗药性，不同类型杀虫剂可交替或轮换使用；⑦注意农药的允许残留量和安全间隔期。

5.4.2 杀虫剂的作用方式

5.4.2.1 胃毒剂

药剂通过害虫的口器及消化系统进入体内，引起害虫中毒或死亡，具有这种胃毒作用的杀虫剂称为胃毒剂。如敌百虫、白砒等。此类杀虫剂适用于防治咀嚼式口器害虫，如黏虫、蝼蛄、蝗虫等；另外，对防治舐吸式口器的害虫（蝇类）也有效。

5.4.2.2 触杀剂

药剂接触害虫的表皮或气孔渗入体内，使害虫中毒或死亡，具有这种触杀作用的药剂称为触杀剂，如对硫磷、辛硫磷等。目前使用的大多数杀虫剂属于此类，可用于防治各种类型口器的害虫。

5.4.2.3 熏蒸剂

药剂在常温下为气体状态或分解为气体，通过害虫的呼吸系统进入虫体，使害虫中毒或死亡，具有这种熏蒸作用的药剂称为熏蒸剂，如磷化铝、溴甲烷等。熏蒸剂一般应在密闭条件下使用。

5.4.2.4 内吸杀虫剂

药剂通过植物的叶、茎、根部或种子被吸收进入植物体内，并在植物体内疏导、扩散、存留或产生更毒的代谢物。当害虫刺吸带毒植物的汁液或食带毒植物的组织时，使害虫中毒死亡，具有这种内吸作用的杀虫剂为内吸杀虫剂，如内吸磷、甲拌磷、涕灭威等。此类药剂一般只对刺吸式口器的害虫有效。

5.4.2.5 驱避剂

药剂本身没有杀虫能力，但可驱散或使害虫忌避，远离施药的地方，具有这种驱避作用的药剂为驱避剂，如樟脑丸、避蚊油等。

5.4.2.6 引诱剂

能将害虫诱引集中到一起，以便集中防治，一般可分食物引诱、性引诱、产卵引诱3 种，如糖醋酒液、性诱剂等。

5.4.2.7 拒食剂

药剂被害虫取食后，破坏了虫体的正常生理功能，使其消除食欲而不能再取食以致饿死，如拒食胺、杀虫脒、吡蚜酮等。

5.4.2.8 不育剂

药剂通过害虫体壁或消化系统进入虫体后，正常的生殖功能受到破坏，使害虫不能繁殖后代，这种不育作用一般又可分为雄性不育、雌性不育、两性不育 3 种，如噻替派、六甲基磷酰三胺等。

5.4.2.9 粘捕剂

用于粘捕害虫并使其致死的药剂。可用树脂（包括天然树脂和人工合成树脂等）与不干性油（如棕榈油、蓖麻油等）加上一定量的杀虫剂混合配制而成。

上述各类杀虫剂中，目前大量生产使用的主要是前 4 类。其余几类又统称为特异性杀虫剂，目前国内还处于试验阶段，但都很有发展前途。对于绝大多数有机合成的杀虫剂来讲，它们的杀虫作用往往是多种方式的，如乐果具有较强的内吸作用及触杀作用；对硫磷除有很强的触杀作用、胃毒作用外，还有一定的熏蒸作用；杀虫脒除具有胃毒、触杀作用外，还有拒食作用。

5.4.3 农药品种的选择

5.4.3.1 根据防治对象选择农药

在石榴树的生长期中，往往多种害虫同时发生。在某一发育期内，却只有一种或两种主要害虫需要重点防治，其他害虫则可以兼治。首先要确定主要防治对象，才能有的放矢，否则会导致滥用药剂、污染环境、影响产品的竞争力。

5.4.3.2 根据害虫为害特点选择农药

不同害虫为害特点不同。石榴树上常见的害虫就可分为蛀果类，如井上蛀果斑螟和橘小实蝇；蛀干类，如石榴茎窗蛾和石榴绒蚧；食叶类，如黄刺蛾等。了解害虫的为害特点有助于合理选择农药品种。例如，防治为害叶片的鳞翅目幼虫，如黄刺蛾和石榴巾夜蛾要选择胃毒剂或触杀剂；防治刺吸式口器害虫，如绒蚧和棉蚜，要选择内吸性强的杀虫剂等。

5.4.3.3 根据害虫的生物学特性选择农药

害虫的生物学特性是开展虫害防治的基础。例如，桃小食心虫在土壤中越冬，在春季害虫出土期于地面喷药，可选择触杀性强的杀虫剂。成虫产卵期往树上喷药，就需要选择既有触杀作用、又有胃毒作用的杀虫剂。绿盲蝽只在早晚上树为害，白天多躲藏于树下杂草中，喷药时要对树干、嫩梢、地上杂草等全面细致喷药。

5.4.3.4 适时选用不同的农药

化学农药并非任何情况下施用都能获得同样的防治效果。有些农药品种对气温的反应比较敏感，而有的农药则对害虫的某一发育阶段有效。只有细致选择合适的农药，才能得到经济效益和生态效益的统一。

5.4.4 农药的施用方法

农药施用方法是根据害虫的发生规律、为害部位，以及农药的种类和剂型决定的。现将石榴园常用施药方法介绍如下。

5.4.4.1 喷雾法

喷雾法是将农药制剂按照一定的比例稀释后用喷雾器械喷布于目标作物上（树上、杂草、地面）的一种施药方法。农药制剂可供液态使用的制剂，如乳油、可湿性粉剂、水剂、胶悬剂、可溶性粉剂等，均需加水稀释至一定浓度后才能喷洒施药。

5.4.4.2 涂抹法

涂抹法是将农药制剂加水或加入具有黏着性的辅助剂稀释后，涂抹于害虫危害处（树干或枝条上）。涂抹法防治虫害多选用内吸性杀虫剂或渗透性较好的药剂，以便药剂被植物迅速吸收。石榴园常使用药剂涂树干防治棉蚜、绒蚧等害虫。

5.4.4.3 土壤处理法

将药剂按一定比例加水稀释后，喷布于地面称为土壤处理法。有时喷药后需将药、土混匀。例如，石榴园常见的桃小食心虫在土壤中越冬、橘小实蝇在土壤中化蛹。防治时都需要进行土壤处理。

5.4.4.4 熏蒸法

熏蒸法是采用具有熏蒸杀虫作用的药剂，在密闭的环境中，靠药剂释放的毒气杀虫。石榴树上的蛀干性害虫，如石榴茎窗蛾等。在大棚果树栽培中，也可以采用熏蒸法防治虫害。

5.4.4.5 浸渍施药法

将药剂加水稀释后，把带有病虫的材料（苗木或接穗）浸入药液中一定时间，以杀死其携带的病菌或害虫，这种施药方法称为浸渍法。果实贮藏时，常采用此法，即将欲贮藏的果实在配制好的药液中浸一下，捞出晾干后贮藏，可有效预防果实贮藏期发病生虫。

5.4.4.6 毒饵诱集法

将蝼蛄、地老虎、老鼠等有害生物喜食的饵料与药剂按一定比例混匀制成毒饵，以诱杀在地面和地下活动危害的害虫和有害动物。一般在傍晚时候把配制好的毒饵撒布在树盘土表或苗圃行间，撒后的当天晚上药效最高，可维持 2～3d。毒饵中的水分蒸发后，药效降低，可根据需要继续撒布。石榴上常见的蛀果蛾类害虫，也可以通过人工制作毒饵诱杀成蛾。

5.4.5 云南石榴园常见主要害虫的化学防治法

5.4.5.1 桃蛀螟 [*Conogethes punctiferalis*（Guenée）]

桃蛀螟寄主植物广泛，达 40 多种，发生世代多，应调查在当地的主要寄主和寄主之间转移为害的规律，准确掌握各代成虫发生时期，在产卵盛期和幼虫孵化盛期，适时喷药并结合其他综合措施，才能取得较好的防治效果。其化学防治措施如下。

1）石榴坐果后，用 2%甲敌粉或 90%敌百虫、50%辛硫磷 1000 倍液药物棉球，或用 1：100 倍 50%辛硫磷掺黄土制成的药球堵塞萼筒。

2）花期叶面喷肥时，混合喷 2000 倍 20%杀灭菊酯或 2500 倍 20%灭扫利 1 或 2 次，最后一次必须在越冬代成虫产卵盛期进行。

3）各代成虫产卵盛期，分别施用（可交替施用）1 或 2 次 3000～5000 倍 2.5%溴氰菊酯（敌杀死）或 2000 倍 50%辛硫磷或 2000～3000 倍 20%杀灭菊酯，也可喷 1000 倍 90%敌百虫液，均匀喷布，杀死初孵幼虫。

4）采果前 7～10d 喷一次 50%敌敌畏 1000 倍液。

5.4.5.2 桃小食心虫（ *Carposina niponensis* Walsingham ）

防治桃小食心虫，准确预报是关键，主要为树下防治，将成虫消灭在上树前。树上防治为辅助，应该狠治第一代，控制第二代。

其化学防治措施如下。

1）在石榴园中设置 500μg 桃小性外激素水碗诱捕器，用以诱杀成虫，既可消灭雄成虫，减少害虫的交配机会，又可测报虫情。当诱到第一头雄蛾时，为树下防治的防治适期。可开始第 1 次地面施药。将 25%辛硫磷微胶囊均匀喷洒在树盘内。及时对树干周围 2m 以内，以及果窖、落果收购点周围进行地面防治。地面喷 50%辛硫磷乳油 300 倍液，喷药后立即耙土以防光解。隔 1 个月再次用药，可基本控制危害。

2）当诱蛾达到高峰后 5～7d，或卵果率（田间调查，百果中卵果所占百分率）达到 1%～2%时，为树上防治适期，把幼虫消灭在蛀果前。向树上喷药，以果实中部或底部为主，可施用 20%杀灭菊酯 2500 倍液或 25%灭幼脲 3 号 2000 倍液，加 2.5%高效氯氰菊酯 2500 倍液、30%桃小灵 2000 倍液。

3）在成虫发生期和幼虫孵化期，用 2.5%功夫乳油 2000 倍液或 20%灭扫利乳油 2000 倍液，或 2.5%溴氰菊酯乳油 5000 倍液，都可获得较好的杀卵效果。

5.4.5.3　井上蛀果斑螟（*Assara inouei* Yamanaka）

井上蛀果斑螟老熟幼虫喜化蛹于新鲜石榴果实萼筒内部底部较硬处，或落地干果内。成虫喜将卵产在石榴果实的萼筒周围或果实表面的不光滑处。初孵幼虫多从花丝、萼筒附近或果皮薄弱处蛀入果实，幼虫边钻蛀边排粪便，新鲜果实的蛀孔表面可有湿润的褐色颗粒状虫粪混着果汁流出。一个石榴果实内平均有 5～10 头幼虫。

井上蛀果斑螟幼虫蛀入果中为害，虫体暴露在外的时间较短，杀虫剂无法触及杀死害虫，可利用其对糖醋酒液的高度趋性，诱杀成虫，并进行果实套袋处理。

5.4.5.4　橘小实蝇［*Bactrocera*（*Bactrocera*）*dorsalis* Hendel］

成虫用产卵器划破果实表面，致使果汁大量渗出，之后将卵产在果实里面，幼虫在果实里面取食，造成果实腐烂。

其化学防治措施如下。

1）土壤处理：在幼虫脱果入土盛期和成虫羽化盛期，向地面喷洒 50%辛硫磷 800～1000 倍液或 45%马拉硫磷乳油 500～600 倍液，或 48%乐斯本乳油 800～1000 倍液泼浇土面。

2）为害期喷药应以虫情检测为依据，在产卵盛期前，向树冠喷洒 80%敌敌畏乳油或 90%晶体敌百虫或 50%马拉硫磷乳油 800～1000 倍液。

3）树冠喷药诱杀成虫：成虫盛发期，用 1%水解蛋白加 90%敌百虫 600 倍液；或用 90%晶体敌百虫 1000 倍液加 3%红糖；或 20%灭扫利 1000 倍加 3%红糖制成毒饵，喷布果园及周围杂树树冠。

5.4.5.5　石榴茎窗蛾（*Herdonia osacesalis* Walker）

石榴茎窗蛾幼虫在被害枝条内越冬。翌年春天沿枝条继续向下蛀食。

其化学防治措施如下。

1）产卵盛期树上喷施 20%速灭杀丁 2000～3000 倍，或 2.5%敌杀死 3000 倍，或 80%敌百虫可湿性粉剂 1000 倍，或 50%辛硫磷 1000 倍，消灭成虫、卵及初孵幼虫。每隔 7d 左右喷一次，连续喷 3 或 4 次。

2）幼虫蛀入枝条后，查找幼虫排粪孔，对最下面的孔用注射器注入 80%敌敌畏乳油 500～800 倍液或 20%速灭杀丁 1000～1500 倍液或 2.5%敌杀死 1000～1500 倍液，消灭枝条内的初虫。

注：甲基对硫磷、乙酰甲胺磷、杀螟松等对石榴树易产生药害，忌用，否则导致大量落叶。

5.4.5.6　豹纹木蠹蛾（*Zeuzera leuconolum* Butler）

豹纹木蠹蛾幼虫在被害枝条内越冬。翌年春石榴萌芽时，再转移到新梢为害。

其化学防治措施如下。

1）幼虫孵化期喷施 40%水胺硫磷乳油 1500 倍液或 5%来福灵乳油、10%赛波凯乳油 3000～5000 倍液，能有效杀死幼虫。

2）幼虫蛀入后见有新鲜虫粪排出时，用敌敌畏乳油 10 倍液注入孔内，然后用泥将孔堵死。

5.4.5.7　石榴绒蚧（*Eriococcus legerstroemiae* Kuwana）

石榴绒蚧通常是在枝干的裂缝内越冬。翌年4月上旬开始出蛰，爬至嫩芽基部、叶腋间、叶背等处吸取汁液。

其化学防治措施如下。

1）使用蘸有内吸性杀虫药物的硬刷子在枝干上从上往下刷一遍，效果甚好。

2）加强虫情调查，越冬期喷施蚧螨灵石油乳剂150倍液，防治越冬虫体，并兼治其他越冬害虫。

3）在若虫孵化期，石榴绒蚧抗药力差，是防治的关键时期。可喷洒40%乐果或40%氧化乐果1000倍液，或2.5%溴氰菊酯2500倍液、20%菊杀乳油2500倍液，能取得良好的防治效果。

4）在若虫及成虫期，石榴绒蚧抗药性增强，一般的喷药作用不大，采用浇灌或根施内吸剂则效果明显。

5.4.5.8　绿盲蝽（*Apolygus lucorum* Meyer-Dür）

绿盲蝽以卵在杂草、树皮内越冬，翌年3～4月孵化，5月出现成虫。

其化学防治措施如下。

1）绿盲蝽白天一般在树下杂草上潜伏，凌晨和夜晚上树为害。喷药时要对树干、嫩梢、地上杂草等全面细致喷药。

2）为害期可施用40%氧化乐果或喷20%杀灭菊酯2000倍液。

5.4.5.9　棉蚜（*Aphis gossypii* Glover）

棉蚜以卵在石榴树上越冬。翌年卵孵化，在石榴上繁殖为害叶片。

其化学防治措施如下。

1）越冬卵数目多时，可喷5%机油乳剂，还可兼治蚧壳虫类。

2）石榴树展叶后，喷布40%氧化乐果1200倍液、菊酯类农药1500～2000倍液、50%抗蚜威可湿性粉剂3000倍液1或2次。

5.4.5.10　大蓑蛾（*Clania variegatea* Snellen）

大蓑蛾以老熟幼虫在虫囊内挂于枝条上越冬。翌年5～6月化蛹。

化学防治措施：在幼虫孵化期施用50%敌敌畏1000倍液或90%敌百虫1000倍液，或25%杀灭菊酯乳油2000倍液。

5.4.5.11　黄刺蛾［*Cnidocampa flavescens*（Walker）］

黄刺蛾以老熟幼虫在茧内越冬。翌年化蛹，一个月后成虫飞出。

化学防治措施：黄刺蛾幼虫对杀虫剂敏感，大部分触杀剂都可奏效。可在幼虫发生期间喷90%敌百虫、50%敌敌畏1500倍液或其他杀虫剂。

5.4.5.12　石榴巾夜蛾（*Prarlleila stuposa* Fabricius）

石榴巾夜蛾以蛹在土中越冬。第二年石榴萌芽时越冬蛹羽化为成虫,开始交尾产卵。

其化学防治措施如下。

1）用香茅油纸片于傍晚均匀悬挂在树冠上拒避成蛾。

2）在果实将要成熟前，用甜瓜切成小块，或选用较早熟的荔枝、龙眼果实（果穗），用针刺破瓜、果肉后，浸于 90%晶体敌百虫 20 倍液，或 40%辛硫磷乳油 20 倍液，或 30%苯腈磷乳油，或 40%苯溴磷等药液中，经 10min 后取出，于傍晚挂在树冠上，对健果、坏果兼食的吸果夜蛾有一定的诱杀作用。或用糖醋酒液加 90%晶体敌百虫作诱杀剂，于黄昏放在果园诱杀成蛾。

3）幼虫为害期喷施烟参碱乳剂 1000 倍液，或 90%敌百虫 1500 倍液、50%辛硫磷乳油 2000～3000 倍液或喷其他杀虫剂皆可。

5.4.5.13　枣尺蠖（*Sucya jujuba* Chu）

枣尺蠖以蛹在树干周围土壤中越冬。翌年春天羽化为成虫。

化学防治措施：幼虫发生期喷 20%速灭杀丁乳剂 1200 倍液，10%氯氰菊酯乳油 1200 倍液或 2.5%溴氰菊酯乳油 3000 倍液皆可。

5.4.6　使用农药的注意事项

使用干净的水配药，污水内杂质多，容易引起沉淀，堵塞喷头。也不能使用井水配药，井水含矿物质较多，这些矿物质与农药混合后易产生化学作用，形成沉淀，降低药效。最佳喷药时间为上午 8:00～10:00 和下午 3:00～6:00。烈日下植物代谢旺盛，容易发生药害。也不要在风雨天喷药，刮风会使药液飘散，雨天药液容易被冲刷，降低药效。根据防治对象和药剂性能选择适当的药剂，滥用农药除了会污染环境，往往还会产生药害。避免在花期喷药，果树的花期和幼果期组织幼嫩、抗性差，容易产生药害。交替使用不同农药，常用一种农药容易使害虫产生抗药性，降低防治效果。

5.5　生态控制技术

随着经济的高速发展，人们在生活消费上不断对农业生产提出新的要求。人们不但要求得到充足的食品供应，还要求得到无污染的、绿色的食品。农业不仅是提供物质产品的场所，还需要满足人们的精神消费，如园艺农业、观赏农业等。这些都对植物保护工作提出了新的要求。

我国于 1975 年确定了"预防为主，综合防治"的植保方针。综合防治是指从生物与环境的整体观点出发，本着预防为主的指导思想和安全、有效、经济、简易的原则，因地因时制宜，合理运用农业的、化学的、生物的、物理的方法，以及其他有效的生态学手段，把害虫控制在经济损失允许水平之下，以达到保护人畜健康和增加生产的目的（丁岩钦，1993）。

经济损失允许水平（economic injury level，EIL）是指造成经济损失的最低有害生物种群密度，它第一次从经济效益出发来确定有害生物的管理目标。在害虫治理过程中，不断加大防治压力使害虫种群密度逐渐降低，而防治费用逐渐升高，越是要"斩尽杀绝"就越需要提高防治强度和防治成本，而产值增长率却不断下降。当防治害虫产生的产值增长率等于防治费用增值率时，防治的纯效益最大，这个控制后的种群密度，为经济损失允许水平。

可见，综合防治的基本思想在于控制虫害，重点强调防治成本和产量损失的关系，即如何用最低的成本获得最大的收益。不但提高了农业生产的回报，还在一定程度上缓解了因为滥用化学农药带来的公害问题，在我国有害生物治理过程中发挥了巨大的作用。但其对生态系统自身调控能力强调不够，因为归根结底，综合防治还是通过杀灭一部分害虫而达到控制目标，相对重视短期控制效果，而忽视长期生态效应，缺乏系统的全局观点（盛承发等，2002）。

害虫生态控制（ecological pest management，EPM）是指对害虫种群生存的环境进行合理和最优的调控，使其种群增长速率回复到较低的半自然状态，逐步丧失对商品的危害性。Rabb 于 1984 年把控制小气候条件和水土条件，食物的质量及其空间、时间分布，食物及其品种对害虫的抗性，消除害虫中间寄主，捕食性天敌、寄生性天敌和病原微生物的保护和助长，引进天敌和发挥其作用等列为重要内容（杨郎等，2003）。我国在对东亚飞蝗的防治中，通过改造蝗虫的孳生环境，在群落水平实施对飞蝗种群的生态控制，控制了飞蝗的起飞，达到了消灭蝗灾的目的，是世界范围内害虫生态控制的典范（盛承发等，2002）。

5.5.1　害虫生态控制的主要方法

5.5.1.1　植物检疫

以天牛为主的果树蛀干害虫近几年来在东北、华北、西北地区危害猖獗，目前已在 300 多个县泛滥成灾，不少地区不得不将多年来苦心经营的果园砍掉。美国白蛾这一世界性检疫害虫自 1979 年从朝鲜传入辽宁省丹东市以来，相继扩散到河北、山东、陕西、上海、天津等 6 个地区，给我国农业造成了严重的经济损失和生态破坏，所以加强植物检疫是生态控制的重要手段之一（戈峰，2001）。

植物检疫是依据国家法规，对调出和调入的植物及其产品等进行检疫和处理，以防止人为传播的危险性病、虫、杂草传播扩散的一种带有强制性的防治措施，是防御外来有害生物入侵和传播的最重要措施。具体表现在以下 3 个方面。

1）主要是防止人为传播有害生物。人们在引种和调运植物产品的同时也使有害生物得到传播。随着现代交通运输工具的发展，植物及其产品引种和调运频繁，大大缩短了有害生物传播的时间和空间。

2）必须是国内或地区内尚未发生或分布不广的有害生物。

3）植物检疫是以强制性的法律、法规或规章约束有关人员的行为。

5.5.1.2　农业防治

集约化经营的农业生产方式极大地简化了农业生态系统中的生物多样性，为害虫提供较稳定的环境条件和丰富的食物来源，导致虫害加重；同时，由于单一的种植环境不能提供丰富的可供选择的食物及繁衍与栖息场所，致使天敌减少。因此，科学的复合种植制度是农业生产中重要的植物保护措施。

所谓复合种植模式就是采用间作、套作的方式将两种或两种以上作物同时种植。复合耕作的优点主要表现在以下几个方面：降低害虫种群数量；抑制杂草生长；充分利用土壤营养；提高单位面积的产量。在全球粮食生产中，由传统复合耕作系统提供的粮食比例占 15%～20%。在拉丁美洲，豆类作物和其他作物混合种植比例达到 70%～90%，而在玉米生产区中 60% 的玉米是与其他作物间作种植的。

复合耕作模式造就了农业系统在时间和空间上的多样性，而植被的多样性往往能降低害虫的为害。对于不同害虫的防治可以采用不同的复合耕作模式，如豆类与小麦套作削弱蚜虫的视觉搜索行为；油菜与豆类间作能增加田间捕食性天敌数量及干扰害虫产卵；木豆和鹰嘴豆间作可以推迟害虫在田间的定殖时间等。

通过种植诱集或驱避作物引诱或趋避害虫，从而保护主栽作物免受害虫为害，不但可以增加农业生态系统生物多样性和保护天敌，而且简便易行，不污染环境，对控制常发性害虫具有重要的经济学和生态学意义。多食性的植食性昆虫能够取食多种寄主植物，但其对不同植物的喜好程度不同。每种昆虫都有其最嗜食的寄主植物。长期单一、大面积种植主栽作物，为害虫提供了丰富的食物，积累了大量的虫源，往往会造成害虫暴发。实际上，主栽作物并不一定是害虫的嗜食寄主，寻找到害虫喜食的寄主植物并种植于农田或果园中，即可通过害虫的产卵和取食选择性，把害虫引诱到诱集植物上集中杀死（许向利等，2005）。例如，在棉田中带状栽培紫花苜蓿可以诱集盲蝽（席运官，1996）。种植诱集植物还能起到保护天敌的作用，如在棉田周围种植玉米、绿豆和向日葵等诱集植物，虽然对蓟马和盲蝽的诱集效果不明显，但对龟纹瓢虫和异色瓢虫有显著的保护增殖作用（雒珺瑜等，2014）。若是种植驱避植物，则可以通过产生特殊气味，对害虫具有驱避作用。例如，艾菊和假荆芥与辣椒、南瓜间作可驱避蚜虫和甲虫，使其数量大大减少；薄荷、紫苏、罗勒、香草等也能驱避某些害虫，减轻这些害虫对作物的危害。

5.5.1.3 物理机械防治

1）设置障碍。田间撒布硅藻土刺破软体动物表皮而杀死害虫，或用休眠油使虫卵停止发育。

2）应用诱虫灯。诱虫灯可以诱捕夜间飞行、有趋光性的害虫，如用黑光灯诱捕金龟子等。

3）应用粘虫板。粘虫板可粘住一些对颜色有趋性、个体小的昆虫，从而降低害虫种群密度，如黄板诱集蚜虫、蓝板诱集蓟马等。

4）原子能辐射。原子能辐射可以直接消灭某些害虫，同时也可通过释放大量经过辐射的不育雄虫干扰害虫种群的正常交配。

5.5.1.4 保护和利用天敌

天敌昆虫包括捕食性天敌和寄生性天敌，常见的捕食性昆虫有瓢虫、草蛉、步行虫、螳螂、花蝽等。常见的寄生性昆虫有寄生蜂类和寄生蝇类等。保护天敌的主要措施如下。

1）优化农田生态条件：增加作物多样性，田间地头预留植物保护带，种植适量的蜜源植物和中间寄主，创造有利于天敌生存和繁衍的良好生态环境。

2）保证天敌安全越冬：增加早春天敌数量，如束草诱集、引进室内蛰伏等。

　　3）人工助迁：如异色瓢虫在山间集中越冬，收集并放到需要的田间。

　　4）大量繁殖和释放：先在室内大量繁殖捕食性或寄生性昆虫，然后释放到田间或仓库。

　　5）合理用药，注意用药种类、浓度、用药时间、用药方法，用窄谱的选择性农药，避免农药杀死天敌昆虫。

5.5.1.5　昆虫性信息素防治

　　20 世纪 70 年代以来，利用昆虫性信息素已经成为害虫防治的重要手段之一，其中以鳞翅目昆虫性引诱剂和鞘翅目聚集激素的应用最为成功。美国目前已有 11 种昆虫性引诱剂被用来防治棉田的鳞翅目害虫和鞘翅目害虫。在我国广东省，性引诱剂被普遍应用于杨桃、番石榴等果园中防治寄生蝇。目前全世界至少有 46 种昆虫性信息素已实现商品化生产，由于昆虫性信息素防治害虫的效果好、成本低且对环境友好，因而越来越受到重视。

5.5.1.6　利用植物抗虫性

　　植物本身含有某些遗传抗性物质，如棉花中的棉酚、玉米中的丁布等。目前已从植物中提取了 100 多种对昆虫有忌避、拒食作用的抗性物质，已发展成为新一代无公害的调节型农药，用以代替传统农药。植物受到昆虫取食胁迫作用后，会产生酚、丹宁、生物碱、萜烯等次生代谢物质以防御害虫的攻击，这些次生代谢物质具有改变害虫取食选择性和抑制害虫生长发育等特点。

5.5.1.7　植物源杀虫剂

　　目前我国登记的植物源杀虫剂有烟碱、苦参碱、鱼藤酮、除虫菊酯、木烟碱、百部碱、楝素、藜芦碱等 14 种，这些杀虫剂具有速效性好、降解快且对环境无污染，可用于石榴等果树害虫的防治。

5.5.1.8　微生物源杀虫剂

　　用于防治害虫的病原微生物如真菌、细菌、病毒等及其发酵生产出来的杀虫抗生素，统称为微生物源杀虫剂。主要分为以下 3 种。

　　1）真菌杀虫剂，如白僵菌、绿僵菌。

　　2）细菌杀虫剂，如苏云金芽胞杆菌（Bt）。

　　3）病毒杀虫剂，包括核型多角体病毒、颗粒体病毒等。

　　微生物源杀虫剂通过诱发害虫发病致死，而且具有传染性。细菌和病毒主要从口器进入虫体繁殖，真菌主要穿过体壁进入虫体繁殖，消耗虫体营养，使其代谢失调，或在虫体内产生毒素毒杀害虫。微生物源杀虫剂不会使害虫产生抗性，选择性强，不伤害天敌，对人畜毒性较低，残留少，不污染环境。但其应用效果受环境影响大，药效慢，防治暴发性害虫效果差。

5.5.1.9　矿物源杀虫剂

　　矿物源杀虫剂是有效成分起源于矿物的无机化合物和石油类农药。例如，硫悬浮剂、石硫合剂等硫制剂可用来防治螨类；机油乳剂、柴油乳剂等矿物油可用来防治柑橘红蜘蛛、粉虱、蚜虫、蚧壳虫等。

5.5.1.10　害虫的信息化管理

随着现代信息技术的发展，精确农业应运而生。精确农业（precision agriculture）指的是利用全球定位系统（GPS）、地理信息系统（GIS）、连续数据采集传感器（CDS）、遥感（RS）、变率处理设备（VRT）和决策支持系统（DSS）等现代高新技术，获取农田小区作物产量和影响作物生长的环境因素（如土壤结构、地形、植物营养、含水量、病虫草害等）实际存在的空间及时间差异性信息，分析影响小区产量差异的原因，并采取技术上可行、经济上有效的调控措施，分区域对待，按需实施定位调控的"处方农业"，大大提高了农业生产水平。其中通过害虫数据库和专家系统的建立，结合应用"3S"系统，可针对害虫发生情况使用农药，从而减少农药污染和减轻劳动强度。

计算机网络技术应用于农业生产，通过计算机网络，农业生产者不出家门就可以了解病虫发生发展情况、天敌及作物的动态、气象资料等信息，从而更加有效地开展害虫管理工作（戈峰和苏建伟，2002）。

5.5.2　石榴害虫生态控制技术

5.5.2.1　建立生态石榴园

生态平衡是指自然生态系统中植物、动物、微生物等生物的数量总是处在一个相对稳定的动态平衡之中。它能使生物种群数量既不会减少到灭绝程度也不会无限制地增长（杨郎等，2003）。自然控制作用，则是指在特定的时间空间内，所有生物因子和非生物因子的复杂结合影响着种群，使种群在一定数量上维持着动态平衡，当生态平衡被破坏后，自然控制作用也被削弱。农业生态系统是人们为了实现生产目的而建立的单一种植系统，系统中基因库变小，遗传同质性增加，破坏了自然生态系统中群落的复杂结构，是一种不稳定的系统。在复杂生态系统中，除了害虫和天敌外，还有大量的中性昆虫，中性昆虫虽然不会引起产量损失，但是天敌的重要食物，对天敌作用重大。这也是天敌在主要猎物短缺时能继续生存的原因。相比单一种植系统，复合种植系统造就了农业系统在时间和空间上的多样性。复合种植系统中生物群落多样性往往较大，不但能降低害虫的为害，还可以保护天敌，包括为天敌提供庇护和越冬场所，以及生存所需的食物。

单一石榴园由于生态组分简单，生物群落结构及物种单纯，容易诱发害虫猖獗。通过建立生态石榴园，增加石榴园的生物多样性，增强石榴园自然生态调控能力。石榴可与小麦、薯类、豆科、甜瓜、药用植物等矮秆作物间作，不能间作玉米、葵花等高秆作物，使石榴园成为较为复杂的生态系统，增加了天敌数量，强化其自然控制能力。

5.5.2.2　合理施肥

科学合理地使用肥料，不仅影响植株生长发育和土壤改良，还间接地影响虫害的发生。例如，偏施氮肥，有利于石榴绒蚧、日本龟蜡蚧、棉蚜等刺吸式口器害虫和大蓑蛾、枣尺蠖、黄刺蛾等食叶类害虫发生。故石榴追肥时，以磷肥、钾肥为主，氮肥次之。桃蛀螟是石榴园的常见害虫，以老熟幼虫在树翘皮裂缝、枝杈、树洞、僵果内越冬，其成虫产卵于石榴萼筒内，幼虫孵化后蛀食果实，可以结合叶片喷肥，混合喷 2000 倍 20% 杀灭菊酯或 2500 倍 20% 灭扫利 1 或 2 次。绿盲蝽以卵在树下杂草中越冬，可在早春结合施肥，清除石榴园杂草、落叶，集中销毁或深埋，消灭越冬虫卵。

5.5.2.3 妥善处理修剪后枝叶和虫果

对于防治石榴上的蛀干类害虫，如石榴茎窗蛾、豹纹木蠹蛾都是在枝条内越冬，可以结合冬剪和夏剪，剪除虫枝，集中销毁。对于橘小实蝇、井上蛀果斑螟等蛀果类害虫，及时摘除树上虫果，清理地下落果，并及时销毁。黄刺蛾以老熟幼虫结茧越冬，其茧如雀卵，常挂于树上。蓑蛾幼虫则在虫囊内挂于枝条上越冬。冬季应结合清园修剪，摘除黄刺蛾茧和蓑蛾虫囊，可以在很大程度上消除越冬虫源，降低虫口基数。

5.5.2.4 对石榴害虫进行诱捕杀

频振式杀虫灯对桃蛀螟、黄刺蛾等鳞翅目成虫有较强的吸引作用。橘小实蝇对糖醋酒液有很强的趋性，可以设置诱捕器，诱杀成虫。蚜虫对黄色有较强趋性，可以使用黄色粘虫板诱杀蚜虫。

蝇类成虫使用舔吸式口器取食表面液体物质，可以通过树冠喷药诱杀成虫。

黄色荧光灯对吸果夜蛾有趋避作用，可用于趋避石榴巾夜蛾成虫。也可通过制作毒饵诱杀。

黄刺蛾幼虫为害具有群集性。幼虫集中为害时，巡视检查石榴园，摘下叶片消灭即可。

5.5.2.5 阻隔法

枣尺蠖雌雄异形，雌蛾无翅，羽化后爬行到树上和雄蛾交尾。可在树干上缠塑料薄膜或纸裙，阻止雌蛾上树交尾和产卵，并于每天早晨或傍晚逐树捕捉成虫。

绿盲蝽早晚上树为害，白天隐于树下草丛中，可以在树干上环涂一圈机油乳剂，阻止盲蝽上树为害。

5.5.2.6 进行日常虫情检查，做好虫情测报

做好虫情预报工作，在防治适期进行防治，往往事半功倍。例如，石榴绒蚧若虫的孵化期，抗药性较差，这时进行防治，往往能起到良好的效果。在防治桃小食心虫时，测报尤其重要。桃小食心虫以老熟幼虫在土壤中越冬，应该把幼虫消灭在上树前。可使用桃小性外激素诱杀雄成虫，同时用于测报虫情，当诱到第一头雄蛾时，即树下防治适期。

5.5.2.7 严格控制使用化学防治措施

防治时尽量使用对人体无害的微生物制剂，必要时，可以选用高效、低毒、低残留的农药。尽量做到"挑治"、"片治"，克服盲目"普治"。同时应改进使用技术和喷药方式，使农药尽量不误伤天敌。

5.6 现代生物技术与石榴害虫防治

5.6.1 概述

5.6.1.1 现代生物技术

生物技术是 21 世纪最具潜力的产业，其发展之迅速，作用之剧烈，以及对传统农业生产影响之大都是前所未有的。当今，生物技术被世界各国视为高新技术，它对于提高国力，帮助解决人类所面临的食品短缺、健康、环境及经济问题至关重要，所以许多国家将生物技术确定为增强国力和经济实力的关键技术之一。近 20 年现代生物技术的发展取得了世人瞩目的成就，在农业生产领域展示了广阔的发展前景。

现代生物技术以 20 世纪 70 年代 DNA 重组技术的建立为分子生物研究的新纪元。1961 年破译了遗传密码,揭开了 DNA 编码的遗传信息是如何传递蛋白质这一秘密。1972 年实现了 DNA 体外重组技术，标志着生物技术的核心技术——基因工程技术的开始，它向人们提供了一种全新的技术手段，使人们可以按意愿在试管内切割 DNA，分离基因并进行重组后导入其他生物或细胞，以改造农作物或畜牧品种，也可以导入细菌，由细菌生产大量有用的蛋白质或作为药物、疫苗；也可以直接导入人体内进行基因治疗。显然，这是一项技术上的革命。以基因工程为核心带动了现代发酵工程、现代酶工程、现代细胞工程及现代蛋白质工程的发展，形成了具有划时代意义和战略价值的现代生物技术。

现代生物技术是利用生物有机体或其组成部分（包括器官、组织、细胞或细胞器等），借助于工程原理，提供商品和社会服务的综合科学技术。它是 20 世纪 70 年代初在重组 DNA 技术、细胞培养技术及生物反应技术等深入发展的基础上产生的一门新兴学科。现代生物技术，经过 20 多年的发展，其应用范围迅速遍及医药卫生、农林牧渔、环境保护等各个领域。现代生物技术为人类解决当前世界所面临的健康、食物、能源、资源和环境等诸多重大问题提供了有利手段。

5.6.1.2 现代生物技术在农业的发展概况

（1）世界农业生物技术的发展概况

21 世纪的农业生物技术的发展前景将非常广阔，被各国政府看好。据国际农业生物技术应用机构（ISAAA）的统计和预测，在全球范围内，1998 年转基因农作物的销售额为 12 亿～15 亿美元，2000 年达到 30 亿美元，2005 年达到 80 亿美元，2010 年达到 280 亿美元。从目前的研究进展和发展趋势来看，21 世纪的农业生物技术的研究将以解决农业难题和食物生产问题为主要目标。各国普遍重视生物技术的基础研究，在基因图谱研究、植物转基因技术、转基因动物生产药物（生物反应器）、转基因动物育种新技术等研究领域取得较大进展，而植物组织培养、生物防治应用进入实用阶段，世界农业生物技术的产业化水平不断提高，将进入一个快速发展的新时期。

（2）我国农业生物技术的发展概况

我国农业生物技术起步晚，与发达国家有一定差距，但发展顺利，进步较快，在国家政策的扶植下，尤其是在国家 863 计划、973 计划和"国家转基因植物研究与产业化专项"的直接支持下，已取得了很大的成绩。目前，我国农业生物技术的整体水平在发展中国家处于领先地位，一些领域已经进入国际先进行列。我国是世界上继美国之后，第二个拥有自主研制抗虫棉技术的国家，我国转基因水稻的研制处于世界先进水平。我国在组织培养的应用与开发方面一直处于国际领先地位，植物基因组研究、转基因植物研究在单克隆抗体研制、动物生物反应器等方面取得重大突破，而动物移植技术已在生产上推广应用。

现代生物技术在种植业中的应用。目前世界上正面临着人口剧增和食品短缺的严重危机，农业生产已成为国民经济建设中非常突出的问题，现代生物技术越来越多地被运用于农业中，它可以解决当前世界所面临的粮食、人口、污染等重大问题，发展以新兴现代生物技术为基础的农业是一条必由之路。

5.6.2 现代生物技术在农业中的应用前景

国内外科学家纷纷预言，21 世纪将是生物学的世纪，农业的发展以生物技术为主角，并且也将是应用生物技术的鼎盛时期。为了鼓励和推动生物技术的发展，许多国家制订和采取了一些新的有力政策及措施，推动生物技术的蓬勃发展。目前，现代生物技术已渗透到植物生产的各个领域，无论是在光合作用机理研究、生物固氮，还是基因组学、植物生物反应器方面，都有广阔的发展前景，可望出现高产优质，集高光效、抗病、抗虫和抗逆等特性于一身的作物新品种，创造重大的经济价值；从经济生产、人类疾病防治来看，科学家已从单个基因测序转到有计划大规模地测绘人类、水稻等重要生物体的基因图谱，随着水稻等重要农作物基因组计划的成功实施及基因工程技术的深入，将引发新的农业技术革命，美国提出了"向生物技术要产量"的口号，而人类基因组计划的完成将极大地推动医学领域的研究活动，许多危害人体健康的疾病，如心血管病、癌症、艾滋病和糖尿病等，将会得到有效的预防、治疗和控制。生物技术产业是近十几年兴起的产业，虽然不少生物技术产品尚处于研究试验阶段，商品化发展充满风险和曲折，但是产业化趋势不可逆转。估计到 2010～2020 年，生物技术产业将逐步成为世界经济体系的支柱产业之一。21 世纪的农业是现代化的农业，其发展前景是非常美好和鼓舞人心的，要注重现代生物技术的研制和开发，加大投入，广泛开展国际合作，充分利用我国的资源优势，在加强基础研究的同时，使一批已成熟的技术由实验室走向农村，加大推广力度，使现代生物技术在我国农业的发展中大显身手。

5.6.3 现代生物技术在种植业中的应用

5.6.3.1 杂交育种

杂交种要得到大面积推广就必须解决制种的难题，雄性不育的植株在杂交育种上有着十分重要的位置，人们从花药和花粉形成的过程中，分离到特定的基因启动子与核糖核酸酶基因连接，导入油菜等植物中，发现转基因的油菜中花粉形成不正常，出现败育，成为不育系。同样的道理，目前人们还将其他一些毒性基因导入植物中，使其在花药或花粉发育过程中表达，从而获得不育株，这样就为农作物杂交育种提供了新的途径。

5.6.3.2 植物抗逆性

据不完全统计，全世界农作物每年因病虫害造成的损失约占其总产量的37%，其中13%是由虫害引起的。我国因虫害每年造成大田作物减产，水稻达10%，小麦近20%，棉花则达30%以上。目前，对农作物病虫害的防治主要依赖化学药物，但化学药物具有成本高、污染环境、易残留、会毒害有益的昆虫及害虫的天敌等弊端。基因工程的发展为培育抗病虫的作物提供了新的手段。

（1）抗病

长期以来，植物病害的防治主要靠抗病育种和合理栽培管理。基因工程则是在单个目的基因上进行，具有快速性和定向性。目前主要采用的方法是将病毒的外壳蛋白（capsid protein，CP）基因导入植物，使番茄、黄瓜、南瓜、甜椒等植物具有抗病性。

（2）抗除草剂

通过化学方法来控制杂草已成为现代化农业不可缺少的一部分，但是其在除草的同时也伤害了作物，这就限制了这些除草剂的应用。而基因工程的除草剂主要有两种策略：一是修饰除草剂作用的靶蛋白，使其对除草剂不敏感或者促其过量表达以使植物吸收除草剂后仍然可以进行正常代谢。二是引入酶或酶系统使其在除草剂发生作用前将其降解或解毒。这两种策略目前都已成功应用。我国已经获得的抗除草剂转基因作物有抗 Bsata 水稻、抗 2, 4-D 棉花、抗阿特拉津大豆等。

（3）生物固氮

农业生产中常需要施用大量的化学氮肥来调节土壤和作物间的氮素供需矛盾，化学氮肥的大量生产需要消耗大量能源，同时会造成严重的环境污染。而生物固氮不仅节约能源并且不会对环境造成严重的污染。但迄今为止所发现的固氮微生物均不可以在粮食作物水稻、小麦、玉米，以及多种果树、蔬菜上固氮，即使少数可以，其固氮量也很少，所以这些农作物的高产不得不依赖于化学氮肥。多年来，科学研究人员一直致力于生物固氮的研究，近10年来，固氮基因工程得到了飞速发展，基因组学和功能基因组学的建立赋予了生物固氮研究新的内涵和研究策略，为实现固氮研究的目标增添了新的动力。

（4）生物农药

20世纪90年代以来，生物农药开发利用极为迅速。尽管长期以来化学农药在农药产业中仍然占据重要地位，但由于人们对绿色食品的日益青睐，以及生物农药本身具有的对人畜毒性小、只杀害虫、与环境相容性好，以及病虫害相对不易产生抗性等优点，生物农药正日益成为农药产业发展的新趋势。近年来，生物农药在它的主要研究领域微生物农药、生物化学农药、转基因农药及天敌生物农药等方面都有不同程度的进展，其中微生物杀虫剂的商业性生产研究最为活跃。用于防治作物害虫的主要微生物制剂包括细菌制剂、真菌制剂及病毒制剂等。苏云金芽胞杆菌是当前国内外研究最多、应用最广泛的杀虫细菌，在防治如玉米螟、水稻螟虫、棉铃虫等方面有了突破性进展。同时这些除草剂也显著地伤害了作物，这就限制了它们的应用。而基因工程的除草剂主要有两种策略：一是修饰除草剂作用的靶蛋白，使其对除草剂不敏感，或促其过量表达以使植物吸收除草剂后仍能进行正常代谢；二是引入酶或酶系统，在除草剂发生作用前将其降解或解毒。这两种策略都已成功地应用。

5.6.4 现代生物技术在农业中应用的风险及忧患

5.6.4.1 转基因食品对健康的影响

抗生素基因可以整合到人或动物体内产生抗性，有人担心转基因食品会使人和动物免疫系统受到损伤，引起发育不良；也有一些人在心理上对违背自然规律生产的转基因食品不能接受，甚至一些著名的食品公司也开始抵制转基因食品。尽管争论还在继续，但如果没有足够的证据和有效的安全措施确保这些产品的安全性，将势必阻碍农牧业的改革和发展进程。

5.6.4.2 转基因植物对生物多样性的影响

现代农业生产的高度集约化，已使这个世界的生物多样性不断降低，人们担心转基因作物的高额利润会促使种植者放弃那些经济价值较低但对农业生态系统具有特别重要意义的其他作物。

5.6.4.3 基因污染

生物之间的基因流在自然界是普遍存在的，人们担心转基因生物的逃逸会造成基因污染。当抗除草剂基因转移到近源野生种中产生"超级杂草"时，增加了杂草杀灭难度；经基因改造的蛙鱼逃避到大洋中，与数量锐减的野生蛙鱼交配，产生变种蛙鱼等。这些问题不仅会伤害本已脆弱的自然生态系统，而且给农牧业可持续发展带来负面影响。

5.6.4.4 对人类社会建设产生负面影响

从经济角度上讲，生物技术带来的不利并不明显，然而，它会使发达国家与发展中国家贫富差距进一步扩大。因为，生物技术公司主要集中在发达国家，发达国家可以通过输出生物技术产品而获得利润。与此同时，发展中国家的技术及其产品还远没有被广泛接受。

5.6.5 石榴主要病虫害的综合防治

石榴（*Punica granatum* L.）原产于伊朗、阿富汗和印度西北部地区。自公元前119年张骞从西域引入，至今在我国已有2000年的栽培历史。目前，云南蒙自和巧家、陕西临潼、新疆叶城、山东枣庄、安徽怀远等地已建立了有一定规模的石榴商品生产基地。

据国内外报道，为害石榴的病害20余种，害虫近40种。随着我国石榴种植面积的不断扩大，石榴病虫害的发生和为害也越来越严重。病虫害防治与石榴生产关系最为密切，其中化学农药的使用是其中的关键因素之一，药剂种类的选择、使用的浓度、方法和时期，都直接决定了生产的果品是否能够达到商品要求。因此，应该按照病虫害发生规律，以农业防治和物理防治为基础，以生物防治为核心，同时最大限度地合理使用农药，从而有效地控制病虫危害，降低果品的农药和其他有害物质残留，为石榴生产创造条件。病虫害综合防治的基本原则是综合利用生物的、物理的防治措施，创造不利于病虫类发生而有利于各类自然天敌繁衍的生态环境,通过生态技术控制病虫害的发生。在石榴生产中,选择合适的可抑制病虫害发生的耕作栽培技术,采取平衡施肥、深翻晒土、清洁果园等一系列措施控制病虫害的发生。尽量利用灯光、色彩、性诱剂等诱杀害虫,采用机械和人工除草,以及热消毒、隔离、色素引诱等物理措施防治病虫害。病虫害一旦发生,需采用化学方法进行防治时,严禁使用国家明令禁止使用的农药,并尽量选择低毒低残留、植物源农药。

生物防治是进行石榴生产、有效防治病虫害的重要措施。在果园自然环境中有400多种有益天敌昆虫资源和能促使石榴害虫致病的病毒、真菌、细菌等微生物。保护和利用这些有益生物,是开展石榴病虫害治理的重要手段。生物防治的特点是不污染环境,对人畜安全无害,无农药残留问题,应用前景广阔。各果园可以因地制宜,选择适合自己的生物防治方法,并与其他防治方法相结合,采取综合治理的原则防治病虫害。

5.6.6 石榴主要害虫的防治

5.6.6.1 利用天敌昆虫防治虫害

我国常见的天敌昆虫有如下几种。

(1) 瓢虫

鞘翅目瓢虫科昆虫。常见的有七星瓢虫、小红瓢虫和异色瓢虫。均捕食蚜虫和蚧壳虫,其食量很大,如异色瓢虫的1龄幼虫每天捕食桃蚜数量为10~30头,4龄幼虫为每天100~200头,成虫食量更大。而深点食螨瓢虫能捕食果树、蔬菜、花卉及林木等多种螨类的成虫、若虫和卵。它的成虫和幼虫发生时期长,世代重叠,食量大,对果树上的螨类有较好的控制作用。

(2) 草蛉(草青蛉)

草蛉分布广,种类多,食性杂。我国常见的有10余种,其中主要是中华草蛉、大草蛉、丽草蛉等。草蛉的捕食范围包括蚜虫、叶蝉、蚧壳虫、蓟马、蛾类和叶甲类的卵、幼虫及螨类。中华草蛉一年发生6代左右,在整个幼虫期的捕食量为:棉蚜500多头,棉铃虫卵300多粒,棉铃虫幼虫500多头,棉红蜘蛛1000多头,斜纹夜蛾1龄幼虫500多头,还有其他害虫的幼虫,由此可见中华草蛉控制害虫的重要作用。

(3) 蜘蛛

蜘蛛种类多,种群的数量大。寿命较长,小型蜘蛛半年以上,大型蜘蛛可达多年。蜘蛛抗逆性强,耐高温、低温和饥饿,为肉食性动物,专食活体。蜘蛛分结网和不结网2类,前者在地面土壤间隙做穴结网,捕食地面害虫;后者在地面游猎捕食地面和地下害虫,也可从树上、植株、水面或墙壁等处猎食。蜘蛛捕食的害虫种类很多,是许多害虫如蚜虫、花弄蝶、毛虫类、椿象、大青叶蝉、飞虱、斜纹夜蛾等的重要天敌。

(4) 食蚜蝇

食蚜蝇主要捕食果树蚜虫,也能捕食叶蝉、蚧壳虫、蛾蝶类害虫的卵和初龄幼虫。

其成虫颇似蜜蜂，喜取食花粉和花蜜。黑带食蚜蝇是果园中较常见的一种，一年发生4～5代，幼虫孵化后即可捕食蚜虫，每头幼虫每天可捕食蚜虫120头左右，整个幼虫期可捕食840～1500头蚜虫。

（5）捕食螨

捕食螨又称为肉食螨，是以捕食害螨为主的有益螨类。我国有利用价值的捕食螨种类有东方钝绥螨、拟长毛钝绥螨、植绥螨等。在捕食螨中以植绥螨最为理想，它捕食凶猛，具有发育周期短、捕食范围广、捕食量大等特点，1头雌螨能消灭5头害螨在半个月内繁殖的群体，同时还捕食一些蚜虫、蚧壳虫等小型害虫。

（6）食虫椿象

食虫椿象是指专门吸食害虫的卵汁或幼（若）虫体液的椿象，为益虫。它与有害椿象有区别：有害椿象有臭味，而食虫椿象大多无臭味。食虫椿象是果园害虫天敌的一大类群，主要捕食蚜虫、叶螨、蚧类、叶蝉、椿象，以及鳞翅目害虫的卵及低龄幼虫等，如桃小食心虫的卵。

（7）螳螂

螳螂是多种害虫的天敌，食性很杂，可捕食蚜虫类、桃小食心虫、蛾蝶类、甲虫类、椿象类等60多种害虫，自春至秋田间均有发生。1只螳螂一生可捕食害虫2000头。

5.6.6.2 利用食虫鸟类防治虫害

我国以昆虫为主要食料的鸟约有600种，如大山雀、大杜鹃、大斑啄木鸟、灰喜鹊、家燕、黄鹂等主要或全部以昆虫为食物。捕食害虫的种类很多，主要有叶蝉、叶蜂、蛾类幼虫等，果园内害虫都可能被取食，对控制害虫种群作用很大。

（1）大山雀

大山雀在山区、平原均有分布，它可捕食果园内多种害虫，如桃小食心虫、天牛幼虫、天幕毛虫幼虫、叶蝉及蚜虫等。1头大山雀1d捕食害虫的数量相当于自身体重，在大山雀的食物中，农林害虫数量约占80%。

（2）大杜鹃

大杜鹃在我国分布很广，以取食大型害虫为主，特别喜食一般鸟类不敢啄食的毛虫，如刺蛾等害虫的幼虫，1头成年大杜鹃1d可捕食300多头大型害虫。

（3）大斑啄木鸟

大斑啄木鸟主要捕食鞘翅目害虫、椿象、茎窗蛾蛀干幼虫等。大斑啄木鸟食量很大，每天可取食1000～1400头害虫幼虫。

（4）灰喜鹊

灰喜鹊可捕食金龟子、刺蛾、蓑蛾等30余种害虫，1只灰喜鹊全年可吃掉1.5万头害虫。

5.6.6.3 利用寄生性昆虫类防治虫害

（1）赤眼蜂

一种寄生在害虫卵内的寄生蜂，体型很小，眼睛鲜红色，故名赤眼蜂。它能寄生400余种昆虫卵，尤其喜欢寄生鳞翅目昆虫卵，如果树上的梨小食心虫、刺蛾等是果园害虫的一种重要天敌。赤眼蜂的种类很多，果树上常见的有松毛虫赤眼蜂等。在自然条件下，华北地区一年可发生10～14代，每头雌蜂可繁殖子代40～176头。利用松毛虫赤眼蜂防治果园。梨小食心虫，每亩放蜂量8万～10万头，梨小食心虫卵寄生率为90%，虫害明显降低，其效果明显好于化学防治。

（2）蚜茧蜂

一种寄生在蚜虫体内的重要天敌。蚜茧蜂在4～10月均有成虫发生，但以6～9月寄生率较高，有时寄生率高达80%～90%，对蚜虫种群有重要的抑制作用。

（3）甲腹茧蜂

寄主为桃小食心虫，寄生率一般可达25%，最高可达50%。

（4）跳小蜂和姬小蜂

旋纹潜叶蛾的主要天敌，均在寄主蛹内越冬。寄生率可达40%以上。

（5）寄生蝇

果园害虫幼虫和蛹期的主要天敌，如卷叶蛾赛寄蝇寄主为梨小食心虫。

（6）姬蜂和茧蜂

可寄生多种害虫的幼虫和蛹。石榴树上主要有桃小食心虫自茧蜂和花斑马尾姬蜂。

5.7 石榴害虫综合防治技术体系的构建

5.7.1 石榴害虫种类

国内外报道的石榴害虫有40余种（表5-2），我国报道的害虫有10余种，包括桃蛀螟、桃小食心虫、棉铃虫、蚜虫、蚧壳虫、蟥象等，石榴茎窗蛾在华中、华东一带发生普遍，但在西北、西南产区尚未发现。

5.7.2 石榴害虫综合防治技术

5.7.2.1 农业防治

（1）加强植物检疫

从外地引进或调出的苗木、种子、接穗等，都应进行严格检疫，防止危险性病虫害的扩散。

表 5-2　石榴害虫种类、分类地位及为害部位

序号	害虫名称	学名	分类地位	危害部位
1	桃蛀螟（桃蠹螟、豹纹蛾）	*Conogethes punctiferalis*（Guenée）	鳞翅目螟蛾科	果实
2	桃小食心虫	*Carposina niponensis* Walsingham	鳞翅目果蛀蛾科	果实
3	棉铃虫	*Helicoverpa armigera* Hubner	鳞翅目夜蛾科	腋芽、嫩叶、花蕾、幼果
4	石榴茎窗蛾	*Herdonia osacesalis* Walker	鳞翅目网蛾科	枝干
5	豹纹木蠹蛾（棉茎木蠹蛾）	*Zeazera coffeae* Nietner	鳞翅目木蠹蛾科	枝干
6	黄刺蛾	*Cnidocampa flavescens*（Walker）	鳞翅目刺蛾科	叶片和嫩枝芽
7	石榴巾夜蛾	*Paralleila stuposa* Fabricius	鳞翅目夜蛾科	叶片和嫩枝芽
8	大蓑蛾	*Clania variegata* Snellen	鳞翅目蓑蛾科	叶片和嫩枝芽
9	栎黄枯叶蛾	*Trabala vishnou* Lefevere	鳞翅目枯叶蛾科	叶片
10	飞扬阿夜蛾	*Achaea janata* Linnaeus	鳞翅目夜蛾科	果实
11	通草落叶夜蛾	*Othreis fullonica* Linn.	鳞翅目夜蛾科	果实
12	标枪冲夜蛾	*Othreis materna* Linn.	鳞翅目夜蛾科	果实
13	玳灰蝶	*Deudorix epijarbas* Moore	鳞翅目灰蝶科	果实
14	石榴果籽灰蝶	*Virachola isocrates* Fabricius	鳞翅目灰蝶科	果实
15	石榴蚜	*Aphis punicae* Passerini	同翅目蚜科	幼叶、嫩茎、花蕾、花及幼果
16	棉蚜	*Aphis gossypii* Glover	同翅目蚜科	幼叶、嫩茎、花蕾、花及幼果
17	榴绒粉蚧（紫薇绒蚧、石榴毡蚧、石榴绒蚧）	*Eriococcus lagerostroemiae* Kuwana	同翅目粉蚧科	枝条、叶、果实
18	日本龟蜡蚧	*Ceroplastes japonicus* Green	同翅目蜡蚧科	枝条、叶、果实
19	草履蚧	*Drosicha corpulenta*（Kuwana）	同翅目绵蚧科	枝条、叶、果实
20	蛎盾蚧	*Lepidosaphes ulmi* Koroneos	同翅目盾蚧科	枝条、叶、果实
21	橡副珠蜡蚧	*Parasaissetia nigra* Nietner	同翅目蜡蚧科	枝条、叶、果实
22	粉蚧	*Ferrisia consobrina* Williams	同翅目粉蚧科	枝条、叶、果实
23	橘鳞粉蚧	*Nipaecoccus viridis* Newstead	同翅目粉蚧科	枝条、叶、果实
24	粉虱	*Siphoninus phillyreae* Haliday	同翅目粉虱科	枝条、叶、果实
25	麻皮蝽	*Erthesina fullo* Thunberg	半翅目蝽科	嫩梢、茎、叶、花（蕾）、果实
26	茶翅蝽	*Halyomopha picus* Fabricius	半翅目蝽科	果实、枝梢
27	西部喙缘蝽	*Leptoglossus zonatus* Dallas	半翅目缘蝽科	果实
28	茶材小蠹	*Xyleborus fornicatus* Eichh	鞘翅目小蠹科	茎秆
29	玛绢金龟	*Maladera matrida* Argaman	鞘翅目金龟科	根系
30	寡鬃实蝇	*Dacus* sp.	双翅目实蝇科	果实
31	简管蓟马	*Haplothrips chinensis* Priesner	缨翅目管蓟马科	叶、嫩茎、花（蕾）及幼果
32	石榴小爪螨	*Oligonychus punicae* Hirst	叶螨科	采后果实

（2）及时清理果园

石榴园中多数病虫潜藏在病枝或残留在园中的病叶、病果上越冬、越夏，及时清理果园，可以破坏病虫越冬的潜藏场所和条件，有效地减少病害侵染源，降低害虫发生基数，可以很好地预防病害的流行和虫害的发生。

（3）改善果园条件

果园在密闭条件下病虫害发生严重，过于茂盛的枝叶常成为小型昆虫繁衍的有

利场所。合理整形修剪，使树体树枝组分布均匀，改善了树冠内的通风透光条件，可以有效地控制病虫害的发生。

（4）人工捕虫

许多害虫有群集和假死的习性，如多种金龟子有假死性和群集为害的特点，可以利用害虫的这些习性进行人工捕捉。又如，黑蝉若虫可食，在若虫出土季节，可以发动群众捕而食之。

（5）诱集害虫

利用桃蛀螟、桃小食心虫对玉米、高粱趋性更强的特性，在园内种植玉米、高粱等，诱其集中危害而消灭。

（6）利用家禽

园内放养鸡、鸭等家禽，啄食害虫，减轻危害。

（7）科学管理

加强肥水管理对提高树体抵抗病虫害能力有明显的效果，特别是对具有潜伏侵染特点的病害和具有刺吸口器害虫的抵抗作用尤其明显。施肥种类及用量与病虫害发生有密切关系，应当注意勿施用过量氮肥，避免引起枝叶徒长、树冠内郁闭而易诱发病虫。厩肥堆积过多，常成为蝇、蚊、金龟子幼虫等土栖昆虫的栖息繁殖场所。因此，提倡配方施肥、平衡施肥，多施有机肥、增施磷钾肥，以提高植株抗病性，增强土壤通透性，改善土壤微生物群落，提高有益微生物的生存数量，并保证根系发育健壮。此外，减少氮肥，增施磷钾肥，能增强树体对病害侵染的抵抗力。

果园湿度过大，易导致真菌类病害疫情的发生，湿度越大病害越重。而果树生长中、后期灌水过多，易使果树贪青徒长，枝条发育不充实，冬季抵抗冻害的能力差。因此，果园浇水应尽量避免大水漫灌，以免造成园内湿度过大，诱发病害发生，宜尽量采用滴灌等节水措施。利用滴灌技术、覆盖地膜技术可以有效地控制空气湿度，防止病害的发生。遇大雨后应及时排水，避免影响石榴生长和降低石榴抵抗病虫害的能力。

危害石榴的多种害虫的卵、蛹、幼虫、成虫及多种病菌孢子隐居在树体的粗翘皮裂缝里休眠越冬，而病虫越冬基数与来年危害程度密切相关，应刮除枝、干上的粗皮、翘皮和病疤，铲除腐烂病、干腐病等枝干病害的菌源，同时还可以促进老树更新生长。刮皮一般以入冬时节或第 2 年早春 2 月间进行，不宜过早或过晚，以防止树体遭受冻害及失去除虫治病的作用。幼龄树要轻刮，老龄树可重刮。操作动作要轻，防止刮伤嫩皮及木质部，影响树势。一般以彻底刮去粗皮、翘皮，不伤及白颜色的活皮为限。刮皮后，将皮层集中烧毁或深埋，然后用石灰涂白剂，在主干和大枝伤口处进行涂白。一般既可以杀死潜藏在树皮下的病虫，又可以保护树体不受冻害。石灰涂白剂的配制材料和比例为：生石灰 10kg，食盐 150～200g，面粉 400～500g，加清水 40～50kg，充分溶化搅拌后刷在树干伤口，不流淌、不起疙瘩即可。由虫伤或机械伤引起的伤口，是最容易感染病菌和害虫喜欢栖息的地方，应将腐皮朽木刮除，用小刀削平伤口后，涂上波美度 5° 的石硫合剂或波尔多液消毒，促进伤口早日愈合。

刨树盘是石榴树管理的一项常用措施，该措施既可起到疏松土壤、促进石榴树根系生长的作用，又可将地表的枯枝落叶翻于地下，把土中越冬的害虫翻于地表。树干绑缚草绳，诱杀多种害虫。不少害虫喜在主干翘皮、草丛、落叶中越冬，利用这一习性，于果实采收后在主干分枝以下绑缚 3～5 圈松散的草绳，诱集消灭害虫。草绳可用稻草或谷草、棉秆皮拧成，但必须松散，以利于害虫潜入。

5.7.2.2　物理机械防治

（1）黑光灯诱杀

常用 20W 或 40W 黑光灯管做光源，在灯管下接一个水盆或一个大广口瓶，瓶中放些毒药，以杀死掉进的害虫。此法可诱杀许多晚间出来活动的害虫，如桃蛀螟、黄刺蛾、茎窗蛾等。

（2）糖醋酒液诱杀

许多成虫对糖醋酒液有趋性，因此，可利用该习性进行诱杀。方法是在害虫发生的季节，将糖醋酒液盛在水碗或水罐内制成诱捕器，将其挂在树上，每天或隔天清除死虫。糖醋酒液由酒、水、糖、醋按 1∶2∶3∶4 的比例制成，放入盆中，盆中放几滴毒药，并不断补足糖醋酒液。

（3）性外激素诱杀

昆虫性外激素是由雌成虫分泌的用以招引雄成虫来交配的一类化学物质。通过人工模拟其化学结构合成的昆虫性外激素已经进入商品化生产阶段。性外激素已明确的果树害虫种类有 30 多种。目前国内外应用的性外激素捕获器有五大类型（黏着型、捕获型、杀虫剂型、电击型和水盘型）20 多种。

我国在果树害虫防治上已经应用的有桃蛀螟、桃小食心虫、桃潜蛾、梨小食心虫、苹果小卷叶蛾、苹果褐卷叶蛾、梨大食心虫、金纹细蛾等昆虫的性外激素。捕获器的选择要根据害虫种类、虫体大小、气象因素等，确定捕获器放置的地点、高度和用量。

利用性外激素诱杀的方法：在果园放置一定数量的性外激素诱捕器，能够大量诱捕到雄成虫，雌雄成虫的比例失调，减少了自然界雌雄虫交配的机会，从而达到治虫的目的。

干扰交配（成虫迷向）：在果园内悬挂一定数量的害虫性外激素诱捕器诱芯，作为性外激素散发器。这种散发器不断地将昆虫的性外激素释放到田间，使雄成虫寻找雌成虫的联络信息发生混乱，从而失去交配的机会。在果园的试验结果表明，在每亩内栽植110 棵石榴树的情况下，每棵树上挂 3～5 个桃小食心虫性外激素诱芯，能起到干扰成虫交配的作用。打破害虫的生殖规律，使大量的雌成虫不能产下受精卵，从而极大地降低幼虫数量。

（4）水喷法防治

在石榴树休眠期（11 月中下旬）用压力喷水泵喷枝干，喷到流水程度，可以消灭在枝干上越冬的蚧壳虫。

（5）果实套袋

果实套袋栽培是近几年我国推广的优质果品技术。果实套袋后，除了能增加果实着色、提高果面光洁度、减少裂果以外，还能防止病菌和害虫直接侵染果实，减少农药在果品中的残留。

5.7.2.3 生物防治

运用有益生物防治果树病虫害的方法称为生物防治法。生物防治是进行无公害石榴生产有效防治病虫害的重要措施。在果园自然环境中有 400 多种有益天敌昆虫资源和能促使石榴害虫致病的病毒、真菌、细菌等微生物。保护和利用这些有益生物，是开展石榴病虫无公害治理的重要手段。生物防治的特点是不污染环境，对人畜安全无害，无农药残留问题，符合果品无公害生产的目标，应用前景广阔。但该技术难度比较大，研究和开发水平比较低，目前应用于防治实践的有效方法还较少。各果园可以因地制宜，选择适合自己的生物防治方法，并与其他防治方法相结合，采取综合治理的原则防治病虫害。

（1）利用天敌昆虫防治虫害

害虫天敌分为寄生性天敌和捕食性天敌两大类。寄生性天敌昆虫是将卵产在害虫寄主的体内或体表，其幼虫在寄主体内取食并发育，从而引起害虫的死亡。例如，寄生桑树桑螟的中国齿腿姬蜂、卷叶蛾瘤姬、卷叶蛾绒茧蜂；寄生梨小食心虫的梨小蛾姬蜂、梨小食心虫聚瘤姬蜂；寄生潜叶蛾、刺蛾的刺蛾紫姬蜂、刺蛾白跗姬蜂、潜叶蛾姬小蜂等寄生蜂类。寄生鳞翅目害虫幼虫和蛹的寄生蝇类，如寄生梨小食心虫的稻苞虫赛寄蝇、日本追寄蝇；寄生天幕毛虫的天幕毛虫追寄蝇、普通怯寄蝇等。

捕食性天敌昆虫靠直接取食猎物或刺吸猎物体液来杀死害虫，致死速度比寄生性天敌快得多，如捕食叶螨类的深点食螨瓢虫（北方）、腹管食螨瓢虫（南方）、大草蛉、中华通草蛉、食蚜瘿蚊等；捕食蚧壳虫的黑缘红瓢虫、红点唇瓢虫等。此外，还有螳螂、食蚜蝇、食虫椿象、胡蜂、蜘蛛等多种捕食性天敌，抑制害虫的作用非常明显。

（2）利用食虫鸟类防治虫害

鸟类在农林生物多样性中占有重要地位，它与害虫形成相互制约的密切关系，是害虫天敌的重要类群。

保护鸟类的措施有：①禁止破坏鸟巢、杀死鸟卵和幼雏；②禁止人为捕猎、毒害鸟类，可以人工为鸟类设置木板箱等居住场所招引鸟类；③避免频繁使用广谱性杀虫剂，以免误伤鸟类；④人工饲养和驯化当地鸟类，必要时可操纵其治虫。

（3）利用寄生性昆虫类防治虫害

寄生性昆虫又称为天敌昆虫，数量最多的是寄生蜂和寄生蝇。其特点是以雌成虫产卵于寄主（昆虫或害虫）体内或体外，以幼虫取食寄主的体液摄取营养，直到将寄主体液吸干死亡。而它的成虫则以花粉、花蜜等为食或不取食。除了成虫以外，其他虫态均不能离开寄主而独立生活。

（4）利用病原微生物防治病虫害

在自然界中，有一些病原微生物，如细菌、真菌、病毒、线虫等，在条件合适时能引发流行病，致使害虫大量死亡。利用病原微生物防治虫害主要有细菌、真菌、病毒三大类制剂。目前比较实用的制剂是可防治刺蛾类低龄幼虫的苏云金芽孢杆菌和防治卷叶蛾、食心虫、刺蛾、天牛的白僵菌等。

目前国内应用病原微生物防治病虫害的制剂主要有以下几种。

1）苏云金芽孢杆菌。它是目前世界上产量最大的微生物杀虫剂，又称为 Bt，已有100 多种商品制剂。防治的害虫主要是刺蛾、卷叶蛾等鳞翅目害虫。

2）白僵菌制剂。白僵菌是虫生真菌，对桃小食心虫的自然寄生率可达 20%～60%。据调查，用白僵菌高效菌株 B-66 处理地面，可使桃小食心虫出土幼虫大量感病死亡，幼虫僵死率达 85.6%，同时还可显著降低蛾、卵数量。

3）病原线虫。其特点是能离体大量繁殖。在有水膜的环境中能蠕动寻找寄主，能在 1～2d 致死寄主。已成功防治的害虫有桃红颈天牛、桃小食心虫等，对鳞翅目幼虫尤为有效。

（5）利用昆虫激素防治害虫

利用昆虫激素防治害虫主要采取预防策略，在害虫发生早期使用。对害虫相对简单的关键害虫，以及对世代较长、单食性、迁移性小、有抗药性、蛀茎蛀果害虫更为有效。利用性外激素的诱虫量指导害虫防治，提高防治质量。昆虫激素主要有保幼激素、蜕皮激素、性信息激素三大类，前两者属于内激素，后者属于外激素，保幼激素的杀虫机制是通过阻止幼虫的正常转变形态，如使幼虫期延长或不能变为蛹，或者导致害虫的不育和杀卵消灭害虫。蜕皮激素是调节昆虫的蜕皮和变态机制，使之不能完成幼虫到成虫的老化过程，生长发育异常而死亡。利用性外激素不仅可以诱杀成虫、干扰交尾，还可以根据诱虫时间和诱虫量指导害虫防治，提高防治质量。例如，用桃小性信息素橡胶芯载体，制成水碗式诱捕器悬挂在石榴园内，诱杀雄蛾，一个诱捕器一晚诱捕雄蛾量可达 100 头以上。

（6）化学防治

使用化学药剂防治病虫害具有作用迅速、见效快、方法简便的特点，在现阶段果品生产中仍然具有不可替代的作用。然而化学药剂的长期使用，存在着引起害虫抗性、污染环境、减少物种多样性、在果品中残留有危害人类健康的有毒物质等多方面的负面作用。尤其是随着人民生活水平的提高，消费者越来越注重食品安全问题的今天，如何科学合理、正确地使用化学药剂，生产无公害果品日益受到重视。无公害果品生产并非完全禁止使用化学药剂，使用时应当遵守有关无公害果品生产操作规程和农药使用标准，合理选择农药种类，正确掌握用药量。加强病虫测报工作，经常调查病虫发生情况，选择有利时机适时用药。选择对人畜安全、不伤害天敌、不污染环境、同时又可以有效杀死病虫害的农药品种。严禁使用一切汞制剂农药，以及其他高毒、高残留、致畸、致癌、致残农药，严禁使用未取得国家农药管理部门登记和没有生产许可证的农药。

参 考 文 献

白玲玲. 2005. 石榴新纪录害虫井上蛀果斑螟分类及生物学研究. 昆明: 云南农业大学硕士学位论文

白永琼, 曾玉红, 曾玉萍, 等. 2011. 石榴园冬季管理主要技术措施. 吉林农业, (4): 167

陈冬亚, 陈汉杰, 张金勇. 2003. 石榴主要病虫害综合防治历. 果农之友, 3: 28

陈文进. 2004. 石榴桃蛀螟的发生与综合防治研究. 河南科技大学学报(农学版), 24(2): 51-53

陈勇兵. 2011. 农药减量控害增效实用技术. 北京: 中国农业出版社: 102

丁岩钦. 1993. 论害虫种群的生态控制. 生态学报, 13(2): 99-105

杜艳丽, 张民照, 马永强, 等. 2014. 桃蛀螟性诱剂配方筛选与田间引诱试验. 植物保护学报, 41(2): 188-189

冯宜林. 2004. 黄色粘虫板诱杀斑潜蝇技术研究. 甘肃农业科技, (11): 47-48

高立起, 孙阁. 2009. 生物农药集锦. 北京: 中国农业出版社: 101

戈峰. 2001. 害虫区域性生态调控的理论、方法及实践. 昆虫知识, 38(5): 337-341

戈峰, 苏建伟. 2002. 21世纪害虫管理的一些特征展望. 昆虫知识, 39(4): 241-246

韩学俭. 1998. 石榴夜蛾为害习性及其防治. 植物医生(双月刊), 11(1): 8

何威, 祝亚军, 李会宽, 等. 2010. 石榴无公害生产途径探讨. 河南林业科技, 30(4): 57-58. DOI: 10.3969/j. issn. 1003-2630. 2010. 04. 021

侯金萍. 2015. 浅议地下害虫的综合防治. 科技展望, (15): 231

胡基华. 2014. 昆虫性信息素研究进展. 黑龙江科技信息, (27): 111

胡美姣, 彭正强, 杨凤珍, 等. 2003. 石榴病虫害及其防治. 热带农业科学, 23(3): 60-68

胡清坡, 刘宏敏, 张山林, 等. 2009. 软籽石榴无公害生产中病虫害综合防治技术. 中国果菜, (6): 16-19

怀少民. 2009. 石榴园种植向日葵防治桃蛀螟. 安徽林业: 77

黄丽敏, 董丽娜, 张雪君. 2007. 石榴无公害施肥技术. 种子, 26(6): 108

黄智群, 赵云. 2015. 石榴栽培实用技术. 农业与技术, (2): 153-153

姜玉英. 2006. 雷达监测农作物迁飞性害虫. 中国植保导刊, 26(4): 16-18

姜玉英, 曾娟, 高永健, 等. 2015. 新型诱捕器及其自动计数系统在棉铃虫监测中的应用. 中国植保导刊, 35(4): 56-58

雒珺瑜, 张帅, 王春义, 等. 2014. 不同诱集作物对棉田刺吸性害虫及其天敌的生态作用比较. 中国棉花, 41(8): 14-16

马建列, 白海燕. 2004. 四川石榴产区主要害虫及其综合防治技术. 中国南方果树, 33(5): 71

马延年, 孙宝灵, 贾国华, 等. 2010. 石榴园蜡蝉类害虫的发生与防治. 现代农业科技, (12): 167

盛承发, 苏建伟, 宣维健. 2002. 关于害虫生态防治若干概念的讨论. 生态学报, 22(4): 597-602

童玲, 许勤勤. 2015. 地下害虫的发生为害与综合防治. 中国园艺文摘, (2): 225

韦雪青, 温俊宝, 赵源吉, 等. 2010. 害虫声音监测技术研究进展. 林业科学, 46(5): 147-154

文礼章. 2010. 昆虫学研究方法与技术导论. 北京: 科学出版社: 416-418

吴厚英. 2011. 石榴刺吸式主要害虫的综合防治与技术. 农业与技术, 31(1): 55-57

伍苏然, 李江涛, 李正跃, 等. 2007. 不同方法对杨梅园果蝇田间诱集防治效果比较. 山地农业生物学报, 26(4): 365-368

武晓云, 程晓非, 张宏瑞, 等. 2006. 西花蓟马(*Frankliniella occidentalis*)研究进展. 云南农业大学学报, 21(2): 178-183

席运官. 1996. 国外有机农业的病虫草害防治. 农村生态环境, 1: 51-53

谢建华. 2012. 石榴病虫害综合防治技术. 陕西林业科技, (2): 57-59.

徐连. 2015. 红河州石榴主要虫害的发生与防治. 云南农业, (2): 29-30

许向利, 花保祯, 张世泽. 2005. 诱集植物在农业害虫综合治理中的应用. 植物保护, 31(6): 7-9

闫玲鲁, 黄秀花. 2014. 无公害软子石榴病虫害综合防治技术. 中国农业信息, (1): 40-41

杨郎, 陈恩海, 梁广文. 2003. 害虫生物防治在害虫生态控制中的作用. 中南林学院学报, 23(4): 111-115

袁盛勇, 李正跃, 肖春, 等. 2003. 建水县酸石榴主要害虫及其综合防治. 柑桔与亚热带果树信息, 19(8): 36-38

曾娟, 杜永均, 姜玉英, 等. 2014. 我国农业害虫性诱监测技术的开发和应用. 植物保护, 41(4): 12-13

曾泉, 王长青, 项海兰, 等. 2007. 黄色诱虫板对柑桔害虫诱杀效果初报. 湖北植保, (5): 17

张玲. 2002. 云南蒙自石榴害虫及其综合防治. 中国果树, (5): 41-42, 45

张艳霞, 李梅, 李冰, 等. 2009. 石榴蛀果和蛀干害虫防治技术. 现代农村科技, (24): 4

张正哲. 2005. 无公害石榴施肥技术. 农业科技通讯, (5): 33

赵登超, 孙蕾, 韩传明, 等. 2012. 石榴栽培技术理论研究进展. 山东林业科技, (2): 109-112

赵勇. 2007. 石榴豹纹木蠹蛾发生规律及综合防治研究. 云南农业科技, (2): 51-53

周又生, 朱天贵, 陆进, 等. 2000. 石榴棉铃虫 *Heliothis armigera* (Hubner)发生规律及其防治研究. 西南农业大学学报, 22(1): 33-35, 38

Metcalf R L. 1980. Changing role of insecticides in crop protection. Annual Review of Entomology, 25: 219-256